著作权合同登记　图字:军-2021-017号

图书在版编目(CIP)数据

基于超材料的新声学/(新加坡)吴正根
(Woon Siong Gan)著;舒海生等译. —北京:国防工业出版社,2023.1
书名原文:New Acoustics Based on Metamaterials
ISBN 978-7-118-12588-7

Ⅰ.①基… Ⅱ.①吴… ②舒… Ⅲ.①声学材料-研究 Ⅳ.①TB34

中国版本图书馆 CIP 数据核字(2022)第 193716 号

First published in English under the title
New Acoustics Based on Metamaterials by Woon Siong Gan.
Copyright © Springer Nature Singapore Pte Ltd.,2018
This edition has been translated and published under licence from Springer Nature Singapore Pte Ltd.
本书简体中文版由 Springer 授权国防工业出版社独家出版。
版权所有,侵权必究。

※

国防工业出版社出版发行
(北京市海淀区紫竹院南路 23 号　邮政编码 100048)
三河市腾飞印务有限公司印刷
新华书店经售

*

开本 710×1000　1/16　插页 7　印张 17½　字数 310 千字
2023 年 1 月第 1 版第 1 次印刷　印数 1—1500 册　定价 129.00 元

(本书如有印装错误,我社负责调换)

国防书店:(010)88540777　　书店传真:(010)88540776
发行业务:(010)88540717　　发行传真:(010)88540762

装备科技译著出版基金

基于超材料的新声学

New Acoustics Based on Metamaterials

[新加坡] Woon Siong Gan 著

舒海生 孔凡凯 黄璐 卢家豪 译

国防工业出版社

·北京·

前　言

在过去的20年里,声学作为一个经典研究领域再次受到了人们的广泛关注,并焕发出了无穷的活力。这主要应归因于声子晶体和声学超材料研究的大力推动,这两个新的研究方向关注的是人工制备的结构物,它们能够呈现出现有自然介质所不具备的一些声学特性。

声子晶体是指这样的一些周期结构,在特定的频率范围内声波或弹性波不能在其中正常传播;声学超材料则主要是由一些局域共振子构造而成的,在这些共振子集合的效应下能够展现出一些奇异的声学特性。声子晶体和声学超材料都属于复合结构,一般包含不同密度和硬度的材料组分。然而,对于声学超材料来说,这种复合结构对外部激励的响应行为与刚体的响应是不同的,原因在于其内部的不同材料组分之间存在着相对运动。在过去的15年中,人们已经见证了这种局域共振声学材料所带来的诸多新性能,其主要特征不仅体现在亚波长物理尺度上,而且还表现在此类结构材料的等效质量密度和等效体积模量可以为负值。

本书将针对声子晶体与声学超材料阐述它们所具有的异乎寻常的行为特性,以及相应的底层物理本质,这些内容同时也构成了"新声学"的核心。

本书作者Woon Siong Gan博士毕业于帝国理工学院(ICL)声学专业,在意大利(Trieste)国际理论物理中心完成博士后研究工作以后,他回到了新加坡,1970—1979年在南洋理工大学任教。1979—1989年这10年间曾从事声学顾问这一工作,此后建立了新加坡声学技术私人投资有限公司。作者这一独特的经历和背景也使得本书所包含的内容更为丰富而多样,不仅涵盖了基本理论方面的介绍与讨论,同时也给出了很多方面的实际应用。

书中前面几章主要阐述了"新声学"(这一术语主要针对的是近年来声学超材料领域所带来的声学研究进展)的理论基础,随后的几章分别讨论了一些特定的应用问题。这些应用问题都是建立在一些统一的原理基础之上的。例如,声学方程的坐标变换;一一对应的系统等效处理(变换后系统的材料参数可以根据变换前系统的材料特性逐点确定);坐标变换的雅克比矩阵等。这种数学上的等效处理在声学领域中也称为转换声学,借助这一技术相关结构物的设计自由度将得到极大增加，如由此可以设计出"隐形"物体等以往认为不可能实现的一些特殊效应。必须指出的是，要想成功构造出此类结构（材料特性分布由数学变换确定），一个最基本的要求就是材料特性应能取得任意可能的值。

正是顺应这一要求，超材料应运而生。它们能够增强材料设计的自由度，使得以往难以实现的材料特性成为可能，如负折射率和负（动态）质量密度等。负质量密度看上去似乎是反常识的，不过这一效应可以通过一个带有局域振子的力学模型来轻松地演示和验证。事实上，当外部激励力与内部共振处于反相位时，构件之间将发生很大的相对运动，内部共振子的动量将与外部激励力方向相反，这是负质量密度的形成原因。与此类似，在亥姆霍兹共振腔的阵列构型中，总体上的体积模量也可以表现为负值。

当然，材料特性参数的这些负值行为必须从等效介质意义上来理解。这种所谓的等效介质实际上就是将所考察的结构视为一种"匀质"结构，或者说总体上进行了平均化。从一个外部观察者的角度来看，这种做法是合理的，因为只有结构或系统的外在表现（响应）才能被观察到。很显然，如果构造了一个等效质量密度和等效体积模量同时为负值的系统，那么它也将呈现出负折射率行为。苏联物理学家 Veselago 曾于 1967 年指出，如果某种材料具有负的折射率，那么在该材料内传播的波的相速度和群速度将具有相反的传播方向。他的这一预测在大约 40 年后得到了实验验证，人们成功构造了具有负折射率的结构，由此产生的异常特性之一就是倾斜入射的平面波所导致的折射波将会出现在与入射波相同的法线侧。此后，帝国理工学院的 J. Pendry 预测指出，利用负折射率介质是有可能突破有限波长所决定的经典分辨率极限的。受此启发，在光学和声学领域中人们开展了大量的实验研究工作，提出了各种各样的研究设想，其中一些甚至没有采用负折射介质，而是通过其他方式研究指出了超越经典极限的分辨率确实是可能的。

实际上，可以说超材料的最大贡献在于它们解放了人们在电磁波和声波操控方面的设计思想，拓展了可行的设计空间。上面所述的只是与此相关的诸多进展中的一小部分，在本书中，作者精心选择了"新声学"方面的一些主题内容并进行了阐述，这些内容不仅体现出了新颖性，而且在应用方面也具有潜在的价值。整个"新声学"领域正处于快速发展中，通过本书读者不仅可以迅速认识和体会到当前这一领域的概貌，同时也将为进一步的研究提供必要的基础。

香港科技大学　Ping Sheng
2016 年 8 月，清水湾，香港

目 录

第1章 声场的对称性 … 1

- 1.1 引言 … 1
- 1.2 固体中的声波传播 … 1
  - 1.2.1 线性波动方程的推导与方程的解 … 1
  - 1.2.2 线性声波方程的对称性与新的应力场方程 … 2
- 1.3 利用规范势理论求解声波方程 … 3
- 1.4 固体中声波传播的规范理论描述 … 5
  - 1.4.1 平移对称性 … 5
  - 1.4.2 在无限小幅值声波方程中引入协变导数 … 6
  - 1.4.3 在大幅值声波方程中引入协变导数 … 6
  - 1.4.4 局部旋转对称性 … 7
- 1.5 对称性构成了声学超材料的基本理论构架 … 7
- 1.6 局部规范不变性 … 8
- 1.7 协变导数 … 8
- 1.8 各向异性是局部对称性的一种表现形式 … 9
- 1.9 声场对称性在声子结构设计中的作用 … 10
- 1.10 Goldstone 声子模式 … 11
- 1.11 湍流场的对称性 … 11
- 1.12 声学中的时间反转对称性 … 13
- 参考文献 … 13

第2章 负折射与声隐身 … 15

- 2.1 概述 … 15
- 2.2 Veselago 理论的局限性 … 16
  - 2.2.1 概述 … 16

2.2.2 齐次电磁波方程的规范不变性 ……………………………………… 16
2.2.3 声场方程的规范不变性 ………………………………………………… 18
2.2.4 声隐身 ………………………………………………………………………… 18
2.2.5 非线性齐次声波方程的规范不变性 ………………………………… 19
2.2.6 负折射和声隐身的统一性理论——负折射是坐标变换的特例 …………………………………………………………………………… 19
2.2.7 小结 …………………………………………………………………………… 20
2.3 利用多散射方法实现理想声透镜 ……………………………………………… 21
2.4 声隐身 ……………………………………………………………………………………… 26
2.4.1 概述 …………………………………………………………………………… 26
2.4.2 转换声学的推导 …………………………………………………………… 27
2.4.3 实例应用分析 ……………………………………………………………… 30
2.5 质量密度和体积模量同时为负的声学超材料 ……………………………… 31
2.6 基于非线性坐标变换的声隐身 ………………………………………………… 35
2.7 水下物体的声隐身 ………………………………………………………………… 38
2.8 将双负性拓展到非线性声学 ……………………………………………………… 38
参考文献 …………………………………………………………………………………………… 39

第3章 声波在负材料固体中传播的基本机理 …………………………………… 41

3.1 传统固体中多散射的处理方法 ………………………………………………… 41
3.2 用于分析多散射的传递矩阵法 ………………………………………………… 41
3.3 传递矩阵在声学超材料的多散射分析中的应用 …………………………… 43
3.4 可导致局域负参数的低频共振 ………………………………………………… 43
3.5 具有局域负参数的声散射体 …………………………………………………… 44
3.6 低频极限条件下的声波多散射 ………………………………………………… 46
3.7 多散射效应：Δ因子 ……………………………………………………………… 47
3.8 声学超材料多散射分析中的传递矩阵方法 ………………………………… 50
3.9 衍射 ………………………………………………………………………………………… 51
3.10 负散射体产生的衍射 ……………………………………………………………… 52
3.11 负散射体的衍射理论 ……………………………………………………………… 52
3.11.1 衍射层析的正向问题描述 ……………………………………………… 52
3.11.2 负介质中的衍射过程建模 ……………………………………………… 57

  3.11.3 数值仿真的结果 ··· 58

  3.11.4 数值仿真中需要注意的事项 ···································· 64

 3.12 折射 ··· 66

 参考文献 ··· 66

第4章 人工弹性 ·· 68

 4.1 弹性刚度和顺度 ·· 68

 4.2 应力场和粒子速度场的对称性 ·· 69

 4.3 各向同性固体中应力场和粒子速度场的旋转不变性 ············ 71

 4.4 旋转对称性的一种特殊情形——反射对称性 ······················ 71

 4.5 声波方程与粒子速度场的形式不变性 ································ 72

 4.6 非线性齐次声波方程的规范不变性 ···································· 73

 4.7 具有负质量密度和负体积模量的声学超材料——人工弹性的

   实例 ··· 74

 4.8 人工弹性是一个全新的研究领域 ······································ 77

 参考文献 ··· 78

第5章 人工压电性 ··· 79

 5.1 压电性 ··· 79

 5.2 压电本构关系 ··· 80

 5.3 声场方程与麦克斯韦方程的耦合 ······································ 81

 5.4 针对压电效应的修正的 Christoffel 方程 ·························· 82

 5.5 超材料在声学谐振器中的应用 ·· 83

 5.6 超材料在声波导上的应用 ·· 85

 5.7 作为二级相变的压电效应 ·· 86

 5.8 人工压电性 ·· 90

 5.9 人工压电性的制备 ·· 90

 参考文献 ··· 92

第6章 声学二极管 ·· 94

 6.1 基于超材料的非线性声学 ·· 94

  6.1.1 基本原理 ··· 94

  6.1.2 用于声抑制的非线性声学超材料 ················· 95
 6.2 可实现单向声传输的声学二极管 ··················· 96
 6.3 声学二极管在声学成像中的应用 ··················· 99
 6.4 声学二极管的理论研究框架 ······················ 100
  6.4.1 概述 ································ 100
  6.4.2 声学二极管的物理含义 ····················· 101
 参考文献 ·· 108

第7章 能量收集与声子学 ···························· 110
 7.1 声子网络的技术应用概述 ························ 110
 7.2 声子晶体概述 ································ 111
 7.3 人工结构的弹性动力学 ·························· 113
  7.3.1 概述 ································ 113
  7.3.2 基本方程和控制原理 ······················ 114
  7.3.3 从离散到连续：极限处理 ··················· 115
  7.3.4 演变和守恒——微观运动方程与变分原理 ········ 118
  7.3.5 矢量声子的对称性破缺和偏振 ··············· 120
  7.3.6 基于对称性破缺的弹性动力学总结与评述 ········ 123
 7.4 统一设计框架的构建——数学结构 ················· 124
  7.4.1 引言 ································ 124
  7.4.2 回避交叉和摄动理论 ······················ 126
  7.4.3 非局域性——晶格的影响与相互作用 ··········· 128
  7.4.4 局域性原理——基于几何观点的变分原理 ········ 129
  7.4.5 群和表示——非点式空间群和Wyckoff位置 ······ 131
  7.4.6 晶格的分类——声子结构的物理拓扑 ··········· 132
 7.5 声子超材料色散关系的设计之一——避免交叉 ········ 142
  7.5.1 概述 ································ 142
  7.5.2 从晶体到"共振"超材料 ··················· 143
  7.5.3 介观尺度上的声子超晶体——具有指定偏振态的谱带隙 ··· 145
 7.6 声子超材料色散关系设计之二——一个多色的非点式声子晶体 ······································· 146
  7.6.1 概述 ································ 146

7.6.2　整体对称性——非点式和能带交叠 …………………………… 147
7.7　热电性与热导率的设计 …………………………………………………… 152
7.8　声子超材料网络和信息处理 ……………………………………………… 154
7.9　未来工作展望 ……………………………………………………………… 154
参考文献 ……………………………………………………………………… 155

第8章　局域共振结构 …………………………………………………………… 159

8.1　引言 ………………………………………………………………………… 159
8.2　声子晶体的背景 …………………………………………………………… 159
8.3　声子晶体理论——多散射理论 …………………………………………… 160
　　8.3.1　计算过程中需注意的若干细节 ……………………………………… 163
　　8.3.2　结果讨论 ……………………………………………………………… 163
8.4　基于多散射方法的理想声透镜分析 ……………………………………… 165
8.5　超越声子晶体的声学超材料 ……………………………………………… 170
8.6　基于弹簧质量模型的局域共振与动态等效质量 ………………………… 171
　　8.6.1　两个共振之间的等效质量的色散行为 ……………………………… 172
　　8.6.2　等效体积模量和共振的空间对称性 ………………………………… 173
　　8.6.3　双负质量密度和体积模量 …………………………………………… 173
8.7　薄膜型声学超材料 ………………………………………………………… 174
　　8.7.1　法向位移分解及其与行波和凋落波模式的关系 …………………… 175
　　8.7.2　薄膜共振结构的等效质量密度和阻抗 ……………………………… 175
　　8.7.3　两个薄膜耦合的共振结构的等效体积模量与双负性 ……………… 176
8.8　超越衍射极限的超分辨率与聚焦 ………………………………………… 178
　　8.8.1　分辨率极限和凋落波 ………………………………………………… 178
　　8.8.2　衍射极限的突破 ……………………………………………………… 178
　　8.8.3　声学超透镜 …………………………………………………………… 179
　　8.8.4　声学特超透镜 ………………………………………………………… 181
8.9　坐标变换 …………………………………………………………………… 181
　　8.9.1　负折射是坐标变换的特殊情况:负折射与隐身的统一理论 ……… 181
　　8.9.2　声隐身 ………………………………………………………………… 182
　　8.9.3　零折射率介质 ………………………………………………………… 189
8.10　空间盘绕与声学超表面 …………………………………………………… 189

  8.10.1 在小空间内产生大相位延迟 ……………………………… 189
  8.10.2 基于声学超表面的相位调制 …………………………… 190
 8.11 声吸收 ………………………………………………………………… 191
 8.12 隔声材料——复杂局域共振结构的应用 ………………………… 193
  8.12.1 概述 …………………………………………………… 193
  8.12.2 声隔离 ………………………………………………… 193
  8.12.3 声学超材料在隔声中的应用 …………………………… 194
  8.12.4 局域共振结构的建模方法 ……………………………… 196
  8.12.5 局域共振结构的实验方法 ……………………………… 196
  8.12.6 平面波测试 …………………………………………… 196
  8.12.7 扩散场测试 …………………………………………… 197
  8.12.8 相关结果 ……………………………………………… 198
  8.12.9 相关讨论 ……………………………………………… 198
  8.12.10 小结 ………………………………………………… 199
 8.13 未来研究展望 ………………………………………………………… 200
  8.13.1 弹性超材料与力学超材料 ……………………………… 200
  8.13.2 声学超材料是一个快速发展且具有巨大潜力的研究
     领域 …………………………………………………… 200
 参考文献 …………………………………………………………………… 201

第9章 声学超材料在时间反转声学方面的应用 …………………… 210
 9.1 声场的时间反演对称性——时间反转声学的基本原理 ………… 210
 9.2 时间反转声学的实验研究 ………………………………………… 211
 9.3 非均匀介质中的超声波聚焦 ……………………………………… 212
  9.3.1 自适应延时聚焦技术 …………………………………… 212
  9.3.2 时间反转腔 ……………………………………………… 213
  9.3.3 时间反转镜 ……………………………………………… 214
  9.3.4 利用时间反转镜进行聚焦 ……………………………… 214
  9.3.5 时间反转方法中的信号处理 …………………………… 215
  9.3.6 迭代时间反转模式——自动目标选取 ………………… 215
 9.4 时间反转声学的一些实际应用 …………………………………… 216
 9.5 基于电磁波远场时间反转技术的亚波长聚焦 …………………… 217

9.6　向声学问题的拓展 ……………………………………………………… 218

参考文献 …………………………………………………………………… 221

第10章　水下声隐身 …………………………………………………… 223

10.1　声隐身 …………………………………………………………………… 223

10.2　传播理论 ………………………………………………………………… 223

10.3　海洋表面产生的反射和散射 …………………………………………… 225

10.4　海底的反射和散射 ……………………………………………………… 225

10.5　海底的反射损失 ………………………………………………………… 226

10.6　Westervelt方程 ………………………………………………………… 227

10.7　水下声隐身实例 ………………………………………………………… 231

　　10.7.1　水下声隐身原理 ………………………………………………… 231

　　10.7.2　水下声隐身斗篷的几何结构 …………………………………… 232

　　10.7.3　实验过程 ………………………………………………………… 232

10.8　水下声隐身的应用 ……………………………………………………… 236

参考文献 …………………………………………………………………… 236

第11章　地震超材料 …………………………………………………… 238

11.1　概述 ……………………………………………………………………… 238

11.2　基于电磁隐身原理的地震超材料 ……………………………………… 239

11.3　基于声学隐身原理的地震超材料 ……………………………………… 239

11.4　利用地震超材料斗篷减小地震危害 …………………………………… 240

11.5　地震超材料斗篷的研究实例 …………………………………………… 242

11.6　超材料制成的地震波导 ………………………………………………… 243

　　11.6.1　地震波导论 ……………………………………………………… 243

　　11.6.2　负模量 …………………………………………………………… 244

　　11.6.3　地震波衰减器 …………………………………………………… 245

参考文献 …………………………………………………………………… 247

第12章　声学超材料在有限幅值声波中的应用 ……………………… 248

12.1　概述 ……………………………………………………………………… 248

12.2　声隐身 …………………………………………………………………… 248

12.3 声辐射力 250
12.4 声学超材料在悬浮力方面的应用 252
　　12.4.1 悬浮系统的建模 253
　　12.4.2 声悬浮力的计算 254
12.5 本章小结 255
参考文献 255

第13章 曲线时空中的声学成像 258
13.1 概述 258
13.2 广义相对论的常见应用 258
13.3 振动成像 259
13.4 弹性成像 260
参考文献 261

第14章 输运理论是超材料设计理论的关键基础——超材料是一种人工相变现象 262
14.1 输运理论与输运特性：超材料是一种人工相变现象 262
14.2 超材料是人工相变现象——相变临界点处超材料输运特性的奇异行为 263
14.3 利用输运特性探索新的超材料形式 265
　　14.3.1 人工弹性 265
　　14.3.2 人工磁性 266
　　14.3.3 人工高温超导性 266
　　14.3.4 人工压电性 266
　　14.3.5 人工铁磁性 266
14.4 超材料的人工相变本质是人工材料研究领域的突破性认识 267
14.5 本章小结 267
参考文献 267

第1章 声场的对称性

本章摘要:2007 年 W·S·Gan 指出声场是具有对称性的,在声学超材料成功得以制备以及时间反转声学方面的诸多应用出现以后,目前这一性质已经得到了验证,并且人们也已经认识到声子呈现出 Goldstone 模式。实际上,线性声场方程是具有形式不变性的,由此不难证实声场的这种对称性。与此相类似地,形式不变性特征也存在于一些非线性的声场方程(组)中,例如 Burgers 方程、Westervelt 方程及 Shapiro - Thurston 方程等。进一步,声场的对称性还可以体现在声学速度场与应力场之间的对称性上。对于声学超材料来说,声场的对称性实际上构成了它的理论研究框架。声波在流体中的传播既遵从平移对称性,同时也满足旋转对称性,而声波在固体中的传播则只具备旋转对称性,不满足平移对称性,主要原因在于晶体所具有的离散和周期本性会生成声子。此外,湍流场的对称性或者说尺度不变性也可以对声场的对称性提供支撑,这是因为如果将湍流视为气动噪声源,那么湍流场本质上也就变成了声场。

1.1 引　　言

2007 年,Gan[1]针对声学问题提出了规范不变性方法,这实际上将对称性引入了声场分析之中。这一性质在后来的研究中已经得到了证实,如声学超材料的成功制备[2]、声场的时间反转对称性方面的各种应用[3]、Goldstone 声子模式的揭示[4]以及湍流场(本质上也是声场)对称性的研究[5]等。以往大多数的研究工作主要集中于介质(如晶体)的对称性方面,而较少关注声波传播的对称性,事实上对于后者的研究将会帮助我们更深入地理解声波特性。

1.2 固体中的声波传播

1.2.1 线性波动方程的推导与方程的解

这里将着重讨论声波的力学和弹性性质,从固体中的线性声波或者说无限小幅值声波的传播开始进行介绍。首先将推导建立声场的运动方程(组),其中包含两个基本方程,涉及力学中的牛顿运动定律和弹性理论中的胡克定律。

第一个场方程是根据牛顿运动定律给出的,即

$$\nabla \cdot \boldsymbol{T} = \rho \frac{\partial^2 \boldsymbol{u}}{\partial t^2} - \boldsymbol{F} \tag{1.1}$$

式中:$\boldsymbol{T}$ 为应力;$\boldsymbol{u}$ 为位移;$\boldsymbol{F}$ 为体力。

第二个场方程是与胡克定律相关联的应变 – 位移关系,即

$$\boldsymbol{S} = \nabla_s \boldsymbol{u} \tag{1.2}$$

式中:$\boldsymbol{S}$ 为应变。

为了求解上面的两个变量 $\boldsymbol{u}$ 和 $\boldsymbol{T}$,还需要补充另一个关系式。根据弹性理论中的胡克定律可知,应变是与应力成线性正比例关系的,也即

$$T_{ij} = c_{ijkl} S_{kl} \tag{1.3}$$

式中:i、j、k、$l = x$、y、z,并且重复下标 k 和 l 应作求和处理;微观弹性常数 c_{ijkl} 一般称为弹性刚度系数。

如果考虑一个无源区域,也就是有 $\boldsymbol{F} = 0$,那么就可以利用式(1.1)和式(1.3)消去变量 $\boldsymbol{T}$。根据式(1.2)和式(1.3),如果只存在一个维度(如 x),那么可以得到 $\boldsymbol{T} = c_{ijkl} \nabla_s \boldsymbol{u} = c_{ijkl} \frac{\partial \boldsymbol{u}}{\partial x}$。将这一结果代入式(1.1)中,不难得到

$$c_{ijkl} \frac{\partial^2 \boldsymbol{u}}{\partial x^2} = \rho \frac{\partial^2 \boldsymbol{u}}{\partial t^2} \tag{1.4}$$

式(1.4)就是著名的克里斯托弗(Christoffel)方程,也是行波方程,它的解可以表示为

$$\boldsymbol{u} = \boldsymbol{u}_0 e^{i(\omega t \pm kx)} \tag{1.5}$$

由此可以得到

$$\rho \omega^2 = c_{ijkl} k^2 \tag{1.6}$$

相速度由 $v = \omega/k$ 给出,因此对于横波(或剪切波)来说,这个速度将为

$$v_s = \sqrt{\frac{c_{ijkl}}{\rho}} \tag{1.7}$$

1.2.2 线性声波方程的对称性与新的应力场方程

前面的方程式(1.2)也可以通过粒子速度和柔度的形式来表示,即

$$\nabla_s \boldsymbol{v} = s : \frac{\partial \boldsymbol{T}}{\partial t} \tag{1.8}$$

式中：s 为柔度。

在这个声场方程中消去 T 或者 v 就可以导出声波方程。由于应力场是一个张量，包含了 6 个场分量（而不是包含 3 个分量的矢量），因此一般的做法是从中消去应力场。

对于无限小幅值的声波而言，方程式(1.1)和式(1.2)给出的是无损耗情况下的声场方程，这里试着消去式(1.1)和式(1.8)中的速度场。

将式(1.8)对时间变量 t 求微分，可得

$$\nabla_s \frac{\partial v}{\partial t} = s : \frac{\partial^2}{\partial t^2} T \tag{1.9}$$

考虑无源区域，即 $F = 0$ 的情况，并对式(1.1)的两边取散度，有

$$\nabla_s (\nabla \cdot T) = \rho \, \nabla_s \frac{\partial v}{\partial t} \tag{1.10}$$

将式(1.9)代入之后，进一步可得

$$\nabla_s (\nabla \cdot T) = \rho s : \frac{\partial^2}{\partial t^2} T$$

或

$$c \, \nabla_s (\nabla \cdot T) = \rho \frac{\partial^2}{\partial t^2} T \tag{1.11}$$

上面这个方程是一个新的应力场方程，关于该方程的应用价值目前仍在探索中。

这里可以注意到一个非常重要的特征，即声波方程式(1.4)和式(1.11)关于 u 和 T 具有对称性。根据这一对称性特点，在求解声波方程时就可以进行一些简化处理。

1.3 利用规范势理论求解声波方程

类似于电磁波场的情形，也可以将声波的粒子速度场以规范势形式来表达，也就是表示为标量势 Φ 和矢量势 A 的形式。对于各向同性介质来说（一般都是非压电性的），克里斯托弗方程可以表述成

$$c_{44} k^2 v + (c_{11} - c_{44}) k (k \cdot v) = \omega^2 \rho v \tag{1.12}$$

这一方程可以给出随时间简谐变化的平面波解。为了得到平面波解的一般方程，可以将以下替换关系反向使用，即 $\nabla \to -\mathrm{i} k$，$\frac{\partial}{\partial t} \to \mathrm{i} \omega$，由此可得

$$c_{44}\nabla^2 \boldsymbol{v} + (c_{11} - c_{44})\nabla(\nabla \cdot \boldsymbol{v}) = \rho \frac{\partial^2 \boldsymbol{v}}{\partial t^2} \tag{1.13}$$

或者

$$c_{11}\nabla(\nabla \cdot \boldsymbol{v}) - c_{44}\nabla \times \nabla \times \boldsymbol{v} = \rho \frac{\partial^2 \boldsymbol{v}}{\partial t^2} \tag{1.14}$$

在推导过程中，已经利用了以下矢量恒等式对相关的项做了调整，即

$$\nabla \times \nabla \times \boldsymbol{A} = \nabla(\nabla \cdot \boldsymbol{A}) - \nabla^2 \boldsymbol{A} \tag{1.15}$$

为求出方程式(1.14)的解，可以利用规范势理论，将 $\boldsymbol{v}$ 表示为标量势 φ 和矢量势 $\boldsymbol{A}$ 的形式，即

$$\boldsymbol{v} = \nabla \varphi + \nabla \times \boldsymbol{A} \tag{1.16}$$

将其代入方程式(1.14)中，不难得到

$$\nabla\left(c_{11}\nabla^2 \varphi - \rho \frac{\partial^2 \varphi}{\partial t^2}\right) - \nabla \times \left(c_{44}\nabla \times \nabla \times \boldsymbol{A} + \rho \frac{\partial^2 \boldsymbol{A}}{\partial t^2}\right) = 0 \tag{1.17}$$

考虑到 $\nabla \cdot \nabla \times \boldsymbol{A} = 0$ 和 $\nabla \times \nabla \varphi = 0$，在上面左端的第二项中，就可以令括号中的量等于某个任意函数 f 的梯度了，于是有

$$c_{44}\nabla \times \nabla \times \boldsymbol{A} + \rho \frac{\partial^2 \boldsymbol{A}}{\partial t^2} = c_{44}\nabla f \tag{1.18}$$

利用恒等式(1.15)，进一步可以将上面这个方程转化成

$$\nabla(\nabla \cdot \boldsymbol{A} - f) - \nabla^2 \boldsymbol{A} + \frac{1}{v_s^2}\frac{\partial^2 \boldsymbol{A}}{\partial t^2} = 0 \tag{1.19}$$

式中：$v_s = \sqrt{\dfrac{c_{44}}{\rho}}$。由于函数 f 是任意的，因此总可以选择合适的 f 来消去式(1.19)第一项中的 $\nabla \cdot \boldsymbol{A}$。于是，矢量势也就变成了以下关于矢量势的波动方程的解了，即

$$\nabla^2 \boldsymbol{A} - \frac{1}{v_s^2}\frac{\partial^2 \boldsymbol{A}}{\partial t^2} = 0 \tag{1.20}$$

另外，只需简单地令标量势 φ 满足以下方程，即可使得方程(1.17)中左侧的第一项为零：

$$\nabla^2 \varphi - \frac{1}{v_s^2}\frac{\partial^2 \varphi}{\partial t^2} = 0 \tag{1.21}$$

这个方程也就是关于标量势的波动方程。

方程式(1.20)和式(1.21)表明，线性波动方程关于 φ 和 $\boldsymbol{A}$ 具有对称性，这

一特点与电磁波情形是类似的。实际上,这两个方程还与亥姆霍兹波动方程具有相同的形式,这也证实了这一相似性。

1.4 固体中声波传播的规范理论描述

1.4.1 平移对称性

到目前为止,声波方程的推导是针对静态介质进行的,而在很多实际情况中,介质往往是运动着的。例如,声波在固体中传播时,如果该固体介质的无应力状态是随时间改变的就属于这一情形。伽利略变换或伽利略对称性属于规范变换的一种类型,它可以适用于声波在固体中的传播这一场景。规范理论或规范变换既包括平移对称性也包括旋转对称性,伽利略变换是平移对称的。Kambe[6]曾经针对理想流体推导建立了规范理论框架,是建立在伽利略变换和协变导数基础上的,它们实际上是规范变换的性质,也是声场运动方程的本质属性。这里将这些规范理论拓展用于固体中的声波传输问题。应当注意的是,在Kambe[6]的工作中,只涉及平移对称性或者说伽利略变换,而此处把旋转对称性也包含进来。此外还需注意的是,尽管在电磁场情形中也具有这种相似性,即协变性也是麦克斯韦方程的本质特征,然而声波与电磁波是具有不同本性的,麦克斯韦方程的协变性对应于洛伦兹变换,而声波方程的协变性则对应的是伽利略变换。当然从本质上来说,当介质以远小于光速的速度运动时,洛伦兹变换也就退化为伽利略变换了。

首先对规范原理做一简要描述。在规范理论中,存在着整体规范不变性和局部规范不变性这两种情况。局部规范不变性要比整体规范不变性要求更为严格些。Weyl 规范原理指出,当原拉格朗日算子不具有局部规范不变性时,将需要引入一个新的规范场以获得局部规范不变性,并通过将偏导数替换为协变导数来修改这个拉格朗日算子。对于局部规范不变性以及完成伽利略变换来说,该协变导数是必需的,这一点可以通过下式来体现,即

$$D_t := \partial_t + G \tag{1.22}$$

式中:D_t 为协变导数;G 为新的规范场。

下面借助伽利略变换来描述声波在固体介质中的传播行为,此处需要考察的对称性包括平移对称性和旋转对称性两个方面。首先将讨论不包含局部转动的平移对称性。在牛顿力学框架下,伽利略变换是指从一个坐标系统 A 向另一个以相对速度 R 运动着的坐标系统 A′ 的平移变换,变换法则由下式定义(可参考图1.1),即

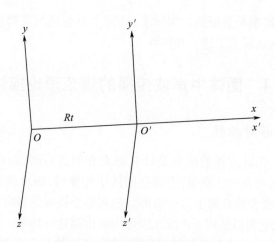

图1.1 以速度 R 平动的坐标系统

$$x=(t,x)\to x'=(t',x')=(t,x-Rt) \tag{1.23}$$

Kambe[6]已经针对局部伽利略变换进行了推导,给出了以下协变导数,即

$$D_t = \partial_t + (\boldsymbol{v} \cdot \nabla) \tag{1.24}$$

1.4.2 在无限小幅值声波方程中引入协变导数

如果将式(1.1)中的偏导数替换为式(1.24)给出的协变导数,那么可以得到

$$\nabla \cdot \boldsymbol{T} = \rho \left(\frac{\partial \boldsymbol{v}}{\partial t} + (\boldsymbol{v} \cdot \nabla) \boldsymbol{v} \right) - \boldsymbol{F} \tag{1.25}$$

进一步,如果只考虑一个维度的情况,如 x 方向,并且有 $\boldsymbol{F}=0$,也即无源区域,那么上面这个方程还可以简化为以下简单形式,即

$$\frac{\partial^2 u}{\partial x'^2} = \rho \frac{\partial^2 u}{\partial t^2} + \rho \frac{\partial u}{\partial t} \frac{\partial^2 u}{\partial x' \partial t} \tag{1.26}$$

式中: x' 为运动坐标,由 $x'=x-Rt$ 给出。

可以注意到,在引入协变导数之后,方程的右端出现了一个附加项(第二项)。需要指出的是,迄今为止,人们还没有考察这个方程的精确解析解。

1.4.3 在大幅值声波方程中引入协变导数

如果将协变导数式(1.24)引入以下的非线性波动方程,即

$$\ddot{u} = \frac{M_2}{\rho} \frac{\partial^2 u}{\partial x^2} \left(1 + \frac{M_3}{M_2} \frac{\partial u}{\partial x} \right) \tag{1.27}$$

那么可以得到

$$c_{ijkl}M_2 \frac{\partial^2 u}{\partial x'^2}\left(1 + \frac{M_3}{M_2}\frac{\partial u}{\partial x'}\right) = \rho\left(\frac{\partial^2 u}{\partial t^2} + \frac{\partial u}{\partial t}\frac{\partial^2 u}{\partial x' \partial t}\right) \tag{1.28}$$

可以看出，在引入协变导数之后，仅在方程的右端出现了一个附加项，且与线性波动方程出现的附加项是相同的，参见式(1.26)。同样地，到目前为止人们也没有给出上面这个方程的精确解析解。

1.4.4 局部旋转对称性

Kambe[6]的研究工作中没有考虑局部旋转对称性，这里将其包括进来。旋转对称性可以借助Weyl规范变换来描述，其中涉及每个时空位置处的所谓的$U(1)$转动，本质上是复平面上的简单转动。这一点可以通过各向同性固体的情况来体现，即在每个时空位置处，当进行相同的坐标转动时，各向同性固体的柔度和刚度具有不变性。对于各向同性固体，坐标转动的形式在不同的时空位置是不同的，不过声波的速度场和应力场在所有方向上都是相同的，这正是速度场的旋转对称性导致的结果。

1.5 对称性构成了声学超材料的基本理论构架

声学超材料的对称性可以体现在两个方面，一个方面是介质所具有的内在对称性，而另一方面是声场的对称性。超材料是由结构单元周期性构造而成的人工材料，一般也称为人工晶体，正因如此它们将表现出某些对称性质。超材料这一概念最早出现在1968年，是由Veselago[8]提出的，它是具有负的磁导率和负的介电常数的特殊材料，针对的是电磁波传播问题。Veselago所提出的这个概念是从各向同性材料的色散关系这一角度给出的，即折射率$n = \pm\sqrt{\mu\varepsilon}$，其中的$\mu$为磁导率，$\varepsilon$为介电常数，显然无论这两个参数同时取正值还是取负值，折射率都具有形式不变性。不过，在折射率表达式中平方根前面同时出现了正负号，究竟选择正号还是负号是比较模糊的。当μ和ε为负值时，这种超材料也被称为左手材料或负材料，其原因在于，坡印廷矢量将指向负方向，而相速度与之相反。2004年，Li等[9]还将左手超材料这一概念拓展到了声波领域。不过需要指出的是，人们实际上早在20世纪90年代就已经提出了具有带隙特性的超材料了，当时是以光子晶体[10]和声子晶体[11]形式出现的，它们都属于人工晶体材料。

附带提及的是，关于声场的对称性问题已经在前面的1.4节中做了介绍。

负质量密度和负体积模量的概念是弹性理论中的正质量密度和正体积模量的拓展,它们与旋转对称性和180°顺时针旋转的坐标变换有关。在胡克定律中,当处于线弹性极限以下时,应力与应变的比值反映了弹性系数c_{ij},这些弹性系数具有旋转对称性,当坐标变换时不会发生改变。对于各向同性固体,它们具有$U(1)$对称性,而速度场和应力场在所有方向上都是相同的;对于各向异性固体,弹性系数具有局部对称性,即在每个时空位置处表现出独有的旋转对称性,彼此是独立的,当然,仍然是由声波运动方程控制的。

1.6 局部规范不变性

规范理论是一种场论,在这一理论中拉格朗日算子在经过一组连续的局部变换后仍然保持不变。物理学中很多重要理论都是通过拉格朗日算子来描述的,如果在物理过程所处的每个空间位置处均作完全相同的变换,这些算子是不变的,那么称这些算子具有局部对称性。作为规范理论的基石,局部对称性的要求是相当严格的。与此不同的是,所谓的整体对称性,仅仅是指时空域中变换序列的参数保持固定条件下的局部对称性。应当指出的是,迄今为止,有关声学超材料和声子晶体的大多数理论和应用均建立在整体规范不变性这一基础上。

采用规范不变性或者说规范对称性这一概念,好处是可以拓展到局部对称性,而不像Veselago[8]的工作,他是建立在色散关系基础上的,难以考察局部对称性。正如Yang–Mills理论[12]所指出的,局部规范不变性是一个非常重要的主题,粒子物理学中标准模型的理论基础就是一个很好的案例,它将全局变换延伸到了局部变换。在Yang和Mills的论文[12]中所给出的第一个方程,也就是全局变换方程,它与晶体中弹性场变换所采用的方程是相同的,因此在声场研究中只需将全局规范变换拓展到局部对称性,就能够获得一系列重要的结果。

1.7 协变导数

这里首先需要简要介绍一下规范原理。规范理论中包括全局规范不变性和局部规范不变性,全局规范不变性要求所考察的对象整体上具有对称性,而局部规范不变性则要求在每个时空点上都具有对称性。显然,局部规范不变性要比全局规范不变性要求更为严格,电磁波理论中的麦克斯韦方程就是局部规范不变性的实例。Weyl规范原理[7]指出,当原拉格朗日算子不具有局部规范不变性时,必须引入一个新的规范场以满足局部规范不变性,并通过将偏导数替换成协变导数来对这个拉格朗日算子加以修改。对于局部规范不变性而言,引入协变导数是必要的。事实上,借助协变导数方法[14],著名的 Yang–Mills 理论[12]和 Higgs 理论[13]都是不难导出的。

在声学领域中,存在着两种协变性类型,即伽利略协变性和明显协变性。伽利略协变性是局部规范不变性的一种形式,它可以反映声波在固体介质中传播时的连续平移对称性。当平移对称性被打破时,将会产生声学中的 Goldstone 声子模式。明显协变性考虑了声波与晶格的非线性相互作用和耦合效应,从而会产生非线性的声子–声子相互作用。

对于明显协变性来说,声波与晶格之间的耦合是必须考虑的,一般是以声子–声子相互作用的形式呈现,协变导数的形式可由下式给出,即

$$D = \partial + i\varepsilon A \tag{1.29}$$

式中:ε 为耦合系数;A 为矢量势或矢量规范场。

在全局变换或整体规范不变性中,有

$$\varphi' = G\varphi \tag{1.30}$$

式中:φ 为一个场矢量;φ' 为变换后的场矢量;G 为变换矩阵。

对于局部规范变换或者说局部变换,即要求拉格朗日算子具备局部规范不变性的话,就必须允许原先为常数矩阵的 G 变成时空坐标 χ 的函数。然而可惜的是,在 $G = G(\chi):\partial_\mu(G) = G(\partial_{\mu\varphi})$ 中将会出现一个附加项(为了满足乘法规则),进而使得该拉格朗日算子失去不变性。为了修正这一点,可以定义一个新的导数算子,即明显协变导数,从而使得规范变换的导数关于 φ 是不变的,即

$$(D_\mu \varphi)' = G D_\mu \varphi \tag{1.31}$$

式中:$D_\mu = \partial_\mu + i\varepsilon A$。

这里顺便提一下,Pauli 曾对规范变换给出过定义,第一类规范变换是仅适用于标量场的一种变换,而矢量规范场中的补偿变换则被称为第二类规范变换。事实上,第一类规范变换就是全局变换,而第二类规范变换本质上就是局部变换。

1.8 各向异性是局部对称性的一种表现形式

无论是自然界中的晶体还是声子晶体,它们都具有周期性特征,因而也表现出一些对称性特点,并且这些对称性是微观层面上的。就各向异性晶体而言,时空域中的每个位置处这些对称性是变化的,因而属于局部对称性。这一点与各

向同性情况是不同的,后者属于整体对称性范畴,如各向同性固体所具有的弹性对称性。一般而言,可以有以下两种基本的对称操作类型能够使得一个晶格经过变换后与自身重合。

① 平移变换:是对整个晶格进行移位,属于整体对称性。

② 点变换:晶格中至少有一个点保持不动,属于局部对称性。

晶体中的每个点处,柔度和刚度矩阵联系了应力和应变场,因此它们的对称性可以只通过点对称变换来获得。这些变换操作包括旋转、反射、反演、旋转-反演以及旋转-反射等,对于各向异性介质这些都是局部变换,因而要比各向同性情况复杂得多。

1.9 声场对称性在声子结构设计中的作用

声子晶体是一种周期性结构,由于布洛赫对称性的存在,它们将表现出谱带隙特征,是由布拉格型散射机理导致的。实际上,布洛赫理论正是离散平移对称性的数学体现。无论是从基础研究还是从应用方面来看,具有多个完全谱带隙的声子超材料都是非常令人感兴趣的,借助它们人们就可以研究考察非线性声子-声子的相互作用过程,从而进一步研发出可用于操控非线性波(如孤立波和冲击波)的结构化材料。

在针对周期单元的设计原理中,可以考虑经典声子的传播行为,并对声子晶体几何结构的类型加以确定,从而使得我们可以控制色散能带能量本征值的相对位置。常用的有两种一般性的设计原理:一种用于控制整体特性;另一种则控制的是局部的声子相互作用。利用这些原理就能够以合理的方式来设计谱带隙,甚至能带曲线的曲率。在声子晶体的设计中,一个主要的困难在于如何控制总体方向上的能带曲线,也就是低对称方向。当希望对完全带隙进行优化时,这一点尤其重要。对能带谱位置的设计需要对声子传播动力学过程有深入的认识。系统对称性在本征模式上表现出来的一些特征可以提供一种强有力的手段,借助这一工具就能够指导声子晶体、空腔及波导等的设计工作。已有研究表明,利用对称性进行设计,其好处不仅仅是可以对色散关系进行分析,更重要的是这一工具为后续设计原理的应用奠定了良好的基础。事实上,为了实现色散关系的最终设计,对称性是决定性因素。换言之,通过建立在声子结构对称性和声场的对称性基础上的守恒原理,将各种声子结构的设计运用在同一基础上。这主要依赖于两个基本原理,一个是整体群对称性,它决定了特定位置处特定方向上本征函数可允许的退化,另一个是平面群和点群对称性。将整体对称性用于结构上可以导出第二个原理,即本征模式可由一组最简描述来分类,它们决定了色散关系的形态和谱带隙的出现。这两个对称性原理实际上决定了相互作用的情况,提供了一个框架和手段,使得我们可以利用它来设计所需的色散关系。显然,这正是所谓的对称性语言,它控制了结构中声子的物理传播,可以从守恒原理和连续性原理来导出,从而使得我们能够建立声子结构拓扑中的动态键概念以及晶格分类情况。在色散关系中,可以注意到在线性声子范畴内是能够控制不同频率声子之间相互作用的,也即声子-声子相互作用。虽然声子-声子散射过程是非弹性的,并且经常是非线性的,但是决定这一散射过程的内在的材料非线性却可以在材料本构关系中体现出来,因此不会改变基本的连续性方程和通量方程。

1.10　Goldstone 声子模式

Goldstone 声子模式[4]是声场对称性的另一体现。在一个晶格中,纵向和旋转对称性被打破将会导致纵向和横向声子的生成,它们是 Goldstone 玻色子。不过,不能把纵向模式与平移对称性的打破关联起来,同样也不能把横向模式与旋转对称性的打破联系起来。实际上这些问题是混杂在一起的,对称性的打破与不同的 Goldstone 声子之间的关系取决于晶格的对称性。事实上,Goldstone 模式在任何连续对称性被打破的系统中都存在,声子只是一个实例而已,它们对应于晶体结构平移和旋转对称性被打破的情形。

由于平移对称性被打破,晶体将表现出"刚硬"性,因而这种平移对称性的打破会使得晶体对剪切变形与低频声子呈现出刚性。

Goldstone 理论[4]已经考察了连续对称性自发破缺的一般情形,在电学情况中,电流是守恒的,然而基态在对应的电荷作用下却不是不变的。于是,必定会有新的零质量标量粒子出现在可能激发的谱中。对于每种对称性破缺而言,都存在一种标量粒子,即 Nambu-Goldstone 玻色子,此时基态是不保持的。Nambu-Goldstone 模式是一种长波长波动,与对应的参数阶相同。在流体情况中,声子是纵向模式的,它们是伽利略对称性自发破缺对应的 Goldstone 模式。在固体情况中,情况要更为复杂些。Goldstone 玻色子包括纵向和横向声子,它们是自发破缺的伽利略对称性、平移和旋转对称性所对应的 Goldstone 玻色子,不过这里没有简单的一一对应关系。

1.11　湍流场的对称性

Kolmogorov 关于湍流的理论[5]是建立在湍流场的尺度不变性或对称性这一

基础之上的。湍流场本质上就是声场[5]，这也反映了声场的对称特性。Kolmogorov 的思想[5]可以视为 Richardson 思想的一个拓展。Richardson 的湍流概念包括不同尺度的"涡流"，这些尺度定义了涡流的特征长度，也可以借助依赖于长度尺度的流速和时间尺度来刻画。大的涡流是不稳定的，最终会破碎形成较小的涡流，初始大涡流的动能将分散到这些较小的涡流中。这些较小的涡流会经历相同的过程，从而产生更加小的涡流，能量也随之分散，如此持续下去。能量正是以这一方式逐渐从大尺度的运动中扩散到小尺度的运动中的，直到在一个足够小的长度尺度上流体黏性能够有效地把动能耗散为内能。Kolmogorov 在 1941 年给出的理论中[5]假定了对于非常大的雷诺数，小尺度湍流运动是各向同性的（统计意义上）。一般地，流体的大尺度运动（大尺度运动的尺寸可以记为 L）并不是各向同性的，因为它们需要根据特定的边界几何特征来确定。Kolmogorov[5]认为，在 Richardson 能量级串过程中这一几何和方向信息会丢失掉，而尺度则会减小，因此小尺度上的统计特征将表现出统一的特点，且当雷诺数足够大时，所有的湍流都是如此。

由此 Kolmogorov[5]引入了第二个假设，即：对于非常大的雷诺数，小尺度湍流在统计意义上各个方向均是相同的，可以根据运动黏度（v）和能量耗散率（ε）唯一确定。仅仅根据这两个参数，通过量纲分析即可获得唯一的湍流特征长度（也称为 Kolmogorov 长度尺度），即

$$\eta = \left(\frac{v^3}{\varepsilon}\right)^{1/4} \tag{1.32}$$

不难理解，湍流是可以借助一系列不同级别的尺度来刻画的，在这些尺度上发生了能量级串行为。动能的耗散将出现在 Kolmogorov 长度（η）这一阶上，而进入级串过程的能量则来自于大尺度（L 阶）湍流的衰退。在高雷诺数情况下，位于级串过程两极的这两个尺度一般相差若干个数量级。位于它们之间的一系列尺度（每个都具有自身的特征长度 r）都是由上一级尺度能量传递而形成的，这些尺度要比 Kolmogorov 长度大得多，不过仍然要远小于最大的尺度。因为这一范围内的涡流要比发生在 Kolmogorov 长度尺度上的耗散涡流大得多，因此动能基本上不会在此范围内出现耗散，而仅仅是传递到更小的尺度上，直到黏性效应占据主导地位，也就是达到了 Kolmogorov 尺度。事实上，在这一范围内惯性效应要远强于黏性效应，因而也可以认为此时黏性机制对其动力过程的影响甚微。

根据上述认识，Kolmogorov 给出了第三个假设。即：在非常大的雷诺数条件下，特征长度 r（远小于 L，远大于 η）上的统计特性是无指向性的，可以根据尺度 r 和能量耗散率 ε 来唯一确定。

1.12 声学中的时间反转对称性

声场具有时间反转对称性,这一点可以从声学方程解加以验证。这一性质表明,如果针对给定的声场,把解中的时间变量变成$-t$,那么所得到的另一个解也同时满足相同的声学方程。换言之,如果在给定介质中存在一个波动方程的解$S(t)$,那么另一个与之对应的解$S(-t)$也必定存在,后者也就是所谓的时间反转解。例如,如果能够记录下一个放置在介质中的声源所产生的全声场,那么作时间反转之后,从全声场发射出的声波就会形成一个会聚到初始声源的波场。由于需要明晰整个介质中的声场情况,因此目前这种理想的时间反转实验在大多数实际环境中是难以进行的。实际上,时间反转可以通过利用亥姆霍兹-克希霍夫积分定理来实现,这一定理指出,如果一个封闭曲面边界上的波场及其法向导数情况是已知的,那么该曲面内部的所有波场分布($S(t)$)就是确定的。于是,可以这样来进行更为实际的时间反转实验:首先,利用一个声源在均匀介质中产生一个短脉冲,并在介质周围布置传感器用于记录随时间变化的声场,直到所有能量逸出传感器所形成的封闭曲面;其次,按照反向时间序列将传感器记录的声场数据作为封闭曲面这个边界上的波场进行激励,也就实现了时间反转波场。

参 考 文 献

[1] Gan, W. S. : Gauge invariance approach to acoustic fields. In: Akiyama, I. (ed.) Acoustical Imaging, vol. 29, pp. 389 – 394. Springer, The Netherlands(2007)

[2] Gan, W. S. : Acoustical Imaging: Techniques & Applications for Engineers. Wiley 343 – 368(2012)

[3] Fink, M. : Time reversed acoustics. Phys. Today 50, 34 – 40(1997)

[4] Goldstone, J. : Field theory with superconductor solution. Nuovo Cimento 19, 154 – 164(1961)

[5] Kolmogorov, A. N. : The local structure of turbulence in incompressible viscous fluid for very large reynolds numbers. In: Proceedings of the USSR Academy of Sciences(in Russian), 30, 299 – 303(1941)

[6] Kambe, T. : Variational formulation of ideal fluid flows according to gauge principle, Preprint accepted by Fluid Dynamics Research. Elsevier Science, The Netherlands, 2007

[7] Weyl, H. : Gravitation and the electron. Proc. Nat. Acad. Sci 15, 323 – 334(1929)

[8] Veselago, V. G. : The electrodynamics of substances with simultaneous negative values of e and l. Soviet Physics Uspekhi 10(4), 509 – 514(1968)

[9] Li, J. , Chan, C. T. : Double – negative acoustic metamaterial. Phys. Rev. E 70, 055602(R)(2004)

[10] Yablonovitch, E. : Inhibited spontaneous emission in solid state physics and electronics. Phys. Rev. Lett. 58 (20), 2059 – 2062(1987)

[11] Kushwaha, M. S., Halevi, P., Dobrzvnski, L., Djafrari - Rouhani, B.: Acoustic band structure of periodic elastic composites. Phys. Rev. Lett. 71, 2022(1993)

[12] Yang, C. N., Mills, R.: Conservation of isotopic spin and isotopic gauge invariance. Phys. Rev. 96(1), 191 - 195(1954)

[13] Higgs, P.: Broken symmetries and the masses of gauge bosons. Phy. Rev. Lett. 13(16), 508 - 509(1964)

[14] Gan, W. S.: A unified Yang Mills field and Higgs field - towards a superfluid model for particles of the universe. J. Basic Appl. Phys. 3(2), 105 - 109(2014)

[15] Lighthill, M. J.: On sound generated aerodynamically, II. Turbulence as a source of sound. Proc. R. Soc. Lond. A222, 1 - 32(1954)

[16] Richardson, L. F.: Weather prediction by numerical process. Cambridge Univefrsity Press, UK(1922)

第 2 章　负折射与声隐身

本章摘要：在声学超材料中,负折射是负质量密度和负体积模量所产生的结果,同时它还可以诱发声子晶体的带隙行为。声隐身是声场方程不变性的一个应用,也是声波在曲线时空中传播的首个应用。它可以使得声波传播能够以我们所期望的方式发生弯曲并改变方向。负折射和声隐身都可以借助声场方程的坐标变换来考察。实际上,负折射可以视为声隐身的一种特殊情况,即坐标变换矩阵的行列式值等于 -1 的情况。利用负折射现象,人们可以设计制备出超分辨率透镜,而利用声隐身现象,人们可以实现对象的"隐身"。

2.1　概　　述

负折射现象最早是由 Veselago[1] 于 1968 年从理论层面提出的,其思想根源于 1945 年 Mandel'stam[2] 的工作,主要涉及电磁波领域中两个关键的参数,即介电常数和磁导率均为负值这一情况。具有这一特性的介质一般称为双负超材料(DNG),属于超材料的一种特定类型。该研究工作在一段时期内并没有受到人们的关注,原因在于当时不可能制备出这种双负性的介质,尽管其他比较重要的超材料类型,如光子晶体和声子晶体分别在 20 世纪 80 年代早期和 20 世纪 90 年代早期成功得以制备出来(其中的光子晶体甚至在 100 多年前就已经被瑞利所认识到)。1999 年,伦敦帝国理工学院的 Pendry 等[3] 引入了开口环共振子(SRR)这一理论概念,对于双负超材料领域来说是一个巨大的贡献,正是在此基础上美国杜克大学的 Smith[4] 才借助 SRR 概念成功制备出了双负超材料。随后,人们开始对双负超材料产生了极大的兴趣。

超材料是一类人工材料,通过巧妙的设计使之具备自然介质所不具有的一些特性。一般来说,这种设计主要是通过结构而不是组分介质来实现的,也即通过引入较小的不均匀性来实现等效宏观特性。可以说,超材料是带有周期结构特点的复合材料的高级形式。前述的双负超材料有时也称为左手介质或材料,其原因在于介电常数、磁导率以及坡印廷矢量的负方向形成了一个逆时针环向。

左手对称性中的负折射现象可以借助规范理论来考察和揭示。麦克斯韦方程是最古老的规范理论,而左手对称性、负介电常数和负磁导率则可视为规范条件。如果将这一规范条件代入,那么麦克斯韦方程的形式是保持不变的,或者说麦克斯韦方程关于负介电常数和负磁导率具有不变性。后面在讨论声隐身问题时,就将采用麦克斯韦方程在曲线坐标变换中的规范不变性这一概念(也用于广义相对论),这也再次表明了负折射和声隐身现象是可以借助规范不变性来揭示的。

2.2 Veselago 理论的局限性

2.2.1 概述

Veselago[1]在 1968 年针对电磁波提出了超材料概念,即介电常数和磁导率同时为负值的介质,或者说双负介质。本节讨论 Veselago 理论[1]的局限性。这一理论是建立在各向同性固体的色散关系基础之上的,本书作者也曾在 2007 年针对声场问题给出了另一种分析方法[5],是建立在规范不变性基础上的。本书将指出,从第一性原理出发,借助这一方法无须类比就可以将电磁超材料拓展到声学超材料。不仅如此,这一方法还能够消除借助色散关系来考察折射率过程中的含糊性,它源自于折射率计算式中平方根前面可以同时出现正号和负号,这一点是必须明确的。此外,该方法还适用于声隐身问题,只需引入坐标变换(规范不变性的一种形式)即可。进一步,还将揭示声场方程中的宇称不变性,事实上,麦克斯韦方程的宇称不变性已经为人们所熟知,左手超材料是电磁超材料中的一种特殊类型,它们的宇称 p 值为 -1,具有负的磁导率和负的介电常数,且能流的坡印廷矢量与波传播方向相反。

2.2.2 齐次电磁波方程的规范不变性

Veselago[1]是从各向同性介质中的电磁波传播色散关系开始进行研究的,他考虑了以下色散关系,即

$$k^2 = \frac{\omega^2}{c^2}n^2 \tag{2.1}$$

其中,

$$n^2 = \varepsilon\mu \tag{2.2}$$

式中:k 为波数;ω 为频率;c 为波速;n 为介质的折射率;ε 和 μ 分别为介电常数和磁导率。

不考虑损耗,且考虑 n、ε 和 μ 为实数的情况,可以从式(2.1)和式(2.2)中

看出，ε 和 μ 同时变号对这一关系是没有影响的。也就是说，这两个式子对于 $-\varepsilon$ 和 $-\mu$ 也是成立的。Veselago 随后指出，对于 $\varepsilon>0$ 且 $\mu>0$ 的情况，E、H 和 k 将构成右手矢量系，而如果 $\varepsilon<0$ 且 $\mu<0$，那么将构成左手矢量系，这里的 E 和 H 分别代表电场和磁场。他进一步引入了 E、H 和 k 的方向余弦用于刻画介质中波的传播，并将它们分别记为 α_i、β_i 和 γ_i，即

$$G = \begin{pmatrix} \alpha_1 & \alpha_2 & \alpha_3 \\ \beta_1 & \beta_2 & \beta_3 \\ \gamma_1 & \gamma_2 & \gamma_3 \end{pmatrix} \tag{2.3}$$

如果矢量 E、H 和 k 构成右手系，那么式(2.3)所列矩阵的行列式将等于 1，而如果构成的是左手系，那么行列式将为 -1。据此 Veselago 将该行列式的值记为 p，并称 p 描述了给定介质的"手性"，即 $p=+1$ 代表了"右手"介质，而 $p=-1$ 代表了"左手"介质。

本节采用宇称这个概念来代替"手性"，也就是宇称为 -1 代表左手介质，而宇称为 $+1$ 代表右手介质。事实上，宇称正是规范不变性语言，所有物理定律都遵从宇称不变性，除了弱相互作用中的 β 衰变。

代表能量流的坡印廷矢量 S 是电磁波领域中人们最为关心的参量，它由下式给出，即

$$S = \frac{c}{4\pi}(E \times H) \tag{2.4}$$

根据式(2.4)可以看出，矢量 S 总是与矢量 E 及 H 构成右手系。相应地，对于右手介质情况，S 和 k 方向是相同的；而对于左手介质，二者方向相反[1]。由于矢量 k 位于相速度方向上，因此很显然，左手介质会表现出负的群速度，特别是会发生在各向异性介质中或者存在空间色散时。也就是说，对于左手介质或者说宇称为 -1 的情况，坡印廷矢量与相速度方向或者说波传播方向是相反的；反之，对于右手介质或宇称为 $+1$ 的情况，坡印廷矢量与相速度方向相同。

事实上，也可以从规范不变性角度来分析左手超材料。齐次电磁波方程对于负磁导率和负介电常数是具有规范不变性的，对于均匀介质来说，电磁波方程可以表示为

$$\begin{cases} \nabla^2 E - \dfrac{\varepsilon\mu}{c^2}\ddot{E} = 0 \\ \nabla^2 H - \dfrac{\varepsilon\mu}{c^2}\ddot{H} = 0 \end{cases} \tag{2.5}$$

不难注意到，如果将上面的 ε 和 μ 分别替换为 $-\varepsilon$ 和 $-\mu$，式(2.5)的形式仍

然是不变的。这就表明了这个方程组对于负磁导率和负介电常数是具有规范不变性的。

2.2.3 声场方程的规范不变性

齐次声波方程(亥姆霍兹方程)可以写为

$$\nabla^2 p + \frac{\omega^2}{\rho\kappa} p = 0 \tag{2.6}$$

式中:p 为声压;ρ 和 κ 分别为质量密度和体积模量。

这里可以再次注意到,如果将 ρ 和 κ 分别替换为 $-\rho$ 和 $-\kappa$,那么这个方程仍然保持相同的形式,这也就表明了亥姆霍兹波动方程对于 $-\rho$ 和 $-\kappa$ 来说是具有规范不变性的。

此处实际上已经借助规范不变性框架将左手介质拓展到了声学问题中,并且也揭示了声场方程的宇称不变性,而没有采用 Veselago 的理论。

2.2.4 声隐身

声隐身问题首次将声学引入到了曲线时空中,以往与曲线时空相关的声学问题仅仅只涉及对特定结构几何形状的描述,它们并不考察声波在曲线时空中的弯曲或传播问题。

声隐身主要研究的是声波传播路线的弯曲,使之可以按照指定的方向去传播。在 Veselago 的理论[1]中,是采用色散关系进行分析的,这里不再赘述。我们转而借助坐标变换来进行,也就是规范不变性的形式。换言之,在经过坐标变换之后,声场方程的形式不会发生改变,或者说声场方程对于坐标变换是具有规范不变性的。作为一个例子,引述 Cummer 的研究结果[6]。

Cummer 针对无黏性流体介质,利用线性声学方程考察了坐标变换问题,即

$$\begin{cases} j\omega p = -\kappa \nabla \cdot \boldsymbol{v} \\ j\omega \rho \boldsymbol{v} = -\nabla p \end{cases} \tag{2.7}$$

式中:ω 和 $\boldsymbol{v}$ 分别为角频率与声速。

进一步,他对这些方程引入了一组新的曲线坐标 x'、y' 和 z',并记 $\boldsymbol{A}$ 为从坐标系统 (x,y,z) 到 (x',y',z') 的雅克比变换矩阵,从而在新坐标系中把梯度算子表示为

$$\nabla p = \boldsymbol{A}^{\mathrm{T}} \nabla' p = \boldsymbol{A}^{\mathrm{T}} \nabla' p' \tag{2.8}$$

而散度算子可表示为

$$\nabla \cdot v = \det(A)\nabla' \cdot \frac{A}{\det(A)}v = \det(A)\nabla' \cdot v' \qquad (2.9)$$

利用这些表达式,原方程式(2.7)在新坐标系中就可以改写为

$$\begin{cases} j\omega p' = -\kappa\det(A)\nabla' \cdot v' \\ j\omega\det(A)(A^{\mathrm{T}})^{-1}\rho(A^{-1})v' = -\nabla'p' \end{cases} \qquad (2.10)$$

显然,这一形式与原方程是相同的,只是有了一些新的介质参数,即

$$\kappa' = \det(A)\kappa, \quad \bar{\bar{\rho}} = \det(A)(A^{\mathrm{T}})^{-1}\rho(A^{-1}) \qquad (2.11)$$

从物理层面来看,这就意味着如果对方程式(2.7)的解引入一个坐标变换,并将介质特性按照式(2.11)的方式来改变,那么变换之后的物理场就是新介质中的声场方程的解。

2.2.5 非线性齐次声波方程的规范不变性

二阶齐次非线性声波方程可以表示为

$$\kappa_1\nabla^2 p + \kappa_2\nabla^2 p\left(\frac{\partial p}{\partial x}\right) + \frac{\omega^2 p}{\rho} = 0$$

或

$$\rho\kappa_1\nabla^2 p + \rho\kappa_2\nabla^2 p\left(\frac{\partial p}{\partial x}\right) + \omega^2 p = 0 \qquad (2.12)$$

式中:κ_1 为二阶体积模量;κ_2 为三阶体积模量。

类似地,如果将上面这个方程中的 ρ、κ_1、κ_2 分别替换为 $-\rho$、$-\kappa_1$、$-\kappa_2$,那么方程的形式仍然是保持不变的。换言之,非线性声波方程对于 $-\rho$、$-\kappa_1$、$-\kappa_2$ 是具有规范不变性的。

2.2.6 负折射和声隐身的统一性理论——负折射是坐标变换的特例

这里从坐标变换后的方程形式具有规范不变性这一角度来同时考察声隐身与负折射问题。实际上,这种规范不变性是一种普遍特征,对于所有的物理方程都是适用的,其中包括了麦克斯韦方程和声学方程。当方向余弦矩阵(或者说变换矩阵)的行列式值等于 -1 时,那么就得到了负折射(宇称为 -1)了;或者也可以说,只要将原来的介电常数和磁导率乘以 -1,那么也就得到了负的介电常数与负的磁导率。显然这就表明了,负折射正是隐身问题中所采用的坐标变换的一种特殊情况,即变换矩阵的行列式值等于 -1。这一点可以作以下解释,即

$$\begin{pmatrix} v'_x \\ v'_y \\ v'_z \end{pmatrix} = \begin{pmatrix} \alpha_1 & \alpha_2 & \alpha_3 \\ \beta_1 & \beta_2 & \beta_3 \\ \gamma_1 & \gamma_2 & \gamma_3 \end{pmatrix} \begin{pmatrix} v_x \\ v_y \\ v_z \end{pmatrix} \tag{2.13}$$

当式(2.13)中右端的方向余弦矩阵的行列式值为 -1 时,有

$$v' = -v \tag{2.14}$$

以介电常数和磁导率为例,进行矢量替换后,则有

$$\begin{cases} \mu'_{ij} = -\mu_{ij} \\ \varepsilon'_{il} = -\varepsilon_{il} \end{cases} \tag{2.15}$$

显然这就意味着,负折射也会导致负的磁导率和负的介电常数。

由于方程形式的规范不变性是所有物理方程的固有特征,因而当然也适用于声学情形,只不过介电常数和磁导率分别等价于质量密度和体积模量(或压缩性)而已。

基于上述考虑,可以发现隐身材料或元件在负折射这一特殊情况下也就变成了一种透镜,而折射也只是隐身或者说声波(或光波)弯曲传播的一种特例而已。

不难看出,规范不变性要比 Veselago[1] 所采用的色散关系分析具有更宽的覆盖范围,适用性更为广泛。

此外,在解释负折射行为时,也可以引入反射不变性(或左右对称性)来分析。事实上,$-\mu$ 和 $-\varepsilon$ 均可视为 μ 和 ε 的镜像,而 $-\rho$ 和 $-\kappa$ 可视为 ρ 和 κ 的镜像。这里显然也采用了坐标变换的概念。

应当指出的是,必须注意,采用规范不变性方法来考察负折射,可以消除利用色散关系所导致的含糊性,也即在色散分析中,由于平方根运算,将会同时出现正负号,这一点是必须加以明确的。

2.2.7 小结

根据上述讨论不难看出,Veselago 的理论[1] 仅适用于线性、电磁波、各向同性介质以及双负性这种特殊情形。实际上,规范不变性方法有着更广泛的应用,如可以用于声波、各向异性介质、隐身问题、负折射及非线性声波等。不仅如此,这一方法还明确消除了色散关系中正负号选择上的含糊性,这一点是相当重要的。

事实上,在 Smith[4] 和 Pendry[3] 实现了超材料之后,Veselago 也意识到他于 1968 年发表的文章中最为重要的贡献并不是提出了能够生成负折射的复合材

料设计,而是指出了人们可以对复合材料进行设计,以获得任意的介电常数和磁导率值。这再一次证实了我们的一个重要发现,即负折射或磁导率与介电常数的双负性仅仅是一般隐身问题(基于坐标变换方法)的一个特例,因为一般隐身问题就是指如何设计具有任意介电常数与磁导率值的复合材料。

2.3 利用多散射方法实现理想声透镜

多散射理论(MST)一般也称为 KKR(Korringa,Kohn,Rostoker)方法[7,8],该方法的提出主要针对电子能带结构的计算。当然,它最早起源于 Liu 等[9]对经典波(包括声波)的研究,那时该方法主要用于计算声波在周期结构中的传播情况,例如声子晶体这种周期结构物。Liu 等所考察的声子晶体是由浸没于水介质中的不锈钢球构成的,他们利用超声实验技术观测到了沿着(001)传输方向上存在一个相当大的方向带隙,这一实验结果与能带结构中 $\Gamma - x$ 方向上的方向带隙是一致的。在(111)传输方向上他们还观测到了一个窄带隙(与前面的方向带隙类似,也在大约0.65个单位位置处),这与能带结构中同一频率位置 L 点处的小带隙也是吻合的。

声子带隙的存在性及其特性的研究还有很多,如文献[10-13]。这些声子带隙的出现主要源自于布拉格散射机制,此时声波的波长一般是与晶格常数处于同一数量级。在声子带隙所对应的频率范围内,这些波的传播将会受到限制。基于这些认识,人们进一步研究了如何在物理可实现的介质中获得大的完全带隙,以及基于隧穿效应的波传播机制[14]。此外,还有少量研究人员也考察了在带隙以外这个更宽的频率范围内周期性是如何影响波的传播行为的,在这些频段内可能会出现新颖的折射、散射和聚焦等异常现象。

在较低的声波频率处,一般可以利用某种等效连续介质近似方法来研究波传播特性,并准确预测出波速。在这一频率范围内,声波的传播特性很大程度上类似于原子晶体结构中的低频声子特性,事实上人们已经系统地考察过声子聚焦现象了[15]。与此不同的是,在较高的频率范围内,也即波长远小于晶格常数的情况下,人们对通带中的传播特性认识得还很不够。Suxia Yang 等[14]曾从理论和实验两个层面上对此进行过研究,考察了三维声子晶体中波的模式特征及其传播行为,所针对的频率位于首个完全带隙的上方。他们揭示了频率和传播方向上的改变是怎样导致新颖的聚焦现象的,这种聚焦现象与较强的负折射行为有关。显然,这一针对负折射的分析方法是不同于 Veselago 针对电磁波的分析过程的。这些研究人员通过超声实验对透射波场做了成像分析,从而证实了负折射效应的存在,并指出了一块平直的晶体能够将发散状的入射波束聚焦,在远离晶体的位置处可以清晰地观测该焦点。

Suxia Yang 等还从理论层面借助傅里叶成像技术计算了波场的模式,其中透过晶体的波可以利用三维等频面来准确加以刻画,这些等频面是根据多散射理论[16]结果预测得到的。他们的理论结果很好地解释了实验观测结果,说明了这一频率范围内的波动特征是可以准确加以建模的,并且利用该声子晶体的等频面理论计算结果还可以与一些潜在的应用关联起来。

Zhang 和 Liu[17] 最早考察了声子晶体中声波的负折射问题,在实验中多次观察到了声波的负折射行为,主要发生于 $S \cdot k > 0$ 的频率处,其中的 S 代表的是坡印廷矢量。他们还研究了一个二维声子晶体结构,是由无限长的刚性或液体圆柱内置于基体介质中构成的,这一结构也曾得到较为广泛的研究[18-20]。研究中他们采用了两种类型的声子晶体结构,一种是将钢柱置入到空气介质中,另一种是将水柱置入到水银介质中。图 2.1(a) 和图 2.1(b) 分别给出了这两种声子晶体的能带结构,都是利用多散射理论(文献[21]中给出的 Korringa-Kohn-Rostoker 方法)计算得到的。

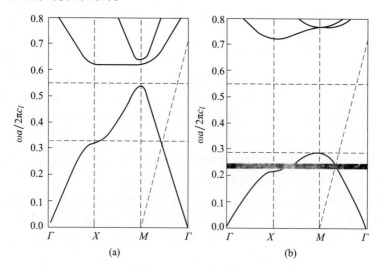

图 2.1 两种声子晶体的能带结构

(a)声学能带结构(半径为 $R=0.36a$ 的钢柱以方形晶格形式阵列于空气基体中);

(b)声学能带结构:(半径为 $R=0.4a$ 的水柱以方形晶格形式阵列于水银基体中)。

点虚线标出了负折射区域,阴影标出了 AANR 区域(源自于 Zhang 和 Liu[17])

为了能够清晰地观察和分析声波在抵达声子晶体上表面处所发生的折射效应,Zhang 等[17]计算了能带结构的等频面(EFS),这一工作类似于光子晶体中的电磁波分析,因为等频面的梯度矢量能够给出声子模式的群速度,进而就可以了解声波能流方向了。当然,等频面也可借助多散射理论进行计算。对于这两种系统来说,第一能带内等频面的特点是相似的。为此,在图2.2中只给出了水柱/水银基体这一体系的分析结果,其中包括若干个相关频率点处的等频线情况,即0.05、0.1、0.2、0.235和0.27等频率点。很明显,在第一布里渊区内的所有位置,最低能带均满足$S \cdot k > 0$,这就意味着群速度不会与相速度反向。0.5和0.1处的等频线非常接近于理想的圆,其上各点处的群速度均与k矢量平行,意味着在这两个长波长情况下该晶体的行为类似于等效的均匀介质。0.2处的等频线稍微偏离圆形,而0.235处则围绕M点凸起,其原因在于负的声子"有效能带"。由于沿着折射面的分量必须守恒,因而将会在某些频率范围内出现负折射效应,如图2.1中的虚线所示。

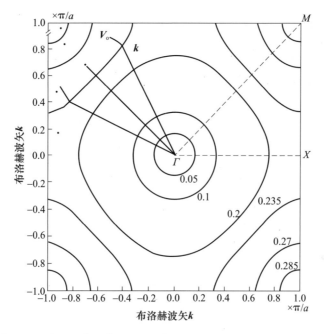

图2.2 二维声子晶体第一能带的等频线(该声子晶体是由水柱以方形晶格形式阵列于水银基体中而构成的,水柱半径为$R=0.4a$,图中的数字代表的是频率(单位为$2\pi c_l/a$)))

进一步,根据文献[18,22]给出的分析过程,还可观察到一定条件下,某些情况中会出现全向负折射(AANR)效应。在这些条件下,以不同角度入射到ΓM面上的声束将会耦合形成一个单一的Bloch模式,它将在边界法线的负侧进入该晶体中。利用这一准则就可以确定出AANR的频率域了。

从图2.1(a)可以注意到,在钢柱/空气这个声子晶体结构中,没有出现AANR区域,尽管负折射区域是非常大的。然而,在水柱/水银结构中,在

$\omega=0.24(2\pi c_l/a)$ 附近出现了一个 AANR 区域,如图 2.1(b) 中的阴影部分所示。这一点是相当重要的,因为它对于声子晶体领域的声波超透镜成像和聚焦非常有价值。

为了检验上述理论分析结果,Zhang 等[17]基于多散射理论[19]对这两种声子晶体结构进行了数值仿真研究。他们设计了一个 30°的楔形样件,其中包含 238 个水柱,半径为 $R=0.4a$,这些水柱在水银基体介质中以方形晶格形式阵列。在图 2.3 的上方给出了该样件的形状,并对折射过程进行了展示,图中的黑框标出了样件的边界和尺寸大小。当一束频率为 $\omega=0.235(2\pi c_l/a)$、半宽度 $wl=2a$ 的波沿法向入射到样件的左侧表面时,楔形面是(11)面,该波束将沿着入射方向传播直到抵达楔形面,随后一部分波将折射出样件而另一部分反射回来。折射波有两种可能的情形,它可能出现在表面法线的右侧(即正折射),也可能出现在左侧(即负折射)。图 2.3 已经示出了仿真计算的结果,可以观察到入射场和折射场的能量分布情况,其中的箭头和文字说明了不同的传播方向。可以清晰地看到,折射波是出现在表面法线的负折射一侧的,折射角与图 2.2 中给出的预测值是一致的,后者是根据波矢空间分析得到的。这些仿真结果清楚地表明,声波的负折射行为存在于 $S\cdot k>0$ 的第一能带。类似现象也存在于钢柱/空气构成的声子晶体结构中。

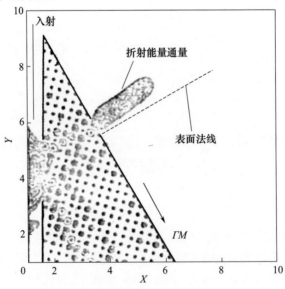

图 2.3 负折射仿真(黑框代表样件的边界,不同的阴影部分代表了入射和折射声场的声压强度,此处的样件是楔形的,由水柱散射体和水银基体组成,水柱半径为 $R=0.4a$,入射波的频率为 $\omega=0.235(2\pi c_l/a)$)

借助负折射这一概念,人们已经设计出理想透镜或超透镜[1,20],并利用二维光子晶体进行了制备[18]。这种超透镜能够将一侧的点源聚焦成另一侧的一个真实像点,即便该透镜的两侧边是平行的。它们的一个重要优点在于,可以打破衍射极限或者说瑞利分辨率准则(即波长的一半)。这种成像功能不必借助曲线形的透镜,平直形透镜即可实现,因而在制备上更加容易。Zhang 和 Liu[17]已经针对声波设计出了一个这样的理想透镜,其优点与光学系统中体现出的优势是相同的。研究中,他们采用了一块宽度为 $40a$、包含 6 层的平板结构,将一个连续发射的点声源放置在距离板左侧面为 $1.0a$ 的位置,点源发出的入射波频率设定为 $\omega=0.24(2\pi c_l/a)$,该频率位于 AANR 区域内(参见图 2.1(b))。

在上面这项研究中,计算声波的传播时采用的是多散射理论,平板样件内的波场模式和像如图 2.4 所示,图中同时也示出了该声子晶体板的几何结构。从中不难看出,板的另一侧形成了一个品质相当高的像。如果更仔细地观察相关数据,还可以发现像点的横向尺寸(半最大值处的总尺寸)约为 $0.6a$ 或 0.14λ,其位置距离板的右侧面为 $1.0a$ 处。像点的聚焦尺寸主要取决于一些特定的参数,如板的厚度以及点源和板之间的距离等,这些与光学系统也是类似的。调整这些参数就可以获得更为清晰的声学像。这些研究人员还考察了当声波频率位于 AANR 区域以外以及不存在 AANR 区域的结构(如钢柱/空气结构)时成像的品质特性。对于这些情况,聚焦现象将会变得不那么显著,由此也表明了 AANR 对于成像而言是非常重要的。

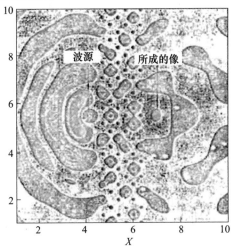

图 2.4 点源的波场分布和通过 6 层板之后的像点(频率为 $\omega=0.24(2\pi c_l/a)$,该板是由水柱散射体和水银基体组成,水柱半径为 $R=0.4a$,暗区域和亮区域分别对应于负值和正值)

总之，这些研究工作均揭示了二维声子晶体中的声波负折射是可能存在的，其行为类似于光学体系中的结果。

2.4 声 隐 身

2.4.1 概述

声隐身实质上也可以归为一种声学成像的形式，一般是通过在待隐身的对象物上放置一个超材料声隐身斗篷，使得从各个方向上(声学上)无法观测到该对象物。声隐身这一概念也源自于电磁学领域，即电磁隐身[21,23]。电磁隐身研究中采用了来自于广义相对论中的规范不变性概念，也即麦克斯韦方程在任意坐标变换后具有形式不变性，其中的介电常数和磁导率的值只需做相同的尺度变换即可。在超材料所具有的负折射性质的调控下，当将对象物以超材料斗篷包围起来之后，入射的光束将会发生偏斜、拉伸、弯曲等行为，从而绕过对象物并回到原来的传播轨迹上。然而，应当指出的是，由于光的色散本性，因而隐身效应一般只针对单一频率，而不是宽频带的。

声隐身概念是 Milton 等[24]于 2006 年提出的，Cummer 和 Schurig[6]于 2007 年也对此开展了工作。Milton 等[24]研究指出，从最一般情况来说，坐标变换方法不能拓展到固体中的波这一弹性动力学领域，甚至对于液体中的压缩波这种特殊情况也是如此。不过，散射理论分析却表明，对于三维流体中的声波来说，隐身解是存在的[25-27]，主要是通过类比电磁波的分析得到的。人们已经认识到，对于二维声波[6]和三维声波[28]，都可以使之具备变换不变性。Greenleaf 等[29]还得到了实现声学坐标变换所需的材料参数。

必须注意的是，声隐身现象并不能盲目地从电磁隐身用类比移植过来。正如 2.2 节所曾指出的，Veselago 的理论并不适用于声波，甚至对于电磁波来说，也只适用于各向同性情形，不能用于各向异性的隐身材料，而事实上大多数的隐身材料都是由各向异性材料制备而成的。此外，对于声学超材料而言，必须借助弹性理论来推导分析，而不宜采用 Veselago[1]曾使用的基于色散关系的分析(那里推导的是负磁导率和负介电常数)。利用规范不变性方法，可以帮助我们更深入地认识和理解负折射现象和隐身的物理内涵。还应注意的是，除了借助负质量密度和负体积模量这种分析途径外，声波负折射也可以从多散射理论分析得到。这实际上也表明了负折射就是多散射的一种形式。在前面的 2.2 节中已经给出了上述这些分析。

不采用声波和电磁波的类比分析，这一思想已经得到了 Cummer 等[25]的支持。他们研究指出,通过声波和电磁波的类比来证实其不变性,这一思路会掩盖变换方法的某些物理内涵,特别是像粒子速度和压力梯度等矢量在变换前后的变化情况。通过分析一般波场的功率流和常数相位面是如何变换的,他们指出声学中的速度矢量必须以完全不同于电磁学中的矢量(E 和 H)变化方式进行变换。这就解释了为什么 Milton 等[24]的弹性动力学分析(假定声速是与 E 和 H 以相似的方式变换)不会导致声学方程的坐标变换不变性。我们认为,这进一步体现了声波固有的弹性特性,这是区别于电磁波的。Lee 等[30]曾利用弹性理论方法考察了负折射问题,Gan 也分析了声场的规范不变性[5],这些工作都进一步验证了这一点。此外,关于声斗篷的制备,Cheng 等[31]还曾给出过一个与此相关的实例。

2.4.2 转换声学的推导

这里将按照 Cummer 等[26]的方法来介绍,并采用以下线性声场方程形式,即

$$\nabla p = i\omega \rho(r)\rho_0 v \tag{2.16}$$

$$i\omega p = \kappa(r)\kappa_0 \nabla \cdot v \tag{2.17}$$

式中:$\rho(r)$ 和 $\kappa(r)$ 分别为介质的归一化密度和体积模量,它们都具有坐标变换不变性。

我们将指出声速矢量 v 必须在一个非正交坐标系中进行变换,其坐标为 q_1、q_2 和 q_3,对应的单位矢量分别为 $\hat{u}_1$、$\hat{u}_2$ 和 $\hat{u}_3$。按照 Pendry 等[23]的工作,记 $i = 1,2,3$,则有

$$Q_i^2 = \left(\frac{\partial x}{\partial q_i}\right)^2 + \left(\frac{\partial y}{\partial q_i}\right)^2 + \left(\frac{\partial z}{\partial q_i}\right)^2 \tag{2.18}$$

$$\hat{n} = \frac{(\hat{u}_1 \times \hat{u}_2)}{(|\hat{u}_1 \times \hat{u}_2|)}$$

$$\text{Area} = Q_1 dq_1 Q_2 dq_2 |\hat{u}_1 \times \hat{u}_2|$$

当在这个非正交坐标系中将散度定理应用到一个无限小体积上时,可以参考图 2.5。

对这个体积域上 v 向外的净通量进行计算,并令其等于 v 的散度与该无限小体积的乘积,可以导得

$$(\nabla \cdot v) Q_1 Q_2 Q_3 |\hat{u}_1 \cdot (\hat{u}_2 \times \hat{u}_3)| = \frac{\partial}{\partial q_1}[Q_2 Q_3 v \cdot (\hat{u}_2 \times \hat{u}_3)] +$$

$$\frac{\partial}{\partial q_2}[Q_1 Q_3 v \cdot (\hat{u}_1 \times \hat{u}_3)] + \frac{\partial}{\partial q_3}[Q_1 Q_2 v \cdot (\hat{u}_1 \times \hat{u}_2)] \tag{2.19}$$

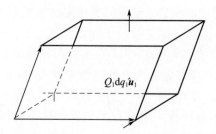

图 2.5 变换后的坐标系中用于定义无限小体积元的平行六面体
（计算矢量向外的净通量时需要用到每个面的面积和单位法矢（源自于 Cummer 等[26]））

不妨记 $V_{\text{frac}} = |\hat{\boldsymbol{u}}_1 \cdot (\hat{\boldsymbol{u}}_2 \times \hat{\boldsymbol{u}}_3)|$，它实际上代表了单位体积在非正交坐标系中受压缩后的体积。另外，采用传统的上标（下标）记法来描述逆变（协变）矢量的分量，例如

$$\boldsymbol{v} \cdot (\hat{\boldsymbol{u}}_2 \times \hat{\boldsymbol{u}}_3) = v^1 \hat{\boldsymbol{u}}_1 \times (\hat{\boldsymbol{u}}_2 \times \hat{\boldsymbol{u}}_3) \tag{2.20}$$

于是，式（2.19）就可以重新表示为

$$(\nabla \times \boldsymbol{v}) Q_1 Q_2 Q_3 V_{\text{frac}} = \frac{\partial}{\partial q_1}[Q_2 Q_3 V_{\text{frac}} v^1] + \frac{\partial}{\partial q_2}[Q_1 Q_3 V_{\text{frac}} v^2] + \frac{\partial}{\partial q_3}[Q_1 Q_2 V_{\text{frac}} v^3] \tag{2.21}$$

可以注意到在变换后的坐标中，散度的定义式是 $\nabla_q \cdot \boldsymbol{v} = \frac{\partial v^1}{\partial q_1} + \frac{\partial v^2}{\partial q_2} + \frac{\partial v^3}{\partial q_3}$，于是有

$$(\nabla \cdot \boldsymbol{v}) Q_1 Q_2 Q_3 V_{\text{frac}} = \nabla_q \cdot (V_{\text{frac}} \overline{\overline{\boldsymbol{Q}}}_{\text{per}} [v^1 v^2 v^3]^{\text{T}}) = \nabla_q \cdot \tilde{\boldsymbol{v}} \tag{2.22}$$

其中，

$$\overline{\overline{\boldsymbol{Q}}}_{\text{per}} = \begin{bmatrix} Q_2 Q_3 & 0 & 0 \\ 0 & Q_1 Q_3 & 0 \\ 0 & 0 & Q_1 Q_2 \end{bmatrix} \tag{2.23}$$

变换后的速度矢量 $\tilde{\boldsymbol{v}}$ 为

$$\tilde{\boldsymbol{v}} = V_{\text{frac}} \overline{\overline{\boldsymbol{Q}}}_{\text{per}} [v^1 v^2 v^3]^{\text{T}} \tag{2.24}$$

张量 $\overline{\overline{\boldsymbol{Q}}}_{\text{per}}$ 中的下标"per"是指对角元素在对每个矢量分量进行变换时，需要将其乘以垂直于（更一般地，对于非正交坐标系来说，是非平行于）该分量方向的坐标缩放因子。不妨回想一下前面给出的定性讨论（参见图 2.6），这实际上准确地表明了在压缩波场合中速度矢量必须进行怎样的变换，从而可以应用于

声学问题。应当注意,矢量$[v^1 v^2 v^3]^T$的各个元素是v在非正交坐标系中的逆变分量,而矢量v的元素则是在原正交坐标系中的坐标分量。

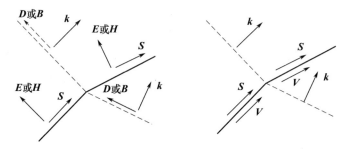

图2.6 电磁学(左图)和声学(右图)中的矢量变换
(白色箭头指出了矢量的哪个分量被坐标变换所压缩(源自于Cummer等[26]))

将式(2.17)(令$\lambda(r)=1$)乘以$Q_1 Q_2 Q_3 V_{frac}$,并利用式(2.24),不难导得变换后的坐标中的方程为

$$i\omega p = \kappa(q) \kappa \nabla_q \cdot \tilde{v} \tag{2.25}$$

其中,

$$\kappa(q) = (Q_1 Q_2 Q_3 V_{frac})^{-1} \tag{2.26}$$

显然,这也就证实了式(2.17)对于坐标变换具有不变性,只要体积模量按照式(2.26)、速度矢量按照式(2.25)加以修正即可。更一般地,这也表明,为了使得梯度算子保持其基本形式,应当如何对相关矢量进行变换。

Cummer等[26]已经基于梯度定理对式(2.16)(进而梯度算子)在坐标变换下的变化情况进行了分析,通过将∇p沿着一个较短的长度(在q_1坐标方向上)进行积分,得到

$$\nabla p \cdot Q_1 \hat{u}_1 = \frac{\partial p}{\partial q_1} = (\nabla_q p)^1 \tag{2.27}$$

式(2.27)中,左侧项包含了经缩放的∇p的协变分量,在与$\nabla_q p$(即变换后坐标中的梯度)的对应分量进行平衡时,是必须先转换成协变分量的。这些研究者发现

$$\nabla_q p = \overline{\overline{Q}}_{par} \overline{\overline{h}}^{-1} (\nabla p) \tag{2.28}$$

式中:$\overline{\overline{Q}}_{par}$为对角型张量,其中包含了平行于矢量分量方向的坐标缩放因子,即

$$\overline{\overline{Q}}_{par} = \begin{bmatrix} Q_1 & 0 & 0 \\ 0 & Q_2 & 0 \\ 0 & 0 & Q_3 \end{bmatrix} \tag{2.29}$$

$$\bar{\bar{h}}^{-1} = \begin{bmatrix} \hat{u}_1 \cdot \hat{u}_1 & \hat{u}_1 \cdot \hat{u}_2 & \hat{u}_1 \cdot \hat{u}_3 \\ \hat{u}_2 \cdot \hat{u}_1 & \hat{u}_2 \cdot \hat{u}_2 & \hat{u}_2 \cdot \hat{u}_3 \\ \hat{u}_3 \cdot \hat{u}_1 & \hat{u}_3 \cdot \hat{u}_2 & \hat{u}_3 \cdot \hat{u}_3 \end{bmatrix} \tag{2.30}$$

可以注意到,此处的$\bar{\bar{h}}^{-1}$与Pendry等[23]所定义的$\bar{\bar{g}}^{-1}$是相同的。他们将这个张量重新进行了命名,因为后面还将使用$\bar{\bar{g}}^{-1}$来表示度量张量,它与此处的$\bar{\bar{h}}^{-1}$并不相同。

最后将式(2.16)(令$\rho(r)=1$)乘以$\bar{\bar{Q}}_{\text{par}}$,于是得到

$$\nabla_q p = \mathrm{i}\omega \bar{\bar{Q}}_{\text{par}} \bar{\bar{h}}^{-1} \rho_0 v = \mathrm{i}\omega \bar{\bar{Q}}_{\text{par}} \bar{\bar{h}}^{-1} \bar{\bar{Q}}_{\text{par}}^{-1} \bar{V}_{\text{frac}}^{-1} \rho_0 v \tag{2.31}$$

从而可以获得变换后的坐标下式(2.16)的等效表达式为

$$\nabla_q p = \mathrm{i}\omega \bar{\bar{\rho}} \rho_0 v \tag{2.32}$$

其中,

$$\bar{\bar{\rho}} = \bar{\bar{Q}}_{\text{par}} \bar{\bar{h}}^{-1} \bar{\bar{Q}}_{\text{par}}^{-1} \bar{V}_{\text{frac}}^{-1} \tag{2.33}$$

方程式(2.25)和式(2.32)表明,当采用了式(2.26)和式(2.33)对材料参数进行修正后,声学方程将具有坐标变换不变性。

上述研究人员进一步研究指出,这些实验与Chen和Chan[28]的结果是等价的,后者是通过电导率方程直接从电磁学领域类比而来的,同时也与Greenleaf等[29]针对一般的亥姆霍兹方程导出的结果等价。因此,现有电磁学领域中已经从理论上设计出的隐身壳和集中器等装置也可以在声学领域中类似地加以实现,只要能够实际制备出由式(2.26)和式(2.33)所给出的体积模量和各向异性的等效质量密度张量即可。无须进行类比,式(2.24)中已经明确表明声速矢量应当如何进行坐标变换,它不同于电磁领域中E和H场的变换。不过,标量压力在坐标变换中是不变的,类似于相位波前和功率流线,只是在坐标变换下发生简单的变形而已。

2.4.3 实例应用分析

这里考虑一个球形隐身变换[6],如图2.7所示,这一变换可以表示为$r' = a + r(b-a)/b$,a和b为常数,且$b>a$。显然,该变换是正交的,于是有$\bar{\bar{h}}=1$,$V_{\text{frac}}=1$,这无疑是较好的简化情况。只要给定了方位角和极角,就可以直接计算出Q_i长度缩放因子,与笛卡儿坐标系中是类似的,而式(2.18)则必须稍微加以修正。Q_i是指无限小弧段在变换后和变换前的坐标空间中的长度之比,于是有

$$Q_r = \frac{\mathrm{d}r}{\mathrm{d}r'} = \frac{b}{b-a}, Q_\phi = \frac{r\mathrm{d}\phi}{r'\mathrm{d}\phi'} = \frac{b}{b-a}\frac{r'-a}{r'} \quad (2.34)$$

$$Q_\Theta = \frac{r\sin\theta}{r'\sin\theta'}\frac{\mathrm{d}\theta}{\mathrm{d}\theta'} = \theta_\varphi \quad (2.35)$$

上述结果与其他方法导出的是一致的,可参见 Chen 和 Chan[28]、Greenleaf 等[29]以及 Cummer 等[27]的工作。

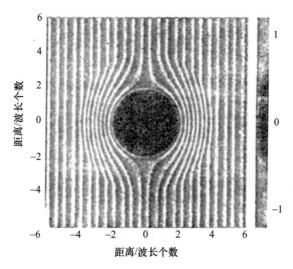

图 2.7 在问题域的 $r-\theta$ 平面内的压力场实部
(根据级数解计算得到的)(平面波从左侧入射)

由此,Cummer 等[26]研究指出,电磁学中的 **E** 和 **H** 场的变换是不同于声波中的 **v** 的。可以发现,针对声学方程在任意坐标变换下的第一性原理分析也就证实了,仅当速度场以这种正确的方式变换时散度算子才是不变的。

2.5　质量密度和体积模量同时为负的声学超材料

这里讨论的是一种不同于多散射理论的方法,后者主要是借助声子晶体[17,33]来生成声学负折射行为(参见 2.3 节),也不同于其他(那些建立在声场方程坐标不变性基础上的用于声隐身的)声学超材料的设计方法。此处的基本思想是基于声场方程的规范不变性[5],也就是说,当将密度和体积模量用负值替换后,声场方程的形式保持不变。在 2.2 节中已经阐述了由负磁导率和负介电常数可以生成负折射这一概念,并且可以从麦克斯韦方程的规范不变性这一角度去解释(即将正的磁导率和正的介电常数用负值替换的情况)。事实上,规范不变性要比 Veselago[1]的方法(将色散关系作为分析起点,以导出负的磁导率和负的介电常数)更为恰当,因为后者会导致只存在单个频率的电磁隐身性,并且 Veselago 的色散关系分析只适用于各向同性情形,而大多数的声隐身材料却是各向异性的。

如果将声场的规范不变性[34]用于负折射分析,就能够获得宽带双负性的谱范围[30]。这实际上也是作者关于声场规范不变性[5]假设的一个验证。Lee 等[30]已经制备了一种具有双负性(DNG)的声学超材料,其中包含了膜和侧孔,如图2.8所示。此处的声波行为是由方程式(2.36)和式(2.37)描述的,即

$$-\nabla p = \left(\rho - \frac{\kappa}{\omega^2}\right)\frac{\partial u}{\partial A} \tag{2.36}$$

$$\nabla \cdot u = -\left(\frac{1}{B} - \frac{\sigma_{SH}^2}{\rho_{SH} A \omega^2}\right)\frac{\partial p}{\partial A} \tag{2.37}$$

式中:κ 为新弹性模量;u 为流体(此处是空气)的速度;ρ 为动质量密度;B 为体积模量;A 为管的横截面面积;σ_{SH} 为侧孔情形中介质的(横截)面密度;ρ_{SH} 为侧孔情形中介质的质量密度。

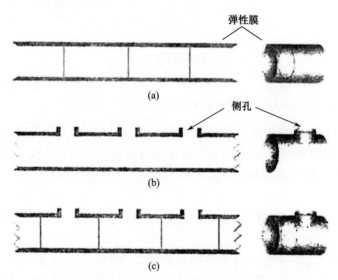

图 2.8　具有双负性的声学超材料(源自于 Lee 等[30])
(a)将张紧的弹性薄膜置入管中构成的一维 SAE 结构能够产生负的等效密度;
(b)带有侧孔阵列的管子可以产生负的等效模量;(c)同时带有薄膜和侧孔的声学 DNG 结构。

侧孔的存在不影响式(2.36)。类似地,由于膜隔离了流体,因而式(2.37)也是正确的。于是,这一系统就可以通过动力学方程和连续性方程加以描述,即

$$\begin{cases} -\nabla p = \rho_{\text{eff}}\left(\dfrac{\partial \boldsymbol{u}}{\partial A}\right) \\ \nabla \cdot \boldsymbol{u} = -\left(\dfrac{1}{B_{\text{eff}}}\right)\left(\dfrac{\partial p}{\partial A}\right) \end{cases}$$

式中,等效密度和等效模量分别由式(2.36)和式(2.37)给出,即

$$\rho_{\text{eff}} = \rho' - \frac{\kappa}{\omega^2} = \rho'\left(1 - \frac{\omega_{\text{SAE}}^2}{\omega^2}\right) \tag{2.38}$$

$$B_{\text{eff}} = \left(\frac{1}{B} - \frac{\sigma_{\text{SH}}^2}{\rho_{\text{SH}} A \omega^2}\right)^{-1} = B\left(1 - \frac{\omega_{\text{SH}}^2}{\omega^2}\right)^{-1} \tag{2.39}$$

式中:ω_{SAE} 为临界频率,$\omega_{\text{SAE}} = \sqrt{\dfrac{\kappa}{\rho'}}$。

从波动方程也就得到了相速度为

$$v_{\text{ph}} = \pm\sqrt{\frac{B_{\text{eff}}}{\rho_{\text{eff}}}} = \pm\sqrt{\frac{B}{\rho'\left(1 - \dfrac{\omega_{\text{SAE}}^2}{\omega^2}\right)\left(1 - \dfrac{\omega_{\text{SH}}^2}{\omega^2}\right)}} \tag{2.40}$$

式中:$\omega_{\text{SH}} = (B\sigma_{\text{SH}}^2/A\rho_{\text{SH}})^{1/2}$。

图2.9(a)中给出了相关的实验设置,包括左侧的非金属管和右侧的DNG超材料。两端采用了吸声介质,可以彻底吸收掉声能量,从而消除了反射,使得系统可以表现出类似于无限域条件下的行为。或者也可以说,我们不必再关心实验中采用的有限个单元数量的影响,也不必再考虑反射波的干涉效应。声源通过一个小孔向管内发射声能,从而产生向右传播的入射波。在边界处,一部分入射能量将发生反射,而其他的能量则传递到超材料区域。在超材料一侧,透射过来的声能向右传播,直到进入吸收介质区域。

实验中对非金属管和超材料区域均进行了声压测量(时间和位置的函数),可以看出在非金属管一侧,声波向前行进,而在超材料一侧声波的传播如箭头所示。很明显,超材料一侧声波的传播方向是反向平行于能量流的。这也证实了理论预测出的负相速度这一结果。由于边界处产生的反射波会带来一定的干涉效应,因此还可以注意到非金属管一侧的声波幅值和相速度与入射波的实际值是有所偏离的。在超材料一侧,不存在这种干涉效应,因为没有反射波。

图2.10中将理论结果和实验结果进行了比较。实验中获得的透射数据(插图)能够验证理论上预测出的单个负带隙的存在。在DNG和DPS通带内,实验确定出的相速度与理论值也是相当吻合的。在250~1500Hz频率范围内,理论计算结果可以准确地描述相速度的行为特性。考虑到这一实验能够证实负相速

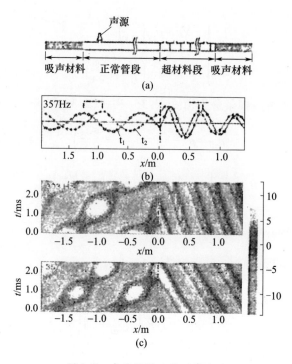

图 2.9 实验设置及其测量结果

(a)透射率和相速度测试用的实验设置;(b)测得的声压分布"快照"(可以看出在超材料段($x>0$)存在波的反向传播);(c)频率为 303Hz 和 357Hz 处得的声压特性图(在超材料段($x>0$)的波路径为负斜率,意味着负的相速度)。(源自于 Lee 等[30])

度这一理论预测,因此可以认为在 440Hz 以下的频率范围内,密度和体积模量实际上同时变成了负值。

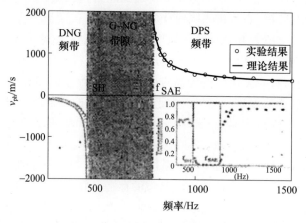

图 2.10 所提出的声学 DNG 介质的透射率(插图)和相速度(源自于 Lee 等[30])

这里顺便提一下空间锚定弹性(spatially anchored elasticity)这一新颖的概念[16],它利用膜的匀质化结构产生负的等效密度。由于膜使得流体在空间中被弹性锚定了,因此得到了这一名称。可以将这种新颖的弹性视为一种介质特性参量,根据下式即可刻画超材介质的行为特性,即

$$\nabla p = -\kappa \xi \tag{2.41}$$

式中:κ 为这一新的弹性模量;ξ 为流体介质的位移;p 为流体中的声压。

进一步,如果沿着管壁开设出侧孔,将可以得到 DNG 声学材料,并可观察到声波的反向传播。所构造出的结构可以在 240～440Hz 这一宽带范围内展现出 DNG 特征,这与电磁波情况是不同的,后者只限于单一频率(由于色散)。在这一频带内,相速度是负值,并且是强色散的。这也再次表明声学超材料是不能从电磁超材料场景中简单地移植过来的,它必须建立在弹性理论基础上,而电磁超材料则建立在 Veselago[1] 的色散关系分析基础上。

2.6　基于非线性坐标变换的声隐身

前面所阐述的声隐身问题中,涉及的坐标变换都是线性形式的[6]。Akl 等[35]将其拓展到了非线性变换中,即采用了以下形式,即

$$r^1 = a + (b-a)\left(\frac{r}{b}\right)^n \tag{2.42}$$

式中:n 为任意的变换指数,用于表示变换的非线性程度,在声学斗篷问题所涉及的声波的弯曲行为设计与控制中可以以此作为一个附加的自由度。当 n 的值取 1 时,式(2.42)也就退化成了 Cummer 和 Schurig[6] 给出的线性变换。

对于刚性物体来说,线性变换是有效的,不过如果是柔性体,那么隐身效果就要差一些了,且依赖于所选择的域,这是由于声波可以透入柔性体中,由此产生较显著的吸收效应,从而使得声斗篷的性能不再那么理想。Akl 等[35]曾基于不同形式的非线性坐标变换,研究了声隐身问题。他们通过时谐分析给出了有限元模型,进而借助不同的非线性坐标变换考察了怎样维系原有的场分布特性。研究表明,采用了这些变换之后能够显著改善柔性体的隐身性能,如带宽更大、提供了对隐身区域内的声波弯曲形状的附加控制能力等。

对于针对柔性体的各向异性声隐身超材料斗篷而言,它们主要工作在其共振频率点附近的一个有限频带内。为了阐明这一点,可以对斗篷性能进行定量测试。研究者在斗篷下游选择了一组位置点,测试出它们的声压值,进而对结果进行处理,从而建立了一种新的能够反映斗篷性能的指标。合理选择这组位置

点在流体中的分布形式,就能够准确地再现理想斗篷的计算结果。实际上,这一指标的理论基础在于,对于一个理想的斗篷来说,斗篷下游区域中沿着波前的声压值与参考值(在作为参考的波传播路径上沿着相同的波前测得)之间差值的均方根应趋近于零。将波传播参考路径设定于所关心域的中部是一个相当好的办法。针对轴向(波传播方向)和横向上的多个平面,重复进行这一测试,从而获得整个流体域的扫描结果,进而将所有的值求和后再除以测试点的数量,就可以得到前述的这个新性能指标(P. I.),即

$$\text{P. I.} = \sum_{j=1}^{j_{\max}} \sqrt{\sum_{i=1}^{i_{\max}} (P_{i,j} - P_{i,\text{ref}})^2} \quad (2.43)$$

测试网格点如图 2.11 所示。显然,对于给定的压差,斗篷的性能指标都会表现为正的均方根值。当所选择的测试点足够多时,就能够刻画出相对于理想隐身性能的很小的偏离情况。

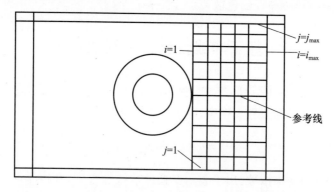

图 2.11　计算性能指标所需的测试网格点(源自于 Akl 等[35])

在式(2.43)中,i 代表的是沿着波传播路径(轴向)选择的测试点序号,j 代表的是横向上的测试点序号。根据这一指标,也就定量描述了不同激励频率点处各向异性声隐身斗篷(针对柔性体)的性能,也就是说,这一指标值越大,那么隐身性能就越差。

利用 Akl 等[35]给出的非线性变换,已有研究已经证实了当偏离有限频率范围时,各向异性声学超材料斗篷的工作性能是能够得以改善的。这一点可以参考图 2.12,在感兴趣的频率范围内绘制了线性斗篷和非线性斗篷的性能指标情况。很明显,当频率远离共振频率时,非线性隐身性能要更好些。类似的结论也可从图 2.13 中获得,该图中针对远离共振频率的一些频率值给出了线性和非线性变换情况所得到的声压场。为了展现出非线性变换对隐身性能的改善程度,进一步分别计算了线性变换和非线性变换下性能指标值与最小 P. I. 值的差值,并将这些差值与激励频率的对应关系绘制成了图 2.14。从中不难观察到,正的

差值越大,声隐身性能的改善程度越好。再一次注意到,对于理想的线性声斗篷而言,只能在特定的频率点处才能实现,而当远离这些频率点时,所提出的非线性变换却可以显著改善各向异性声学超材料斗篷的性能。虽然在针对柔性体隐身的声学超材料斗篷的仿真中会存在一些数值误差,但是研究者所提出的这一非线性变换仍然为我们提供了有益的启发,在此基础上可以继续去寻找各种不同的坐标变换函数,使得仿真结果的精度对于求解域的尺寸不是那么敏感。

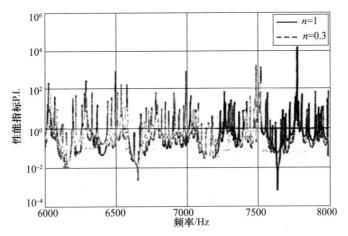

图 2.12 不同频率处非线性($n=0.3$)声斗篷与线性声斗篷的性能比较(源自于 Akl 等[35])

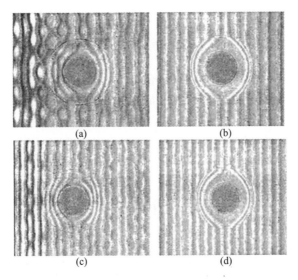

图 2.13 所分析的理想斗篷的全波场时谐声压场图(基体介质为水)(源自于 Akl 等[35])
 (a)线性情形,6000Hz;(b)非线性情形($n=0.3$),6000Hz;
 (c)线性情形,7000Hz;(d)非线性情形($n=0.3$),7000Hz。

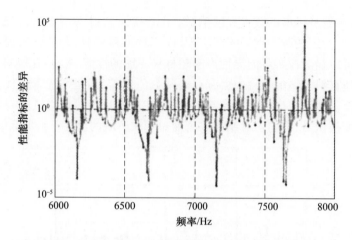

图 2.14　线性斗篷和非线性斗篷在不同频率处的性能指标差异(源自于 Akl 等[35])

2.7　水下物体的声隐身

　　Illinois 大学机械工程系 Nichllas Fang 所领导的团队曾构造了一个数值模型,用于设计一个超材料斗篷,目的是使得水下物体能够实现声隐身。这一模型主要建立在声学集总电路网络基础上。该网络的基本单元远小于声波波长,因而可以视为一种等效各向异性介质,并对待隐身物体周围的声流线起到引导作用。计算机仿真研究表明,这一数值模型能够成功地实现隐身效果。下一步研究工作是基于数值模型来构造并测试一个实际的斗篷结构。如果这个超材料斗篷仍然能够实现隐身性能,那么后续还会有大量的工作需要去做,最终才能实现船舶或潜艇的隐身。目前,这些研究人员给出的网格模型所针对的待隐身对象,其直径大约为光波长的 0.67 倍,这一尺寸要远远小于 50ft 这一核潜艇所需的量级。关于该研究工作的具体内容,读者可以去参阅 2009 年 5 月 15 日出版的《Physical Review Letters》期刊[36]。

2.8　将双负性拓展到非线性声学

　　在不考虑损耗的情况下,非线性声波方程(直到三阶弹性项)可由下式给出(Thurstone 和 Shapiro[37]),即

$$\ddot{u} = \frac{M_2}{\rho_0} \frac{\partial^2 u}{\partial x^2} + \frac{M_3}{\rho_0} \left(\frac{\partial^2 u}{\partial x^2}\right)\left(\frac{\partial u}{\partial x}\right) \qquad (2.44)$$

式中：u 为位移；x 为粒子运动方向上的拉格朗日坐标，此处考虑的是各向异性固体；M_2 为二阶弹性系数的线性组合；M_3 为二阶和三阶弹性系数的线性组合。

如果需要考虑能量耗散，就有必要对方程式(2.44)进行修正，即在其右端引入一个附加项将依赖于频率的衰减系数 $\alpha = \alpha(\omega)$ 包含进来，于是有

$$\ddot{u} = \frac{M_2}{\rho} \frac{\partial^2 u}{\partial x^2} + \frac{M_3}{\rho}\left(\frac{\partial^2 u}{\partial x^2}\right)\left(\frac{\partial u}{\partial x}\right) + \frac{2\alpha}{\omega^2} C^3 \frac{\partial^2 u}{\partial x^2 \partial t} \quad (2.45)$$

式中：C^3 为无限小幅值声波的传播速度，$C^3 = M_2/\rho$；ρ 为介质的质量密度。

可以看出，如果将 $-\rho$、$-M_2$ 和 $-M_3$ 分别替换前式中的 ρ、M_2 和 M_3，那么方程的形式是没有变化的。因此，对于质量密度和弹性系数而言，非线性声学方程也是具有规范不变性的。

参 考 文 献

[1] Veselago, V. G.: The electrodynamics of substances with simultaneous negative values of e and l. Sov. Phys. Usp. 10(4), 509(1968)

[2] Mandel'stam, L. I.: JETP 15, 475(1945)

[3] Pendry, J. B., Holden, A. J., Robbins, D. J., Stewart, W. J.: Magnetism from conductors and enhanced non-linear phenomena. IEEE Trans. Microw. Theory Techn. 47(11), 2075 – 2984(1999)

[4] Shelby, R. A., Smith, D. R., Schultz, S.: Experimental evidence of a negative index of refraction. Science 292 (5514), 77(2001)

[5] Gan, W. S.: Gauge invariance approach to acoustic fields. In: Akiyama, I. (ed.) Acoustical Imaging, vol. 29, pp. 389 – 394. Springer, Dordrecht(2007)

[6] Cummer, S. A., Schurig, D.: One path to acoustic cloaking. New J. Phys. 9, 45(2007)

[7] Korringa, J.: Physica(Amsterdam) XIII, 392(1947)

[8] Kohn, W., Rostoker, N.: Phys. Rev. 94, 1111(1951)

[9] Liu, Z., Chan, C. T., Sheng, P., Goertzen, A. L., Page, J. H.: Elastic wave scattering by periodic structures of spherical objects: theory and experiment. Phys. Rev. B 62(4), 2446 – 2457(2000)

[10] Sigalas, M. M., Economou, E. N.: J. Sound Vib. 158, 377(1992)

[11] Kushwaha, M. S., Halevi, P., Dobrzynski, L., Djafrari – Rouhani, B.: Phys. Rev. Lett. 71, 2022(1993)

[12] Sanchez – Perez, J. V., Caballero, D., Martinez – Sala, R., Rubio, C., Sanchez – Dehesa, J., Meseguer, F.: Phys. Rev. Lett. 80, 5325(1998)

[13] Kafesaki, M., Economou, E. N.: Phys. Rev. B 52, 13317(1995)

[14] Yang, S., et al.: Phys. Rev. Lett. 88, 104301(2002)

[15] Wolfe, J. P.: Imaging Phonons: Acoustic Wave Propagation in Solids. Cambridge University Press, Cambridge, England(1998)

[16] Liu, Z., et al.: Phys. Rev. B 62, 2446(2000)

[17] Zhang, X., Liu, Z.: Negative refraction of acoustic waves in two – dimensional phononic crystals. Appl. Phys.

Lett. 85(2),341-343(2004)

[18] Luo,C. ,Johnson,S. G. ,Joannopoulos,J. D. :Appl. Phys. Lett. 83,2352(2002)

[19] Lai,Y. ,Zhang,X. ,Zhang,Z. Q. :Appl. Phys. Lett. 79,3224(2001)

[20] Pendry,J. B. :Phys. Rev. Lett. 85,3966(2000)

[21] Schurig,D. ,Mock,J. J. ,Justice,B. J. ,Cummer,S. A. ,Pendry,J. B. ,Starr,A. F. ,Smith,D. R. :Metamaterial electromagnetic cloak at microwave frequencies. Science 314,977-980(2006)

[22] Luo,C. ,Johnson,S. G. ,Joannopuolos,J. D. ,Pendry,J. B. :Phys. Rev. B 65,201104(2002)

[23] Pendry, J. B. ,Schurig, D. ,Smith, D. R. :Controlling electromagnetic fields. Science 312,1780-1782(2006)

[24] Milton,G. W. ,Briane,M. ,Willis,J. R. :On cloaking for elasticity and physical equations with a transformation invariant form. New J. Phys. 8,248(2006)

[25] Cummer,S. A. ,Raleigh,M. ,Schurig,D. :New J. Phys. 10,115025-115034(2008)

[26] Cummer,S. A. ,Rahm,M. ,Schurig,D. :Material parameters and vector scaling in transformation acoustics. New J. Phys. 10,115025(2008)

[27] Cummer,S. A. ,et al. :Scattering theory derivation of a 3D acoustic cloaking shell. Phys. Rev. Lett. 100,024301(2008)

[28] Chen,H. ,Chan,C. T. :Acoustic cloaking in three dimensions using acoustic metamaterials. Appl. Phys. Lett. 91,183518(2007)

[29] Greenleaf,A. ,Kurylev,Y. ,Lassas,M. ,Uhlmann,G. :Comment on "Scattering derivation of a 3D acoustic cloaking shell" (2008)

[30] Lee,S. H. ,Kim,C. K. ,Park,C. M. ,Seo,Y. M. ,Wang,Z. G. :Composite acoustic medium with simultaneously negative density and modulus. In:Proceedings of ICSV17(2010)

[31] Cheng,Y. ,Xu,J. Y. ,Liu,X. J. :One-dimensional structured ultrasonic metamaterials with simultaneously negative dynamic density and modulus. Phys. Rev. B 77,045134(2008)

[32] Greenleaf,A. ,et al. :Anistropic conductivities that cannot be detected by EIT. Physiol. Meas. 24,413-419(2003)

[33] Yang,S. ,Page,J. H. ,Liu,Z. ,Cowan,M. L. ,Chan,C. T. ,Sheng,P. :Focusing of Sound in a 3D Phononic Crystal. Phys. Rev. Lett. 93(2),024301-1-024301-4(2004)

[34] Hu,J. ,Zhou,X. ,Hu,G. :A numerical method for designing acoustic cloak with arbitrary shapes, Comput. Mater. Sci. 46,708-712(2009)

[35] Akl,W. Elnady,T. ,Elsabbagh,A. :Improving acoustic cloak bandwidth using nonlinear coordinate transformations. In:Proceedings of ICSV17(2010)

[36] Fang,N. ,Zhang,S. :Phys. Rev. Lett. (2009)

[37] Thurston,R. N. ,Shapiro,M. J. :J. Acoust. Soc. Am. 41,1112(1967)

第 3 章　声波在负材料固体中传播的基本机理

本章摘要：声波在固体中的 3 种基本传播形式分别为衍射、折射和散射。借助声学超材料，人们可以实现这 3 种传播形式的调控，进而对固体中的声波传播方向加以调节。本章将针对具有负质量密度和负体积模量的负声学超材料，详细阐述这 3 种传播机制的特性。

3.1　传统固体中多散射的处理方法

在固体和流体介质中，声波主要以散射、衍射和折射这 3 种机制传播。就传统的自然材料（正材料，宇称为 +1）而言，一般是借助 Rytov 近似、Born 近似、统计分析及传递矩阵（T 矩阵）等方法来处理多散射行为的。对于具有负体积模量和负质量密度的负材料（宇称为 −1）而言，上述方法仍然是适用的。不过，本书中只采用传递矩阵方法。

3.2　用于分析多散射的传递矩阵法

T 矩阵即传递矩阵，最早是在量子散射分析中提出的，成型于 20 世纪 30 年代。它经常与 S 矩阵（即散射矩阵）同时使用。1965 年，Peter Waterman 将传递矩阵方法引入到经典电磁散射[1]和声散射[2]领域中。借助无限型的声传递矩阵，人们可以透彻地描述一个障碍物所表现出的声散射特性。当对声波传播的变化比较感兴趣时，这一方法是非常有用的，可以分析传播方向的变化以及单一散射或多重散射问题。这是因为传递矩阵与入射波方向是无关的，进而可以轻松地模拟出散射声波，而无须构建和求解每一种重构之后的系统。不过，在实际应用中，必须采用经截断处理后的有限维度的传递矩阵，一般是利用零场方法计算得到的。当然，对于声学上较大的障碍物或者高度非球状粒子，零场方法可能会出现数值不稳定现象。

基于传递矩阵方法对球体域外和非球状散射体内部的声散射模拟，是建立在入射场与散射场的基于球面波函数的级数展开技术基础之上的。在声波传播分析中,由于亥姆霍兹方程是线性的,因此入射场展开式中的系数和散射场展开式中的系数(均通过亥姆霍兹算子进行处理)是通过无限型矩阵关联起来的。人们将这个转换矩阵称为 T 矩阵(即传递矩阵)[3-6]。利用这个无限 T 矩阵,就可以完整地刻画出一个障碍物的声散射特性了。

传递矩阵是一个非常强大的工具,特别是当我们关心处于一定范围内的一系列入射方向上的平均散射特性时更是如此,这是因为从传递矩阵中很容易直接获得这一结果。不仅如此,对于存在一组障碍物情况下的多散射模拟来说,由于借助平移叠加原理[3-4]可以将每个散射体的传递矩阵组合起来,因此传递矩阵也是非常有用的。Waterman[1]最早针对单个散射体的电磁散射问题给出了传递矩阵结果,随后 Peterson 和 Strom 等[5]则将其拓展到多散射体情形。对于截断后的传递矩阵,人们通常是采用零场方法来计算,也被称为扩展边界条件方法[1,3,6-8]。

对于中频到高频问题或者高度非球状障碍物而言,零场方法是数值不稳定的。其原因一般认为,在表面场的展开中采用的球汉克尔函数会出现快速增长[3]。对于声学上较大的障碍物或者高度非球状障碍物,传递矩阵的计算可能会出现发散[7]。解决这一问题的途径有很多种[3,4,7],如针对长宽比较大的凸状障碍物可以采用基于球函数或椭球函数的展开以及可以采用慢速扩展精度算法来尽可能减小舍入误差的影响。

当考虑球面波入射情况时,也可以借助基于表面积分方程的远场仿真来计算出传递矩阵。不过到目前为止,在三维声散射问题[3]中人们还没有给出这一类型的算法。至于远场的计算,现在已经出现了很多良好的算法可供使用,相关细节内容可以参阅 Ganesh 和 Graham[5]的工作。

在采用稳定的远场表面积分方法来计算传递矩阵时,最基本的困难在于该方法需要求解大量复杂的线性系统,每个系统的散射矩阵(通过相关的表面积分算子离散化得到)是固定不变的,但是会存在成千上万个与入射场展开中出现的每一个波函数相对应的情况(右端项)。为此,有必要建立一种高效的散射计算算法,它应当能够对散射矩阵进行构建、存储和 LU 分解。对于三维散射问题,如果采用低阶算法(如标准的边界元方法),LU 分解是难以完成的,因为这一般需要针对每个入射方向对从低频到中频的散射行为进行成百上千乃至上百万次未知数的求解。这么巨大的系统显然需要迭代求解,从而避免散射矩阵的构建和存储,进而只需建立上千个声散射问题,并针对入射波展开式中的每一项分别进行求解。Ganesh 和 Graham[5]曾经针对三维散射问题,考察了计算复杂度和所需的 CPU 时间。他们提出了一种三维散射算法,可以获得准确的频谱,该算法所需的未知数个数要少于若干已有算法的 10%,因此对于声学传递矩阵计算、入射场展开式中上千项的求解来说是比较理想的,只需在存储了散射矩阵的 LU 分解信息(只需计算一次)之后进行简单的正反向替换即可。

3.3 传递矩阵在声学超材料的多散射分析中的应用

等效介质表现出负的本征参数所对应的频率范围是否存在,是与构成超材料的每个散射体所表现出的亚波长共振行为关联在一起的。这些共振可以是由软共振或亥姆霍兹型共振所引起的。在电磁波领域中也存在着相同的现象,称为 Mie 共振,这使得除了采用开口环共振子或金属介电复合物(迄今已成为主流结构)以外,又为设计电磁超材料提供了一种途径。于是,基于局域共振的超材料设计理念不仅对于声学超材料是重要的,而且对于电磁超材料而言也是十分重要的。人们目前已经清楚地认识到,单个散射体的单极共振决定了负体积模量的出现,而偶极共振则会导致负的质量密度[9-10]。然而,在匀质化极限情况下,散射体集合的行为目前只得到了部分研究,这是因为在各向异性晶格或多散射效应等问题上的认识深度还不够。

Torrent 和 Sanchez-Dehesa[11]曾借助传递矩阵方法考察了声学超材料的多散射行为。他们假定基体介质中的波长具有较大的量级,而散射体内部的波长则是较小的,在此基础上采用多散射方法对声学超材料进行了研究。这一分析主要建立在他们早先提出的且已经用于声子晶体匀质化[12-14]的理论基础上。这些研究人员在长波极限条件下考虑了有序和无序形式的散射体集合,将它们视为一种等效介质,对应的声学参数是依赖于频率的,并且可以在特定频率范围内呈现出负值。在针对这些具有频率依赖性的参数研究中,他们考察了晶格对称性、多散射相互作用以及散射体表面处的场分布等方面的影响。这一工作涵盖了以往得到的相关结果,包括单负超材料(SNM)和双负超材料(DNM),并且可以进一步应用到任何类型的具有径向对称性特征的散射体情形中,也可应用于非对称晶格以及任意的填充比情形。

3.4 可导致局域负参数的低频共振

在声学超材料中,低频共振能够导致局域负参数。这里将借助针对散射体集合的匀质化理论来阐述。一般地,假定背景介质中的波数是渐近小值,而散射体中的波数则是有限值。从物理层面来看,这意味着在散射体外部,波的传播是在相应的等效介质中进行的,而散射体仍然可以产生复杂的散射过程。正是由于这一复杂性,才会导致在一个较窄的频率范围内能够产生负的参数,下面对此进行解释。

此处给出一个简单的实例,假定散射体A为一种均匀的流体型散射体,如果其内部的声速远小于背景介质中的声速,即$c_a \ll c_b$,那么对于给定的频率ω,散射体内部的波长λ_a也将远小于背景介质中的波长,即$\lambda_a \ll \lambda_b$。于是,在散射体外部的声场就是$k_b = \omega/c_b$的函数,这是一个慢变的振荡函数,而散射体内部的声场则是一个关于$k_a = \omega/c_a$快变的振荡函数。由于此处考虑的是低频极限情况,因此理论上说这一介质将表现出一种具有常参数特性的等效均匀介质的行为。不过实际上,由于散射体内部声场的存在,这个等效介质的参数特性将是依赖于频率的。

3.5 具有局域负参数的声散射体

在非均匀流体介质中,声压场的波动方程可以表示为[15]

$$\nabla[\rho^{-1}(\boldsymbol{r})\nabla P(\boldsymbol{r})] + \frac{\omega^2}{\kappa(\boldsymbol{r})}p_r = 0 \tag{3.1}$$

式中:$\rho(\boldsymbol{r})$和$\kappa(\boldsymbol{r})$分别为该流体介质的质量密度和体积模量;$\boldsymbol{r}$为xy平面内的任意点,$\boldsymbol{r} = (r,\theta)$,是以极坐标形式描述的。

这里考虑半径为R_a的散射体,且其参数$\rho(\boldsymbol{r})$和$\kappa(\boldsymbol{r})$都具有径向对称性,并假定这些散射体已经放置到声学参数为ρ_b和κ_b的流体介质(作为背景介质或基体介质)中。

这一问题是个比较经典的问题,散射体外部的声场解可以通过贝塞尔函数和汉克尔函数的形式来给出[15],即

$$P(r,\theta,\omega) = \sum_{q=-\infty}^{\infty} A_q^0 [J_q(k_b r) + T_q H_q(k_b r)] e^{iq\theta} \quad r > R_a \tag{3.2}$$

式中:$k_b^2 = \omega^2 \rho/\kappa_b$。

式(3.2)中的系数A_q^0是由入射场决定的,散射体的响应则由矩阵元素T_q来描述。由于散射体的对称性,因而此处这一矩阵是对角型的,通过求解散射体内的波动方程式(3.1)且在散射体表面($r = R_a$)上施加边界条件,就能够得到这一矩阵。所需施加的边界条件主要是指声压场的连续性条件与法向速度分量的连续性条件,也即

$$P(R_a^+) = P(R_a^-) \tag{3.3a}$$

$$\frac{1}{\rho_b}\partial_r P(R_a^+) = \frac{1}{\rho(R_a^-)}\partial_r P(R_a^-) \tag{3.3b}$$

考虑到散射体的径向对称性,参数 ρ 和 κ 仅依赖于径向坐标,因此散射体内部的声场就可以展开为傅里叶级数的形式,即

$$P(r,\theta,\omega) = \sum_{q=-\infty}^{\infty} \kappa_q(\omega)\psi_q(r,\omega)\mathrm{e}^{\mathrm{i}q\theta} \tag{3.4}$$

式中:$\psi_q(r,\omega)$ 为本征函数,是柱坐标系下方程式(3.1)的径向部分的解,对应的方程为

$$\frac{\rho(r)}{r}\partial_r\left(\frac{r}{\rho(r)}\partial_r\psi_q(r,\omega)\right) + \left(\omega^2\frac{\rho(r)}{\kappa(r)} - \frac{q^2}{r^2}\right)\psi_q(r,\omega) = 0 \tag{3.5}$$

根据这一方程,当施加了边界条件之后,就很容易得到传递矩阵各个对角元素的一般表达式,它们是

$$\begin{cases} T_q = -\dfrac{\chi_q J'_q(k_b R_a) - J_q(k_b R_a)}{\chi_q H'_q(k_b R_a) - H_q(k_b R_a)} \\ \chi_q = \dfrac{\rho(R_a)}{\rho_b}\dfrac{\psi_q(R_a,\omega)}{\partial_r\psi_q(R_a,\omega)}k_b \end{cases} \tag{3.6}$$

可以看出,这一矩阵包含了两种成分:一是基体介质的贡献,由贝塞尔函数和汉克尔函数描述;二是散射体的贡献,由函数 χ_q 来描述。一般而言,必须通过求解方程式(3.5)得到函数 χ_q。例如,对于均匀、各向同性的圆柱,如果其质量密度和声速分别为 ρ_a 和 c_a,那么方程式(3.5)的解就是贝塞尔函数,于是有

$$\chi_q = \frac{\rho_a c_a}{\rho_b c_b}\frac{J_q(k_a R_a)}{J'_q(k_a R_a)} \tag{3.7}$$

在基于多散射的标准匀质化理论中,主要采用了这些表达式的渐近形式来推导等效介质特性。特别地,可以利用单极项和偶极项(即 $q=0$ 和 $q=1$ 的项)来分别导出等效模量与等效质量密度,二者都是正值[13,16]。然而,下面将指出,如果在低频段只将基体介质的贝塞尔函数和汉克尔函数换成它们的渐近形式时,该频段内将会呈现出超材料特性,也即等效参数会表现为负值。换句话说,当基体介质中的波长非常大时,散射体内部的波长也将具有相当的尺度。

于是,可以将贝塞尔函数和汉克尔函数的宗量视为小量,即 $k_b R_a \ll 1$,进而可以利用它们的渐近形式[17]。此时,传递矩阵中的单极成分就变成

$$T_0 \approx \frac{\mathrm{i}\pi R_a^2 k_b^2}{4}\frac{1 + \frac{1}{2}k_b R_a \chi_0}{\frac{k_b^2 R_a^2}{2}\ln k_b R_a - \frac{1}{2}k_b R_a \chi_0} \tag{3.8}$$

式中:对数项与关于 k_b 的线性项在低频极限下相比而言是可以忽略的,不过对于

超材料来说则是不能忽略的。以往很多关于声学超材料和电磁超材料的研究中,这一项都是忽略不计的,事实上它对于确定超材料的等效参数是非常重要的。

类似地,传递矩阵中的偶极成分可以表示为

$$T_1 \approx \frac{\mathrm{i}\pi R_a^2 k_b^2}{4} \frac{\dfrac{\chi_1}{k_b R_a - 1}}{\dfrac{\chi_1}{k_b R_a + 1}} \qquad (3.9)$$

由于希望得到的是等效声学参数为 ρ_a 和 κ_a 的均匀散射体的行为,于是矩阵元素必须表示为以下标准形式,即

$$T_0 \approx \frac{\mathrm{i}\pi R_a^2 k_b^2}{4}\left(\frac{\kappa_b}{\kappa_a} - 1\right) \qquad (3.10\mathrm{a})$$

$$T_1 \approx \frac{\mathrm{i}\pi R_a^2}{4}\frac{\rho_a - \rho_b}{\rho_a + \rho_b}k_b^2 \qquad (3.10\mathrm{b})$$

现在将式(3.8)和式(3.9)与式(3.10a)和式(3.10b)做一比较,显然可以引入以下依赖于频率的体积模量和质量密度函数了,即

$$\frac{\kappa_a(\omega)}{\kappa_b} = \frac{k_b^2 R_a^2}{2}\ln k_b R_a - \frac{1}{2}k_b R_a \chi_0 \qquad (3.11\mathrm{a})$$

$$\frac{\rho_a(\omega)}{\rho_b} = \frac{\chi_1}{k_b R_a} \qquad (3.11\mathrm{b})$$

上面这两个函数与散射体表面处的质量密度 $\rho(r = R_a)$ 有关,同时也依赖于表面处的声场及其导数情况,即 $\psi_q(r = R_a, \omega)$ 和 $\partial_r\psi_q(r = R_a, \omega)$。这些量都是依赖于频率的,因而使得参数 $\kappa_a(\omega)$ 和 $\rho_a(\omega)$ 也将依赖于频率。值得指出的是,对于均匀散射体来说,有 $\kappa_a(\omega) \equiv \kappa_b$、$\rho_a(\omega) \equiv \rho_b$,这一点可以参阅 http://iopscience.iop.org/article/10.1088/1367-2630/13/9/093018/meta;jsessionid=7CB9A734A04B2E377A0FBBEED20097D3.c3#nj381920s6。

上面的推导过程与文献[9,10]是类似的,在这些文献中作者采用了相干势近似方法,致力于寻求自洽解以保证置入在等效介质中的非均匀系统不会产生散射(在最低阶频率处)。不过,文献[9,10]中采用的相关表达式是散射系数的函数形式,因而更具一般性,适用于任意类型的各向同性散射体。相比而言,此处给出了进一步的分析,考察了散射系数的低频极限情况,其中假定只有基体介质中的波数是渐近大的,这使得我们可以更好地理解和认识超材料的相关现象。

3.6　低频极限条件下的声波多散射

在低频极限下(即波长远大于散射体之间的距离),一组由均匀参数 ρ_a 和

κ_a 定义的散射体集合,它们的行为特性将类似于等效参数为 ρ^* 和 κ^* 的均匀介质。Berryman[18]于 1980 年通过对比集合体与等效散射体的散射特性,已经得到了这些参数。由于忽略了多散射效应,因此所得到的这些结果是不精确的。近期,人们将这一方法做了一般性拓展,引入了散射体之间的多散射相互作用,一般关系式可以参阅文献[13 - 14,16]。

下面将把以往研究结果拓展到超材料情况中,此处的等效参数都是频率依赖的。相关的参数 ρ_a 和 κ_a 将被替换成对应的频率依赖的值,即 $\rho_a(\omega)$ 和 $\kappa_a(\omega)$,我们将指出这一过程是自洽的,因此对于声学超材料来说这将是一种能够提取等效参数的正确方法。

3.7 多散射效应:Δ 因子

这里考虑一簇散射体周期分布于流体基体介质中的情形。在低频极限条件下,散射体集合的行为是类似于一种等效的流体型介质的,其参数可以表示为[18]

$$\frac{1}{\kappa^*(\omega)} = \frac{1-f}{\kappa_b} + \frac{f}{\kappa_a(\omega)} \tag{3.12a}$$

$$\rho^*(\omega) = \frac{\rho_a(\omega)(1+f) + \rho_b(1-f)}{\rho_a(\omega)(1-f) + \rho_b(1+f)} \rho_b \tag{3.12b}$$

其中已经包含了散射体依赖于频率的参数(参见式(3.11a)和式(3.11b))。

式(3.12a)对于所有填充比情况都是成立的,而式(3.12b)则仅对分布较稀疏的情况成立,也就是低填充比情形。在文献[13 - 14]中,已经将等效密度的表达式拓展到高填充比的情况,它们通过所谓的 Δ 因子在式(3.12b)中引入了所有的多散射项,从而得到

$$\rho^*(\omega) = \frac{\rho_a(\omega)(\Delta+f) + \rho_b(\Delta-f)}{\rho_a(\omega)(\Delta-f) + \rho_b(\Delta+f)} \rho_b \tag{3.13}$$

Δ 因子的作用是对等效密度进行修正,它将圆柱散射体之间所有的多散射相互作用考虑了进来。关于该因子的详细介绍可以参阅 http://iopscience.iop.org/article/10.1088/1367 - 2630/13/9/093018/meta;jsessionid = A9746E63EF7AAEE3334FA959047513E6.c3#nj381920s7。Δ 因子中也包含了(构成散射体集合的)圆柱的质量密度方面的信息,于是如果想引入频率依赖的 $\Delta(\omega)$,也必须考虑依赖于频率的质量密度。

研究人员已经发现,散射体密度对 Δ 因子的贡献是通过以下所示的因子 η[13-14] 起作用的,即

$$\eta = \frac{\rho_a - \rho_b}{\rho_a + \rho_b} \tag{3.14}$$

为了给出频率依赖的$\Delta(\omega)$,可以进行$\rho_a \to \rho_a(\omega)$这一替换。然而必须注意的是,因子$\eta$将出现在传递矩阵的第$q$个元素的展开式中,即

$$\lim_{k_b \to 0} \frac{T_q}{k_b^{2|q|}} = \frac{\mathrm{i}\pi R_a^{2q}}{q!(q-1)!2^{2q}} \frac{\rho_a - \rho_b}{\rho_a + \rho_b} \tag{3.15}$$

因此,为了使得Δ因子与我们的理论相容,就必须在考虑到散射体内的波长仍为有限值的前提下计算出式(3.6)给出的T_q。由此将导出以下用于替换式(3.15)的表达式,即

$$\frac{T_q}{k_b^{2|q|}} \approx \frac{\mathrm{i}\pi R_a^{2q}}{q!(q-1)!2^{2q}} \frac{\dfrac{q\chi_q}{k_b R_a} - \rho_b}{\dfrac{q\chi_q}{k_b R_a} + \rho_b} \tag{3.16}$$

这个表达式表明,只要在对应的多极项[13-14]中做以下替换,就能够实现Δ因子的一般化,即

$$\eta \to \eta(\omega) = \frac{\dfrac{q\chi_q}{k_b R_a} - \rho_b}{\dfrac{q\chi_q}{k_b R_a} + \rho_b} \tag{3.17}$$

人们已经针对准静态极限情形(即$\lambda \to \infty$)考察了Δ因子,并证实了它只对高填充比和强散射体情况具有重要影响[13-14],其原因在于与较高阶多极项的耦合总是比较弱的。对于频率依赖的因子$\Delta(\omega)$也有类似的特征,尽管可能觉得这种情况下所出现的共振行为是不同于单极或偶极情形的。然而,文献[14]中研究指出,多极项对Δ因子的贡献是正比于一组晶格和Sq的,它们的值与晶格的对称性有关。因此,就方形或六边形晶格而言,对于$n=1,2,\cdots$,分别只有$q=4n$或$q=6n$等晶格和是非零的,于是Δ因子中出现的第一个多极项就是$q=4$的项(对于方形晶格)和$q=6$的项(对于六边形晶格)。当考虑均匀圆柱构成的晶格时,这些模式的共振将发生在高于$q=0$和$q=1$的项所对应的频率处。正因如此,在低频极限处也就不可能观察到这些模式了。当然,这并不是说Δ因子是无关紧要的,而是说较高阶的共振不会对等效参数产生影响而已,这一点也将在后面的实例中进行讨论。

对于强散射体而言,Δ因子对等效参数产生的贡献要更容易理解一些。当散射体近乎刚性时(如硬实体材料制成的圆柱置入到空气介质中这一情形就是

如此),这个因子将会对等效参数的计算产生非常显著的影响,不过由于这些圆柱散射体不存在低频共振,因而对于此处的分析而言没有什么意义。这里主要讨论软散射体的情形,如空气圆柱置入到水介质中。

如图3.1所示,其中针对空气圆柱(散射体)以六边形晶格形式阵列于水介质中的情形($\kappa_a = 5.14 \times 10^{-5} \kappa_b, \rho_a = 10^3 \text{ kg/m}^3, \rho_b = 1.24 \text{ kg/m}^3$),给出了若干填充比条件下的体积模量。以往的研究表明,等效体积模量是不需要多散射修正的。在这一实例中只能根据频率依赖理论来确定匀质化极限,因为在较宽的频率范围内模量是负值。频率依赖的体积模量表达式可以参见 http://iopscience.iop.org/article/10.1088/1367-2630/13/9/093018/meta;jsessionid=A9746E63EF7AAEE3334FA959047513E6.c3#nj381920eqnA.1a,从中可以观察到,由于 $B_a/B_b \approx 5 \times 10^{-5}$,因而对数项将成为主导项。第二项对于简化频率0.3附近的弱共振是有影响的,这一点从图中可以观察到。另外,在实际的系统中这一共振过于陡峭,因而也是难以测量到的,同时它将出现在所考虑的匀质化极限以外,大约在 $a/\lambda \approx 0.25$ 处。

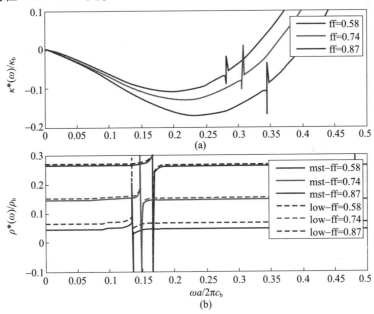

图3.1 空气圆柱以六边形晶格形式阵列于水介质中的情形
(引自于Daniel和Jose Sanchez-Dehesa的结果)(见彩图)

(a)复合介质(空气柱以六边形晶格分布于水中,3种填充比(ff)情形)的等效体积模量(在匀质化频率区间内等效体模量为负值,仅在非常狭窄的范围内(对应于无限大的波长)才为正值);(b)对应的等效质量密度(虚线代表的是稀疏情形近似(low-ff),而实线代表的是计算中考虑了多散射项(mst-ff))。

图 3.1 中还给出了 3 种不同填充比条件下依赖于频率的质量密度情况,实线对应于考虑 $\Delta(\omega)$ 的计算结果,虚线则代表的是低填充比近似结果。从图中不难发现,多散射修正仅对高填充比情况是重要的,并且还可看出两种情况下的共振频率几乎相同,由此也表明了 Δ 因子主要在准静态极限下起作用。

最后,在图 3.2 中给出了等效声速的虚部情况。由于在所考虑的整个频率范围(匀质极限情况)内等效体积模量是负值,因而等效声速总是纯虚数的。只有在等效质量密度也是负值(由局域共振导致)的一个较窄的范围内,等效声速才变成实数。从数值结果中是可以观察到这个陡峭的局域共振的。由此不难总结出,空气圆柱置入水基体介质中的这一系统在低频极限条件下总是表现为一种非传播介质的行为特点。

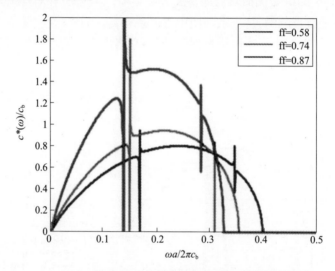

图 3.2 复合介质的等效声速的虚部(该介质是由空气柱以六边形晶格形式阵列于水基体中构成的,晶格常数为 a)(见彩图)

3.8 声学超材料多散射分析中的传递矩阵方法

对于固体介质,目前有多种方法来处理多散射问题,不过我们不应盲目地使用这些方法。声学超材料是一类具有周期结构特征的人工复合物或人工晶体,能够产生负的材料参数,如负的质量密度和负的体积模量,其原因在于声波在特定频率范围内会出现局域共振行为。通过合理选择超材料的组成单元来产生负质量密度和负体积模量,就能够更好地对多散射行为加以调控。多散射问题的传递矩阵分析方法是从量子场多散射理论中引入的,当然,也存在其他一些多散射分析方法,不过它们主要是针对随机介质情况下的散射处理的。传递矩阵实际上是一种对称变换,因此它非常适合于处理带有对称性的介质,如超材料介质。

3.9 衍 射

衍射所代表的现象是指当一列波遇到障碍物或裂缝时所出现的行为,此时波将会在障碍物的尖角或孔缝处发生弯曲,并进入障碍物后方的阴影区域中。在经典物理学中,根据惠更斯-菲涅尔原理,人们一般将衍射现象描述为波的干涉现象。当波抵达尺度与波长相当的障碍物或裂缝时,就会展现出上述这些特殊的行为。此外,当波在折射率变化的介质中传播时或者当声波在声阻抗变化的介质中传播时,也可以出现类似的行为。如果障碍物带有多个密集分布的开口时,还可以观察到较为复杂的强度变化模式,这是由于波的叠加或干涉效应导致的,不同的传播路径长度将会出现不同的相位,由此产生波的干涉也就导致了强度的变化。

衍射的产生主要源自于波的传播路径,这一点可以借助惠更斯-菲涅尔原理和波的叠加原理来说明。事实上,如果将传播介质中波前上的每个粒子视为一个点源(二次球面波源),就能够清晰地认识波的传播行为。在任何后继点处,波的位移就是这些点源所产生的二次波的和。显然,当把这些波相加时,其和将由相对相位以及每个波的幅值来决定,进而合成后的波幅也就可以具有零到每个波幅值的总和之间的任意值了。由此可见,衍射产生的模式通常会表现出一系列极大值和极小值。目前已经有多种解析模型可以用于衍射场的计算,包括 Kirchhoff-Fresnel 衍射方程(从波动方程中导得)、Kirchhoff 方程的 Fraunhofer 衍射近似(适用于远场)以及 Fresnel 衍射近似(适用于近场)等。需要指出的是,大多数情况下是难以进行解析求解的,不过可以借助有限元方法和边界元方法去获得数值解。

对于很多衍射现象来说,通过考察每个 2 次波源相对相位的变化情况,特别是相位差等于半周期所需满足的条件(此时相关的波场将相互抵消),就能够获得定性的认识。

最简单的衍射情形可以描述为一个二维问题,对于水波就是如此,水波只能在水面上传播。对于光波来说,如果衍射物体在某个方向上的长度远大于波长,那么通常可以忽略掉这一方向上的效应,而如果感兴趣的是光波入射到一系列小圆孔这种情况时,就必须将其考虑为完整的三维问题了。

3.10 负散射体产生的衍射

这里需要指出的是,在具有负的质量密度和负的体积模量的声学超材料中,衍射也是可以发生的。

3.11 负散射体的衍射理论

3.11.1 衍射层析的正向问题描述

双负介质(DNG)中的衍射行为可以借助衍射层析描述方法进行研究,借助这一方法能够对衍射行为加以调控,生成新的衍射形式。这里来考察负散射体(双负介质)产生的衍射行为,并将其与传统的衍射层析进行对比研究,后者主要针对的是正介质(宇称为 +1)。此处采用 Burov 等[19]的方法来进行分析,他们主要借助了线性化的水动力方程(而不是亥姆霍兹波动方程),以此作为分析起点,用以推导衍射层析中的 Lippmann–Schwinger 方程。这一做法的主要原因在于亥姆霍兹波动方程中包含了折射率的平方项,因而具有一定的模糊性,需要对左手介质的 n 符号进行额外的甄别,而这就要求我们额外地去了解从波源发出的能流矢量的方向以及因果原理等。例如,当考虑负介质时,我们不得不去借助因果原理来判定折射率的负号[16]。与此不同的是,线性化的水动力方程不存在这一问题。

在声学情况下,线性化的动力学方程可以表示为

$$\begin{cases} \dfrac{\partial}{\partial t}(\hat{\kappa}p) + \nabla \cdot v = \varphi \\ \dfrac{\partial}{\partial t}(\hat{\rho}v) + \nabla p = f \end{cases} \quad (3.18)$$

式中:φ 和 f 分别为声场的标量源和矢量源(一次源)。对于非色散介质来说,$\hat{\rho}$ 和 $\hat{\kappa}$ 都是标量,而对于色散介质来说,它们都是关于时间变量的卷积型参量。

在式(3.18)中,场变量是以四维形式描述的,包括声压 p 和速度 v 的 3 个分量。于是,刻画二次波源的谐振子响应函数 $Q(\tau)$ 将表现为每一个固定的 τ 处的 4×4 矩阵了。实际上对 Krämers–Krönig 关系作正确的变换也可得到相应的矩阵形式。

由于 ρ 和 κ 只会在一个较窄的频率范围内为负值(该频带宽度取决于谐振子的 Q 因子),因而 Burov 等[19]仅针对这一频段讨论了稳态单色波场。他们根

据特定的谐振子设计进行了抽象处理,不去关心响应函数 $Q(\tau)$ 的显式形式,而是采用等效参数 ρ 和 κ(仅仅依赖于固定频率处的坐标)进行推导。必须注意的是,对于每个用来描述介质的等效参数,它们的实部和虚部之间的关系并不能通过单色波情况来获得,这是因为它们实际上应当是从 Krämers – Krönig 关系得到的。事实上,在考察单色波场时,这个关系也必须加以考虑。

如果将一种普通介质(正介质)作为背景介质,参数为 ρ_0 和 κ_0,那么负介质就可以通过引入相应的修正值 $\rho'(r)$ 和 $\kappa'(r)$(二者均不是小量)来得到,即 $\rho(r) \equiv \rho_0 + \rho'(r)$、$\kappa(r) \equiv \kappa_0 + \kappa'(r)$。通过这一方法,就可以对具有任意分布(幅值和正负号)的 ρ 和 κ 的介质情况进行波传播计算了,计算中可以采用散射理论中一些为人们所熟知的方法(无须建立在 Born 近似或类似的假定基础上)。

在单色波情况下,可以针对指数型时间项(即 $\exp(-\mathrm{i}\omega t)$)对方程式(3.18)进行变换,从而得到

$$\begin{cases} \nabla \cdot \boldsymbol{v} - \mathrm{i}\omega q p = \varphi \\ \nabla p - \mathrm{i}\omega \rho \boldsymbol{v} = \boldsymbol{f} \end{cases} \tag{3.19}$$

Burov 等[19]在分析中引入了列矢量 $\breve{\boldsymbol{U}} \equiv \begin{bmatrix} \boldsymbol{v} \\ p \end{bmatrix}$ 和 $\breve{\boldsymbol{F}} \equiv \begin{bmatrix} \boldsymbol{f} \\ \varphi \end{bmatrix}$,同时还引入了一个矩阵形式的算子 $\hat{\boldsymbol{A}}$,它同时作用在坐标空间和场变量空间 $\begin{bmatrix} \boldsymbol{v} \\ p \end{bmatrix}$ 上,即

$$\hat{\boldsymbol{A}} \equiv \begin{bmatrix} -\mathrm{i}\omega\rho(r) & \nabla \\ \nabla & \mathrm{i}\omega\kappa(r) \end{bmatrix} = \hat{\boldsymbol{A}}_0 - \hat{\boldsymbol{A}}_1$$

式中:$\hat{\boldsymbol{A}}_0 \equiv \begin{bmatrix} -\mathrm{i}\omega\rho_0 & \nabla \\ \nabla & \mathrm{i}\omega\kappa_0 \end{bmatrix}$ 和 $\hat{\boldsymbol{A}}_1 \equiv \begin{bmatrix} \mathrm{i}\omega\rho'(r) & 0 \\ 0 & \mathrm{i}\omega\kappa'(r) \end{bmatrix}$ 分别为用于刻画均匀介质(正的背景介质)和摄动量的算子。需要注意的是,所引入的这些量是标量场和矢量场的组合。

如果以矩阵形式来描述,那么式(3.19)将变成 $\hat{\boldsymbol{A}}\breve{\boldsymbol{U}} = \breve{\boldsymbol{F}}$ 了。对于 $\hat{\boldsymbol{A}}_1 = \boldsymbol{0}$ 的情形,也就意味着不存在修正量 $\rho'(r)$ 和 $\kappa'(r)$,波源 $\breve{\boldsymbol{F}}$ 在所考察的区域内产生的入射场为 $\breve{\boldsymbol{U}}_0 \equiv \begin{bmatrix} \boldsymbol{v}_0 \\ p_0 \end{bmatrix}$,也就有以下关系,即

$$\hat{\boldsymbol{A}}_0 \breve{\boldsymbol{U}}_0 = \breve{\boldsymbol{F}} \tag{3.20}$$

由此可得

$$\breve{\boldsymbol{U}}_0 = \hat{\boldsymbol{A}}_0^{-1} \breve{\boldsymbol{F}} \tag{3.21}$$

如果记 $\hat{G}$ 为系统式(3.20)对应的均匀介质的推迟格林函数,那么有

$$\hat{A}_0^{-1}(\cdot) = \int \hat{G}(r-r')(\cdot)\mathrm{d}r'$$

如果存在参数修正量 ρ' 和 κ',那么可以得到

$$\breve{U} = \hat{A}^{-1}\breve{F} = \hat{A}^{-1}\hat{A}_0\hat{A}_0^{-1}\breve{F} = [\hat{A}^{-1}\hat{A}_0]\breve{U}_0 = [\hat{A}^{-1}\hat{A}]^{-1}\breve{U}_0$$
$$= [\hat{A}_0^{-1}(\hat{A}_0 - \hat{A}_1)]^{-1}\breve{U}_0 = [\breve{U} - \hat{A}_{01}^{-1}]^{-1}\breve{U}_0$$

进而可得:

$$\breve{U} = [\hat{E} - \hat{G}*\hat{A}_1]^{-1}\breve{U}_0 \tag{3.22}$$

式中:$\hat{E}$ 为单位算子;*号为坐标空间中的卷积运算符号。

式(3.22)实际上是 Lipmann – Schwner 方程(针对场 $\breve{U}$)的算子形式解,也就是

$$\breve{U}(r) = \breve{U}_0(r) + \int_R \hat{G}(r-r')[\hat{A}_1(r')\breve{U}(r')]\mathrm{d}r' \tag{3.23}$$

式中:R 为局部域;ρ' 和 κ' 在其中是非均匀的。

这里的算子 $\hat{A}_1(r')$ 是作用于参量 $\breve{P}$ 空间上的,而在坐标空间中它是针对每个点 r 的局部乘子。式(3.22)中之所以存在求逆计算,是因为对于被动介质[20]来说所有的本征值都是复数。

通过考察波矢 κ 空间,也就是利用一组平面谐波(声压和振速以 $\exp(-\mathrm{i}\omega t + \mathrm{i}\kappa r)$ 的形式变化)对波场进行分解,就能够推导出推迟格林函数 $\hat{G}$ 的矩阵形式的显式表达式[21]。在这一空间中,算子 $\hat{A}_0$ 的形式应为 $\begin{bmatrix} -\mathrm{i}\omega\rho_0 & \mathrm{i}\kappa \\ \mathrm{i}\kappa & -\mathrm{i}\omega\kappa_0 \end{bmatrix}$,它的逆阵是 $\begin{bmatrix} -\mathrm{i}\omega\rho_0 & \mathrm{i}\kappa \\ \mathrm{i}\kappa & -\mathrm{i}\omega\kappa_0 \end{bmatrix}^{-1} = \frac{1}{\kappa_0^2 - k_0^2}\begin{bmatrix} -\mathrm{i}\omega\kappa_0 & \mathrm{i}\kappa \\ \mathrm{i}\kappa & -\mathrm{i}\omega\rho_0 \end{bmatrix}$,这里 $k_0 = \omega\sqrt{\rho_0\kappa_0}$ 为背景介质中的波数。为了获得格林函数 $\hat{G}$ 的坐标描述,必须对这个表达式进行傅里叶反变换(从 κ 变换到 r)。这种情况下,分母中就会出现一个极点,进而需要针对波数引入一个无限小的虚部 $\pm\xi$:$k_0 = \omega\sqrt{\rho_0\kappa_0} \pm \mathrm{i}\xi$,其中 $\xi \to +0$。在无穷小正数 ξ 前面的正号或负号决定了格林函数是推迟的还是超前的。因此,对于推迟格林函数来说,就导出了 $\hat{G}(r-r') = \begin{bmatrix} -\mathrm{i}\omega\rho_0 & \nabla \\ \nabla & \mathrm{i}\omega\kappa_0 \end{bmatrix} G(r-r')$,其中的 $G(r-r')$

是具有对应尺度的均匀介质空间(参数为 ρ_0 和 κ_0)亥姆霍兹方程的推迟格林函数,其解析形式是众所周知的。算子 $\nabla = \nabla_r$ 作用在函数 $G(\boldsymbol{r} - \boldsymbol{r}')$ 的宗量 $\boldsymbol{r}$ 上,对于一维($D=1$)和二维($D=2$)情况,式(3.19)这一系统的格林函数为

$$\hat{\boldsymbol{G}}_{D=1}(x-x') = \frac{e^{ik_0|x-x'|}}{2} \begin{bmatrix} \sqrt{\dfrac{k_0}{\rho_0}} & \operatorname{sgn}(x-x') \\ \operatorname{sgn}(x-x') & \sqrt{\dfrac{\rho_0}{k_0}} \end{bmatrix} \quad (3.24)$$

$$\hat{\boldsymbol{G}}_{D=2}(\boldsymbol{r}-\boldsymbol{r}') = \frac{i}{4} \begin{bmatrix} -i\omega\kappa_0 H_0^{(1)}(\kappa_0|\boldsymbol{r}-\boldsymbol{r}'|) & \dfrac{\boldsymbol{r}-\boldsymbol{r}'}{|\boldsymbol{r}-\boldsymbol{r}'|}\kappa_0 H_1^{(1)}(\kappa_0|\boldsymbol{r}-\boldsymbol{r}'|) \\ \dfrac{\boldsymbol{r}-\boldsymbol{r}'}{|\boldsymbol{r}-\boldsymbol{r}'|}\kappa_0 H_1^{(1)}(\kappa_0|\boldsymbol{r}-\boldsymbol{r}'|) & -i\omega\rho_0 H_0^{(1)}(\kappa_0|\boldsymbol{r}-\boldsymbol{r}'|) \end{bmatrix}$$

$$(3.25)$$

上面的式(3.22)和式(3.23)都是针对水动力方程式(3.19)的,而不是亥姆霍兹方程。

由于式(3.22)和式(3.23)中的背景介质都是正介质,因此不需要采用超前格林函数来计算负介质中的场。对于由有限尺度的散射体构成的任意构型(包含正介质或负介质)来说,这些关系式都能再现出任意入射场 $\breve{\boldsymbol{u}}_0$ 导致的对应波场。

式(3.23)必须进行离散处理,应将所考察的区域划分成子域 δS_n。这些子域是由它们的中心点对应的半径矢量 $\boldsymbol{r}_n$ 来描述的,并且它们的尺度应当远小于波长,从而每个子域中的介质参数 ρ 和 κ 以及入射场 $\breve{\boldsymbol{u}}_0$ 和散射场 $\breve{\boldsymbol{u}}$,均可视为常数。于是,式(3.23)右端的积分就可以简化为子域 δS_n 上的求和了,每个子域中的 $\hat{\boldsymbol{A}}_1$ 和 $\breve{\boldsymbol{u}}$ 都视为常值,仅由子域序号 n 决定。对于子域 m 内的场,Lippmann–Schwinger 方程的离散形式将为

$$\breve{\boldsymbol{u}}_m = \breve{\boldsymbol{u}}_{om} + \sum_n \left[\int_{\partial S_n} \hat{\boldsymbol{G}}(\boldsymbol{r}_m - \boldsymbol{r}') \hat{\boldsymbol{A}}_1(\boldsymbol{r}') \breve{\boldsymbol{u}}(\boldsymbol{r}') d\boldsymbol{r}' \right]$$

$$\approx \breve{\boldsymbol{u}}_{om} + \sum_n \left[\int_{\partial S_n} \hat{\boldsymbol{G}}(\boldsymbol{r}_m - \boldsymbol{r}') d\boldsymbol{r}' \right] [\hat{\boldsymbol{A}}_1 \breve{\boldsymbol{u}}]_n \quad (3.26)$$

根据式(3.24)和式(3.25)可以发现,一维情况下的格林函数是处处平滑的,而在二维情况下,除了 $\boldsymbol{r} = \boldsymbol{r}'$ 处也是平滑的。因此,当计算矩阵元素 $\hat{\boldsymbol{G}}_{mn} \approx$

$\int_{\partial S_n} \hat{G}(r_m - r')dr'$ 时，就可以显著减少所需的计算量，只需假定在每个子域中为常数，并令其等于子域中心点处的值即可，亦即

$$\hat{G}_{mn} \approx \hat{G}(r_m - r'_n)\delta S_n \tag{3.27}$$

上面这一关系式不能用来计算二维和三维情况中 $m = n$ 处的矩阵元素 $\hat{G}_{mn}$，必须针对域 $\delta S_n = m$ 进行积分计算。在这种情况下，虽然当宗量趋于零时函数 $\hat{G}$ 会出现奇异性（二维情况下，汉克尔函数 $H_0^{(1)}$ 和 $H_1^{(1)}$ 是奇异的），但是仍然是可积的。

当得到所有的矩阵元素 $\hat{G}_{mn}$ 之后，式(3.26)就可以化为

$$\breve{u}_m = \breve{u}_{om} + \sum_n \hat{G}_{mn}[\hat{A}_1 \breve{u}]_n \tag{3.28}$$

类似地，式(3.22)经过离散处理后可以得到

$$\breve{u}_m = [E_{nm} - [\hat{G}\hat{A}_1]_{nm}]^{-1}\breve{u}_{0n} \tag{3.29}$$

在式(3.29)中，矩阵元素 $[\hat{G}\hat{A}_1]_{nm}$ 是矩阵 $\hat{G}_{mn}$ 与 $[\hat{A}_1]_m$ 针对固定的 m 的乘积。式(3.22)和式(3.23)以及式(3.16)至式(3.29)中的所有参量都是通过场变量空间与矢量 r 坐标空间（以 m 和 n 的形式进行离散采样）的直积给出的。于是，就可以很方便地借助式(3.29)来计算散射体域 R 内的以及周边的波场情况。当然，问题的尺度应尽可能小，如果需要分析的区域尺度过大，那么矩阵求逆运算就会需要极大量的计算机内存。

应当注意的是，在式(3.22)中对采样前的算子进行求逆时，由于求逆过程将反映全部的再散射过程[22]，因而其空间谱的宽度会增大。于是，即便是在矩阵 $E_{nm} - [\hat{G}\hat{A}_1]_{nm}$ 的构造阶段，也必须尽可能减小空间（离散）采样的间隔，从而方便式(3.29)中的矩阵求逆以得到正确的 $\breve{u}_m$。在数值仿真中将讨论采样间隔的最佳选择问题。一旦确定了区域 R 上所有点处的（内部）波场 $\breve{u}_n$（继而散射场的 2 次波源）之后，任意点 $r_m \notin R$ 的总波场 $\breve{u}_m$ 也就可以得到了，它们是从一次波源发出的入射场与采样得到的 2 次波源（式(3.23)中的 $[\hat{A}_1 \breve{u}]_n$）发出的散射场的叠加，其形式类似于式(3.26)，即

$$\breve{u}_m^{out} = \breve{u}_{0m}^{out} + \sum_n \hat{G}_{mn}[\hat{A}_1 \breve{u}]_n \tag{3.30}$$

正是通过上述分析工作，Burov 等[19]较好地建立了一个恰当的数学框架，据

此能够对正介质和负介质中的波动过程进行建模处理。

3.11.2　负介质中的衍射过程建模

在衍射层析研究中,一般关心的是声波在非均匀介质中的传播,这里主要考虑的是具有双负性的复合介质。一般而言,在介质的边界处往往会涉及折射、反射、透射及多散射等过程。Y. K. Bliokh 和 Y. P. Bliokh[23]研究认为,可以将波在边界处出现负折射的二维介质视为左手介质。不过,即使是在一维情况下,关于负介质也可能存在着其他更多的特殊效应。首先,这些效应可以反映在声压和振速的反射与透射系数方面,它们往往与介质的等效密度的正负号相关。例如,可以有一种理想的匹配情况,即边界外的正介质(密度为 ρ_0、相速度为 c_0)与内部的负介质(ρ, c)的密度和模量关系为 $\rho = \rho_0$ 且 $\kappa = -\kappa_0$,阻抗 $\rho c = \rho_0 c_0$,且相速度的绝对值相等。由于阻抗相等,因而在边界处不存在反射波。由此可见,在讨论一维负介质时,从不存在反射波以及已知的负等效密度这些信息也可考察其相速度 c 的情况。其次,在能量传播方向和相速度方向方面,它们可能相同或者相反,其结果可以根据以下的行为直接得到。

对于单色平面波,假定其波矢为 k_0,沿着 Z 轴方向传播,声压和振速分别为 $p_0、v_0 \sim \mathrm{e}^{\pm ik_0 r} = \mathrm{e}^{\pm ik_0 z}$。如图 3.5 所示,声压或振速的虚部与实部分别绘制在 X 和 Y 轴方向上,而仅在唯一的空间坐标(Z 坐标)上表现为左手螺旋形或右手螺旋形(取决于波矢),于是相速度将指向 Z 轴的正方向或负方向(图 3.5 中,$p_0、v_0 \sim \mathrm{e}^{-ik_0 z}$)。换言之,对于给定的时间依赖性($\sim \mathrm{e}^{-i\omega t}$)来说,波矢 k_0 的方向与螺旋线的符号之间存在着唯一的对应关系,这取决于该波矢在给定介质中的方向。如果两列波在相反的方向上传播(正介质或负介质),那么圆形螺旋线将变成椭圆形,甚至在某个平面上以驻波形式出现(如果两列波是相同的)。考虑到圆形螺旋线的转动方向与介质中的相速度方向具有一一对应关系,因而两种介质的边界处所出现的螺旋线符号的变化也就可以用于判定其中一种介质是负介质了。

式(3.29)和式(3.30)同时给出了整个散射域 R 内的场构造,Burov 等[24]对此进行了数值仿真,主要考察的是有限尺度的散射体,并假定基体介质是无限的,参数设定为 $\rho_0 = 1$ 和 $\kappa_0 = 1$,此外入射场 $\check{u}_0$ 是处处解析的。他们针对的是一层厚度为 $5\lambda_0$(λ_0 为基体介质中的波长)的基体介质,并进一步在该层中部放置了一个正介质薄层($\rho = 2$、$\kappa = 5$)或一个与基体介质理想匹配的负介质层($\rho = -1$、$\kappa = -1$),厚度为 $2\lambda_0/3$。采样(离散)间隔为 $\lambda_0/100$。仿真中针对的是一维情况,平面波法向入射到层上,可参见图 3.3。

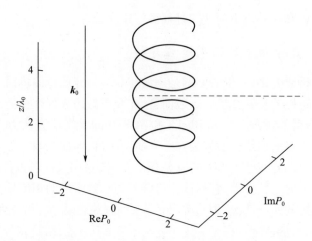

图 3.3 单色入射波的图形描述(箭头代表的是波矢 k_0 的方向(源自于文献[19]))

3.11.3 数值仿真的结果

对于基体介质中放置一层正介质的情形,图 3.6 给出了计算得到的总声压场 P 和散射声压场 $P_{SC}=P-P_0$。

与总声压场 P 对应的螺旋线(图 3.4(a))在层的边界处改变了形状(方向未变),这是因为在该边界处产生了反射波。图 3.4(b)则给出了该层产生的散射场情况,它表明与该层反射波对应的螺旋线与入射场的螺旋线(图 3.3)是相反的,这是因为入射波和反射波的波矢方向相反。该螺旋线的半径等于反射波幅值 $|R_p P_0|$ (此处 $|P_0|=1$),从而揭示了所需了解层的声压反射系数幅值 $|R_p|$。可以将这个系数与下式[22]给出的理论计算结果进行比较,即

$$|R_p| = \frac{|s^{-1}-s|}{\sqrt{(s^{-1}-s)^2 + 4\cot^2(kd)}} \tag{3.31}$$

式中:$s=\dfrac{\rho_0 c_0}{\rho c}$;$k$ 和 c 分别为该介质中的波数和声速,而基体介质中则分别为 k_0 和 c_0;d 为层的厚度。当 $\rho=2$、$\kappa=5$ 时,可以计算出 $|R_p|$ 近似为 0.3588,而根据图 3.4(b)中的数据计算出的反射系数幅值则为 $|R_p|=0.3576$,可以看出与理论值是基本吻合的,其误差主要来自于离散采样过程。由此可见,借助式(3.22)和式(3.23)是能够获得波场的足够准确的描述的,无论是定性方面还是定量方面。

图 3.5 给出了类似的结果,针对的是放置了一个负介质层的情况。需要注意的是,总波场螺旋线方向在边界处发生了改变(图 3.5(a)),这表明了负介质

中的相速度与正介质中的相速度方向是相反的。还必须注意的是，在 Z 轴上的 $2.7\lambda_0 \sim 5\lambda_0$ 段，散射场螺旋线的半径为零(图3.5(b))，这就表明了正如所预期的，由于背景介质和负介质是理想匹配的(具有相等的声阻抗)，所以 $\rho = -1$、$\kappa = -1$ 的层是不会导致反射行为的。正是由于不存在反射波，因而坡印廷矢量 S(以及群速度)在这整个段内是常值，且方向是沿着 Z 轴的。于是，对于正介质来说，波矢 k 将沿着 S 的方向，而对于负介质，二者方向将相反。或者说，如果波能始终沿着 S 方向传播，那么正介质和负介质中的波的相位移动方向是恰好相反的。

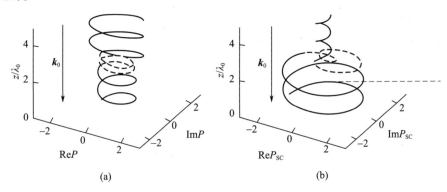

图3.4 计算得到的正介质层中的总声压场 P 和散射声压场 P_{SC}(实线和虚线分别代表了正背景介质和置入其中的介质层内的声压场，箭头示出了入射波波矢 k_0 的方向)

(a)总声压场 P；(b)散射声压场 P_{SC}。

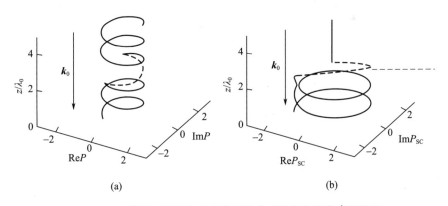

图3.5 计算得到的负介质层中的总声压场 P 和散射声压场 P_{SC}
(实线和虚线分别代表了正背景介质和置入其中的介质层内的
声压场，箭头示出了入射波波矢 k_0 的方向(源自于文献[19]))

(a)总声压场 P；(b)散射声压场 P_{SC}。

上面针对一维情况的数值仿真表明,介质密度和压缩性同时为负,足以使得该介质展现出大量特殊特性,特别是负折射行为。

下面考虑一个负介质二维模型,由此可以观察到负折射效应。此处将针对以下情形进行讨论:①圆柱状负散射体对平面波的散射;②在正背景介质中引入正介质平板;③引入负介质平板。

在圆柱散射体对平面波的散射这一问题中,我们是能够得到解析解的。这里主要借助式(3.19)和式(3.30)来进行数值求解,进而对圆柱中心之外的指定距离处的波场进行计算(相对于入射波方向的不同角度位置)。对于圆柱散射体半径为 $R = \lambda_0$ 且介质参数为 $\rho = 1$、$\kappa = 5$ 的情况,计算结果如图3.6所示。

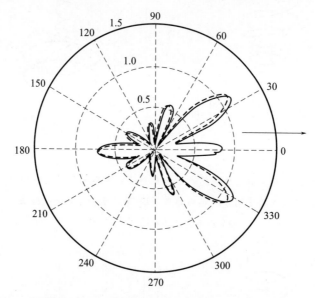

图3.6 单位幅值平面单色波被正介质圆柱体散射后的声压 $|P_{sc}|$ 图(箭头代表了单色波的传播方向,实线和虚线分别代表了根据精确公式和根据式(3.29)、式(3.30)计算得到的结果)

在这个图中,0^0 方向对应了入射平面波的方向,且入射波的声压幅值设定为1。实线代表的是距离圆柱中心为 $4\lambda_0$ 的位置处,散射场声压幅值与散射角度之间的依赖关系,是从解析解导出的,而虚线则代表的是从式(3.29)和式(3.30)计算出的结果。离散采样长度设定为 $\lambda_0/10$。由于在离散采样计算过程中会出现圆柱形状偏离理想外形,因此可以看出实线和虚线之间是存在些许偏差的。尽管如此,进一步的对比分析可以发现,在各种圆柱体半径和介质参数条件下解析和数值结果仍然是较为一致的。由此也就表明了本书所采用的方法是可以适用的。

针对由负介质构成的圆柱散射体,图 3.7 中用箭头示意出了借助 Snell 定律计算得到的波射线路径(对应于能量传播模式,也就是矢量 S)及其在圆柱体内的聚焦行为。例如,对于介质参数为 $\rho=-1$ 和 $\kappa=-1$ 的情形,在旁轴近似下平面波被圆柱体聚焦了,其位置距离圆柱体中心为 r/z。此处的数值计算中针对的是半径为 $r=2.5\lambda_0$ 的圆柱体,采样步长为 $\lambda_0/10$。虽然对于这么小的物体作几何近似不是特别合理,不过计算得到的圆柱体内的总波场还是在该点处聚焦了,这一点可以从图 3.7 中清晰地观察到。

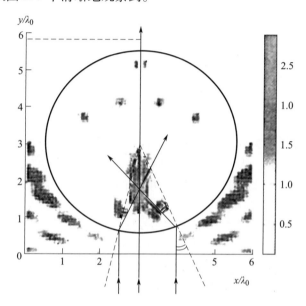

图 3.7　平面波被负介质圆柱体折射后形成的声压场幅值 $|P|$
(箭头示出了波射线的方向(源自于文献[19]))

为了考察平板上波的折射行为,设定了一个宽度为 $5\lambda_0$ 的平面波束,幅值取为 1。板的厚度和长度分别设定为 $1.4\lambda_0$ 和 $5\lambda_0$。为了减少由板和波束的有限尺寸导致的边界效应,这里人为地将波束边缘做了平滑处理。此处的分析中,该波束的方向与板面法向呈18°。

针对正介质平板($\rho=1$、$\kappa=4$)的情况,图 3.8(a)中给出了对应的计算结果。板中的波长(进而声速)大约为背景介质中的一半,这与声速计算式 $c=1/\sqrt{\rho\kappa}$ 也是吻合的。相对于板面法向,入射波和折射波的波前法向分别位于两侧,这对应了边界上经典波的折射行为。入射角和折射角也是遵从 Snell 定律的。由于板和背景介质的阻抗是不匹配的,因而在边界处存在着反射波,它将与入射波发生干涉,从而形成波场的极大值极小值现象,这些从图中都是可以清晰地观察到的。

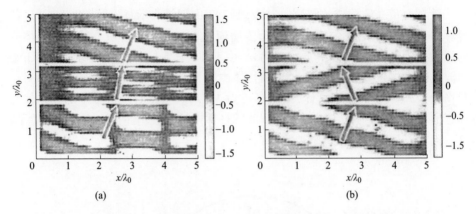

图 3.8 平面波入射到正介质板和负介质板上时计算得到的声压场幅值 $|P|$ 的实部
（箭头示出了波能量的传播方向，白色水平线代表的是板的边界）
(a)正介质板；(b)负介质板。

当波束入射到一块负介质板（$\rho = -1$、$\kappa = -1$）上时，可以观察到负折射现象，如图 3.8(b) 所示。从波前图像的对称性（相对于板的边界，板内的波长仍然等于 λ_0）可以体会到，这里的入射角和折射角是精确地相等的。入射波和折射波的波前法线方向（指向板中和背景介质中的矢量 S 方向）是位于板面法线同一侧的。由于阻抗是匹配的，这里没有出现反射波。考虑到正介质中的矢量 k 指向 S 方向，而负介质中则指向相反，因而此处也是满足 Snell 定律的，即入射波和折射波的波矢在分界面上具有相同的投影（幅值和符号均相同）。显然，这里也就展示了声学介质中由双负性（ρ 和 κ）所导致的现象，它与弹性动力学中的左手介质是类似的。

下面进一步考察与背景介质理想匹配的负介质情况，这一情况非常令人感兴趣，因为这种负介质材料平板可以实现聚焦功能，参见图 3.9。

在文献[22]中已经指出，这种平板透镜具有大量特殊性。首先，正如前面已经指出的，这种情况中入射波不会出现反射损失；其次，它没有焦平面，平板透镜产生的像是三维的，与镜子类似，不过与镜子相比它却是一个真实的像；第三，对于从某点发出的波射线，其路径长度在正负介质中是相等的。负介质中的相位移动与正介质中的相位移动是符号相反的，因而它们会彼此相消，于是在像点位置处的相位将精确地等于对应的源点处的相位。从这个意义上来说，负介质平板也就构成了理想透镜。应当注意的是，源点和像点处的相位相等并不会导致任何矛盾的出现，也不会违反因果关系，因为这一行为只会发生于特定频率点上，在该频率处负介质的等效密度和模量满足 $\rho = -\rho_0$ 和 $\kappa = -\kappa_0$ 这一条件。即便是在较窄的频带内，这一条件也是不可能同时严格满足的，这也是此类透镜

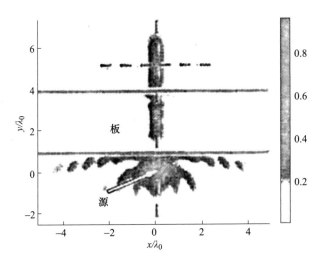

图 3.9　当点声源放置于负介质平板附近时计算得到的总声压场幅值 $|P|$
（采样步长为 $\lambda_0/10$，虚线标出了所考察的截面，水平实线代表的是板的边界）

在应用中所存在的一个重要不足。另一不足之处在于，该透镜仅能在距离自身较短的位置处生成真实的像，一般有 $L<H$（H 为板的厚度）。

Pendry[25] 于 2000 年最早对上述透镜进行了理论分析，并指出利用此类透镜可以突破瑞利衍射极限。源点所带有的精细的细节信息会包含在其近场成分中，由于它们在传播过程中会随着到源点距离的增大而呈指数衰减（即凋落波），所以通常被忽略了。然而由于包含了源点附近波场的初相位和幅值信息，因此为了重构理想的像，必须对这些近场凋落波进行放大或增强。负介质层可以实现这一功能。可能认为，作为一种被动介质，负介质是不存在能源的，因而也就无法增强凋落波，这似乎是矛盾的。然而实际上并非如此，这里不需要提供能源。事实上，在正介质中（随着传播距离的增大）凋落波场的衰减行为并不会导致任何能量损耗或者热辐射。类似地，在负介质中我们所期望的反向行为也当然可以不需要任何能量的馈入。

在平板透镜效应分析中，点源发出的波场的折射情况与板长、ρ 及 κ 等参数有关。这里将板的厚度设定为 $3\lambda_0$，点源放置于坐标原点 $(0,0)$，距离平板为 $1.5\lambda_0$，并指定 $F(r)=\begin{bmatrix}f=0\\\rho=\delta(r)\end{bmatrix}$。点源在每点处形成的波场可以按照 $\check{u}_0=\hat{\rho}*\check{F}$ 来计算，并进行归一化处理，使得源点处的声压幅值等于 1。负介质平板的 $\rho=-1$、$\kappa=-1$，长度为 $10\lambda_0$。图 3.9 示出了计算得到的声压场的幅值（$|P|$）分布情况，从中可以清楚地观察到两个焦点，分别位于板中和板后。考虑到该板的

负折射率,这些位置与几何构型显然是对应的,这也证实了负介质的工作机制。

为了考察该平板作为透镜所具有的分辨率情况,Burov 等[19]选择了$|P|$分布图中的两个截面,一个是纵向截面,平行于板的法向,且通过源点和焦点的中心连线,另一个是横向截面,垂直于纵向截面,且通过外部焦点的中心。图3.9中已经用虚线标注了这些截面位置,而截面图像如图3.10所示(粗实线)。此外,他们也针对一块类似的负介质板计算了这些截面上的$|P|$值,只是板长为$4\lambda_0$。

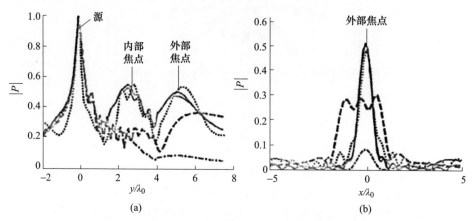

图 3.10 通过外部焦点(参见图 3.11)的声压场的纵截面和横截面(粗实线对应于负介质透镜(长度为$10\lambda_0$);点虚线对应于相同的透镜,不过带有吸收效应;细实线对应于长度为$4\lambda_0$的负介质透镜;虚线对应于正介质透镜(变折射率)。所有情况中的采样步长为$\lambda_0/10$,点线针对的也是长度为$10\lambda_0$的负介质透镜,不过采样步长为$\lambda_0/7.5$)

(a)纵截面;(b)横截面。

分析结果表明,当平板透镜的长度减小时,其在纵向和横向上的分辨率均会降低,如图3.10中的细实线所示。为便于比较,同时也针对一块长度为$4\lambda_0$的平板聚光透镜建立了类似的截面,是由正介质制成的,且带有变化的折射率(X轴方向上)[20]。可以发现,该透镜形成的焦点要比负介质板形成的焦点模糊得多,特别是在纵向上,参见图3.10中的虚线。事实上,负介质平板透镜之所以具有更好的分辨率,是因为源的凋落波成分在负介质中被放大增强了。

3.11.4 数值仿真中需要注意的事项

数值分析中选择最优的离散(采样)步长是非常重要的。如果增大每个波长上的采样数量N,那么将使得可逆矩阵的尺度增大,即$N^2 \times N^2$(二维情况下),

因而会导致内存需求和计算时间的增加。当每个波长上的采样数量减小时,波场计算过程可能会变得不稳定,进而可能使得图像受到破坏。对于负介质和正介质板而言,分析中发现当采样步长分别为 $\lambda_0/5$(或更大)和 $\lambda_0/3$(或更大)时,就会出现不稳定现象。产生这一现象的原因很可能是因为在凋落波成分被放大的同时过于稀疏的采样使得误差也变大了,此时也就表明了所进行的数值处理是不恰当的。通过对式(3.22)中的算子求逆进行正则化处理,可以稍微提升成像品质,这一处理类似于最小二乘法,即

$$\breve{u} = [\hat{M}^\dagger \hat{M} + \chi \hat{E}]^{-1} \hat{M} + \breve{u}_0 \qquad (3.32)$$

式中: $\hat{M} = \hat{E} - \hat{G} * \hat{A}_1$; $\chi > 0$ 为一个正则化小参数。当采用较稀疏的采样步长 $\lambda_0/5$ 并进行正则化处理之后,所得到的结果如图 3.11 所示。可以看出,成像是稳定的,而焦点则显著扩大了。更令人惊讶的是,板内的焦点似乎消失了,这一现象到目前为止尚难以解释。

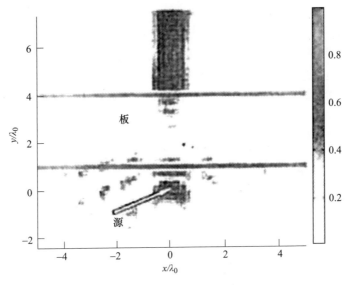

图 3.11　当点声源放置于负介质平板附近时利用正则化方法计算
得到的总声压场幅值 $|P|$(采样步长为 $\lambda_0/5$ (源自于文献[19]))

必须指出的是,采样步长的合理选择不仅对计算机仿真是重要的,而且对于负介质的实际构建也是重要的,因为负介质材料本质上也是离散单元构造而成的。为了获得可接受的透镜分辨率,一般需要在每个波长上具备 10 个离散的负介质单元,或者可以理解为,在每个共振散射体单元内部,声速必须比背景介质中至少低一个数量级,显然此类介质的设计是相当困难的。

3.12 折 射

固体和流体中声波的传播所涉及的第 3 种基本过程是折射。折射是指由于传播介质的变化使得波的传播方向发生了改变。这一现象可以通过能量守恒和动量守恒原理来加以解释。当传播介质改变时,波的相速度将发生变化,而其频率则保持不变。一般而言,当波倾斜地从一种介质行进到另一种介质时,通常都会出现折射现象。光波的折射应当是最为常见的了,不过各种类型的波在到达介质分界面处时一般都会发生这一行为。例如,当声波从一种介质向另一种介质入射时,再如水波行进到不同深度的水域时,都是如此。通过 Snell 定律可以对折射行为加以描述,该定律指出,对于给定的一对介质和单一频率的入射波而言,入射角 θ_1 和折射角 θ_2 的正弦值之比等于两种介质的相速度之比(v_1/v_2),或者说等于折射率的反比(n_2/n_1),其表达式可以表示为

$$\frac{\sin\theta_1}{\sin\theta_2} = \frac{v_1}{v_2} = \frac{n_2}{n_1} \tag{3.33}$$

一般来说,入射波将有一部分被折射,而另一部分则被反射回去。这一行为的具体细节可以通过 Fresnel 方程来刻画。

关于声学超材料中的折射问题,在前面的第 2 章中已经做过介绍,可以参阅之。

参 考 文 献

[1] Waterman, P. C. :Matrix formulation of electromagnetic scattering. Proc. IEEE 53,805 – 812(1965)

[2] Waterman, P. C. :New formulation of acoustic scattering. J. Acoust. Soc. Am. 45,1417 – 1429(1969)

[3] Martin, P. A. : Multiple Scattering: Interaction of Time – Harmonic Waves with N Obstacles. Cambridge University Press, Cambridge(2006)

[4] Mishchenko, M. I. , Trans, L. D. , Lacis, A. A. :Multiple Scattering of Light by Particles:Radiative Transfer and Coherent Backscattering. Cambridge University Press, Cambridge(2006)

[5] Ganesh, M. ,Graham, I. G. :A high – order algorithm for obstacle scattering in three – dimensions. J. Comput. Phys. 198,211 – 242(2004)

[6] Doicu, A. ,Wriedt, T. , Eremin, Y. :Light Scattering by Systems of Particles, Null Field Method with Discrete Sources – theory and Programs. Springer, Berlin(2006)

[7] Mishchenko, M. I. ,Trans, L. D. , Mackowski, D. W. :T matrix computation of light scattering by non – spherical particles, a review. J. Quant. Spectros. Radiat. Trans. 55,535 – 575(1996)

[8] Kahnert, F. M. :Numerical methods in electromagnetic scattering theory. J. Quant. Spectros. Radiant Tran. 79 – 80,775 – 824(2003)

[9] Li, J., Chan, C. T.: Double-negative acoustical metamaterial. Phys. Rev. E 70, 55602(2004)

[10] Wu, Y., Lai, Y., Zhang, Z.: Effective medium theory for elastic metamaterials in two dimensions. Phys. Rev. B 76, 205313(2007)

[11] Torrent, D., Sanchez-Dehesa, J.: Multiple scattering formulation of two-dimensional acoustic and electromagnetic metamaterials. New J. Physics 13, 093018(2011)

[12] Torrent, D., Hkansson, A., Cervera, F., Sánchez-Dehesa, J.: Homogenization of two-dimensional clusters of rigid rods in air. Phy. Rev. Lett. 96, 204302(2006)

[13] Torrent, D., Sánchez-Dehesa, J.: Effective parameters of clusters of cylinders embedded in a nonviscous fluid or gas. Phys. Rev. B 74, 224305(2006)

[14] Torrent, D., Sánchez-Dehesa, J.: Anisotropic mass density by two-dimensional acoustic metamaterials. New J. Phys. 10, 023004(2008)

[15] Morse, P. M. C., Ingard, K. U.: Theoretical Acoustics. Princeton University Press, Princeton NJ(1986)

[16] Torrent, D., Hkansson, A., Cervera, F., Sánchez-Dehesa, J.: Homogenization of two-dimensional clusters of rigid rods in air. Phys. Rev. Lett. 96, 204302(2006)

[17] Abramowitz, M., Stegun, I. A.: Handbook of Mathematical Functions with Formulas, Graphs and Mathematical Tables. Dover, New York(1964)

[18] Berryman, J. G.: Long-wavelength propagation in composite elastic media. I. Spherical inclusions. J. Acoust. Soc. Am. 68, 1809(1980)

[19] Burov, B. A., Dmitriev, K. V., Sergeev, S. N.: Acoustic double-negative media. Acoust. Phys. 55, 298–310(2009)

[20] Voitovich, N. N., Katsenelenbaum, B. Z., Nauka, A. N.: Generalized Method of Eigenoscillation in Diffraction Theory. Nauka, Moscow(1977). [in Russian]

[21] Barkhatov, et al.: Acoustics in Problems, Nauka, Fizmatlit, Moscow(1996) [in Russian]

[22] Burov, V. A., Vecherin, S. N., Rumyantseva, O. D.: Statistical estimation of the spatial spectrum of secondary sources. Akust. Zh. 50, 14(2004)

[23] Bliokh, Y. K., Bliokh, Y. P.: Usp. Fiz. Nauk 174, 439(2004)

[24] Burov, V. A., Dimitriev, K. V., Sergeev, S. N.: Wave effects in acoustic media with a negative refractive index. Izv. Ross. Akad. Nauk, Ser. Fiz. 72, 1695(2008)

[25] Pendry, J. B.: Negative refraction makes a perfect lèns. Phys. Rev. Lett. 85, 3966(2000)

第4章 人工弹性

本章摘要:声学超材料可以具有负的质量密度和负的体积模量,由此也就使得负弹性的设计,或者更一般地来说,使得人工弹性的设计成为可能。不仅如此,这也说明了声场方程具有形式不变性或对称性,进而声场特性也就具有对称性了。本章将通过一个声学超材料实例来阐述这种人工的弹性。

4.1 弹性刚度和顺度

基本的弹性理论是通过胡克定律给出的,它仅适用于线性范畴。该定律指出,应变与应力是成线性正比关系的;反之,应力也是线性正比于应变的。从数学角度来看,可以将应力的每个分量或弹性恢复力的每个分量表示为所有应变分量的一般线性函数形式,即

$$T_{ij} = c_{ijkl} S_{kl} \tag{4.1}$$

其中需要对重复下标 k 和 l 进行求和处理,c_{ijkl} 一般称为弹性刚度系数。与宏观的弹簧常数类似,对于容易变形的材料,弹性刚度系数是较小的,而对于非常刚硬的材料,则具有比较大的值。由于式(4.1)中包含了9个方程(对应于所有可能的下标 ij 组合),并且每个方程还包含9个应变参量,因而总共存在着81个弹性刚度常数。

然而,应当注意的是,上述这些弹性刚度系数并不是全部独立的,实际上它们还满足以下关系:$c_{ijkl} = c_{jikl} = c_{ijlk} = c_{jilk}$,这也就使得弹性刚度系数减少到了36个。进一步,考虑到 $c_{ijkl} = c_{klij}$,因此真正独立的弹性刚度系数实际上只存在21个。对于最一般的介质,这也是所具有的弹性刚度系数的最大个数了。通常,我们所考察的介质一般是少于这一数量的,因为往往会根据介质的微观本性引入一些额外的限定。

与上面相反,也可以将应变表示为所有应力分量的一般线性函数形式,即

$$S_{ij} = s_{ijkl} T_{kl} \quad i、j、k、l = x, y, z \tag{4.2}$$

这里的常数 s_{ijkl} 一般称为顺度系数,它反映的是介质的变形能力,对于容易变形的介质来说其值较大,而对于较为刚硬的介质则值较小。

方程式(4.2)及其逆方程通常称为弹性本构关系。用于描述介质弹性特性的顺度常数 s_{ijkl} 类似于电学域中的介电常数矩阵元素 ε_{ij}，与式(4.2)对应的电学本构关系为

$$D_i = \varepsilon_{ij} E_j \quad i、j = x, y, z \tag{4.3}$$

4.2 应力场和粒子速度场的对称性

我们已经认识到，声波方程是具有对称性的，在规范变换下具有不变性。在方程解的相位因子中这种对称性将表现为旋转不变性。此处的声场主要是指粒子速度场和应力场，其形式不变性类似于 1929 年 Hermann Weyl 在麦克斯韦方程中所引入的规范不变性。声波在固体和流体中传播时，存在两种形式的对称性。一种是解的旋转对称性，另一种则是解的平移对称性，后者是针对连续介质的，对于离散介质，如晶体，则不存在平移对称性，而是会产生声子，属于破缺的平移对称模式和 Goldstone 模式。对于在固体和流体中传播的声波来说，需要考虑两个方面的对称性，一个是介质的对称性，另一个是行波的对称性。这有点类似于有限幅值声波在固体和流体中传播时所表现出的两种非线性形式，一种是介质的非线性，而另一种是行波的非线性。

声波方程解的旋转不变性可以通过粒子速度场和应力场的对称性来证实。一般地，声波方程是以粒子速度形式而不是应力形式给出的，这是因为粒子速度是带有 3 个分量的矢量，而应力是带有 9 个分量的张量，后者更难处理。不过，可以看到，粒子速度场和应力场之间具有高度的对称性，类似于电场和磁场之间所具有的高度对称性。下面通过推导无限小幅值声波在固体中的声波方程来对此做一阐述。

这里涉及两个基本的场方程，第一个是根据力学中的牛顿定律得到的，第二个则是根据弹性理论中的胡克定律得到的。根据牛顿运动定律，第一个场方程可以表示为

$$\nabla \cdot \boldsymbol{T} = \rho \frac{\partial^2 \boldsymbol{u}}{\partial t^2} - \boldsymbol{F} \tag{4.4}$$

根据胡克定律可以得到关于应变位移关系的第二个方程，即

$$\boldsymbol{S} = \nabla_s \boldsymbol{u} \tag{4.5}$$

式中：$\boldsymbol{T}$ 为应力张量；$\boldsymbol{u}$ 为位移矢量；$\boldsymbol{F}$ 为体力矢量；$\boldsymbol{S}$ 和 ρ 分别为应变张量和介质的密度。

为了求解 $\boldsymbol{u}$ 和 $\boldsymbol{T}$ 这两个变量，还需要建立另一个方程。根据胡克定律所指

出的,应变与应力成线性正比关系,于是有

$$T_{ij} = c_{ijkl} S_{kl} \quad i、j、k、l = x, y, z \tag{4.6}$$

其中的重复下标 k 和 l 需要做求和处理,如前所述,微观弹簧常数 c_{ijkl} 称为弹性刚度系数。

下面考虑一个无源区域,即有 $\boldsymbol{F}=\boldsymbol{0}$。下面先针对式(4.4)至式(4.6)消去 $\boldsymbol{T}$。根据式(4.5)和式(4.6), $\boldsymbol{T} = c_{ijkl}\nabla_s\boldsymbol{u} = c_{ijkl}\dfrac{\partial u}{\partial x}$(如果是一维问题,可以选择 x 坐标)。将这个关系式代入到式(4.4)中可以得到

$$c_{ijkl}\frac{\partial^2 u}{\partial x^2} = \rho \frac{\partial^2 u}{\partial t^2} \tag{4.7}$$

方程式(4.7)就是著名的 Christoffel 方程,它是关于行波的方程,解可以设为

$$u = u_0 \mathrm{e}^{\mathrm{i}(\omega t \pm kx)} \tag{4.8}$$

进而可以导得

$$\rho\omega^2 = c_{ijkl} k^2 \tag{4.9}$$

相速度一般由 $v = \omega/k$ 给出,于是对于横波(剪切波)来说,相速度为

$$v_s = \sqrt{\frac{c_{ijkl}}{\rho}} \tag{4.10}$$

方程式(4.5)可以表示成粒子速度和顺度的形式,即

$$\nabla_s \boldsymbol{v} = s : \frac{\partial \boldsymbol{T}}{\partial t} \tag{4.11}$$

式中:s 为顺度。

通过消去 $\boldsymbol{T}$ 或 $\boldsymbol{v}$,就可以得到声波方程。通常的做法是消去应力场,因为它是一个张量,包含了9个分量,而不是包含3个分量的矢量。

对于无限小幅值的声波,式(4.4)和式(4.5)给出的是无损耗的声场方程,现在利用式(4.4)至式(4.11)消去速度场。

将式(4.11)对时间变量 t 微分,可得

$$\nabla_s \frac{\partial \boldsymbol{v}}{\partial t} = s : \frac{\partial^2}{\partial t^2} \boldsymbol{T} \tag{4.12}$$

对于无源区域($\boldsymbol{F}=\boldsymbol{0}$),取式(4.4)两端的散度,于是有

$$\nabla_s(\nabla \cdot \boldsymbol{T}) = \rho\, \nabla_s \frac{\partial \boldsymbol{v}}{\partial t} \tag{4.13}$$

将式(4.12)代入到式(4.13)中,可得

$$\nabla_s(\nabla \cdot \boldsymbol{T}) = \rho s : \frac{\partial^2}{\partial t^2}\boldsymbol{T}$$

或者

$$c\,\nabla_s(\nabla \cdot \boldsymbol{T}) = \rho\, \frac{\partial^2}{\partial t^2}\boldsymbol{T} \tag{4.14}$$

这是一个新的应力方程,到目前为止人们尚未深入考察该方程的应用潜力。

最后,还可以发现一个重要特性,即声波方程式(4.7)和式(4.14)是关于 u 和 $\boldsymbol{T}$ 对称的。这一对称性质在求解声波方程时能够帮助我们简化求解过程。

4.3 各向同性固体中应力场和粒子速度场的旋转不变性

在各向同性固体介质中,作为声学场的主要成分,应力场和粒子速度场存在着旋转不变性。这一性质意味着应力场和粒子速度场相对于旋转变换是保持不变的,旋转形式是 $U(1)$ 旋转或 $U(1)$ 对称。在各向同性固体介质中,不仅对于整体对象存在着 $U(1)$ 旋转对称性,而且在时空域中的任意点处还存在着局部 $U(1)$ 旋转对称性,与整体是一致的。正是由于此类对称性,各向同性固体介质中的粒子速度场和应力场才会在所有方向上都保持不变。

4.4 旋转对称性的一种特殊情形——反射对称性

这里是指将粒子速度场和应力场的各坐标轴均绕 z 轴沿顺时针方向旋转 $180°$,由此可以得到负的粒子速度场和应力场,或者说可以得到这两个场的反射像,一般称之为反射操作(或镜像操作),对应于反射对称性。与此相关的坐标变换矩阵可以表示为

$$\begin{bmatrix} a_{xx} & a_{xy} & a_{xz} \\ a_{yx} & a_{yy} & a_{yz} \\ a_{zx} & a_{zy} & a_{zz} \end{bmatrix} = \begin{bmatrix} \cos\xi & \sin\xi & 0 \\ -\sin\xi & \cos\xi & 0 \\ 0 & 0 & -1 \end{bmatrix} \tag{4.15}$$

粒子速度场 v 向旋转后的坐标空间进行变换,需要借助以下矩阵方程,即

$$\begin{bmatrix} v'_x \\ v'_y \\ v'_z \end{bmatrix} = \begin{bmatrix} \cos\xi & \sin\xi & 0 \\ -\sin\xi & \cos\xi & 0 \\ 0 & 0 & -1 \end{bmatrix} \begin{bmatrix} v_x \\ v_y \\ v_z \end{bmatrix} = -\begin{bmatrix} v_x \\ v_y \\ v_z \end{bmatrix} \quad (4.16)$$

或者说

$$v' = -v \quad (4.17)$$

应力场 T 向旋转后的坐标空间进行变换，则需要借助以下矩阵方程，即

$$\begin{bmatrix} T'_{xx} & T'_{xy} & T'_{xz} \\ T'_{yx} & T'_{yy} & T'_{yz} \\ T'_{zx} & T'_{zy} & T'_{zz} \end{bmatrix} = \begin{bmatrix} \cos\xi & \sin\xi & 0 \\ -\sin\xi & \cos\xi & 0 \\ 0 & 0 & -1 \end{bmatrix} \begin{bmatrix} T_{xx} & T_{xy} & T_{xz} \\ T_{yx} & T_{yy} & T_{yz} \\ T_{zx} & T_{zy} & T_{zz} \end{bmatrix} = -\begin{bmatrix} T_{xx} & T_{xy} & T_{xz} \\ T_{yx} & T_{yy} & T_{yz} \\ T_{zx} & T_{zy} & T_{zz} \end{bmatrix}$$

$$(4.18)$$

或者可以表示为

$$T' = -T \quad (4.19)$$

4.5　声波方程与粒子速度场的形式不变性

亥姆霍兹方程（齐次声波方程）可以写为

$$\nabla^2 p + \frac{\omega^2}{\rho\kappa}p = 0 \quad (4.20)$$

式中：p 为声压；ρ 和 κ 分别为介质的质量密度和体积模量。

可以观察到，如果将上面这个方程中的 ρ 和 κ 分别用 $-\rho$ 和 $-\kappa$ 替换，那么该方程仍然保持原有的形式不变。这也就表明了亥姆霍兹方程对于负的 ρ 和 κ 是具有规范不变性的。

这里实际上已经借助规范不变性概念将左手介质拓展到了声学问题中，关于声学运动方程的形式不变性还有另一个佐证实例，即声隐身行为。声隐身主要是根据我们所期望的行为，对声波的传播进行控制，使之发生传播路径的弯曲和导向。此处借助坐标变换来进行讨论，这是规范不变性的一种表现形式，即在坐标变换之后声场方程的形式会保持不变，或者说声场方程对坐标变换具有规范不变性。作为一个实例，引述 Cummer[1] 的分析结果。

Cummer[1] 利用非黏性流体介质的线性声学方程考察了坐标变换问题，方程为

$$j\omega p = -\kappa \nabla \cdot v, \quad j\omega\rho v = -\nabla p \quad (4.21)$$

式中:ω 为角频率;v 为声速。

下面引入一组新的曲线坐标(x',y',z')对上述方程进行处理。不妨设 A 为从(x,y,z)到(x',y',z')的雅可比矩阵,Cummer 将新坐标空间中的梯度算子表示为

$$\nabla p = \boldsymbol{A}^\mathrm{T} \nabla' p = \boldsymbol{A}^\mathrm{T} \nabla' p' \qquad (4.22)$$

并将散度算子表示为

$$\nabla \cdot \boldsymbol{v} = \det(\boldsymbol{A}) \nabla' \cdot \boldsymbol{v}' \frac{\boldsymbol{A}}{\det(\boldsymbol{A})} \boldsymbol{v} = \det(\boldsymbol{A}) \nabla' \cdot \boldsymbol{v}' \qquad (4.23)$$

利用这些关系式,原方程式(4.21)在新坐标空间中就化为

$$\begin{cases} \mathrm{j}\omega p' = -\kappa \det(\boldsymbol{A}) \nabla' \cdot \boldsymbol{v}' \\ \mathrm{j}\omega \det(\boldsymbol{A})(\boldsymbol{A}^\mathrm{T})^{-1} \rho (\boldsymbol{A}^{-1}) \boldsymbol{v}' = -\nabla' p' \end{cases} \qquad (4.24)$$

显然,这组方程与原方程在形式上是相同的,只是带有新的介质参数而已,这些新参数为

$$\kappa' = \det(\boldsymbol{A}) \kappa, \overline{\overline{p}} = \det(\boldsymbol{A})(\boldsymbol{A}^\mathrm{T})^{-1} \rho (\boldsymbol{A}^{-1}) \qquad (4.25)$$

从物理层面来看,这就意味着如果对原方程式(4.21)施加一个坐标变换,并按照式(4.25)去改变介质特性,那么变换后的声场解就是新介质中声波方程的解。

4.6 非线性齐次声波方程的规范不变性

非线性齐次声波方程(到二阶项)可以表示为

$$\kappa_1 \nabla^2 p + \kappa_2 \nabla^2 p \left(\frac{\partial p}{\partial x} \right) + \frac{\omega^2 p}{\rho} = 0$$

或者

$$\rho \kappa_1 \nabla^2 p + \rho \kappa_2 \nabla^2 p \left(\frac{\partial p}{\partial x} \right) + \omega^2 p = 0 \qquad (4.26)$$

式中:κ_1 和 κ_2 分别为二阶和三阶体积模量。

由上述方程不难发现,如果将 ρ、κ_1 和 κ_2 分别用 $-\rho$、$-\kappa_1$ 和 $-\kappa_2$ 去替换,那么该方程的形式仍然是不变的,换言之,非线性声波方程对于 $-\rho$、$-\kappa_1$ 和 $-\kappa_2$ 是具有规范不变性的。

4.7 具有负质量密度和负体积模量的声学超材料——人工弹性的实例

这里的声学超材料概念也是建立在声场方程的规范不变性基础之上的,也就是说,如果将方程中的密度和体积模量用对应的负值替代,方程的形式不会改变。

当将声场的规范不变性应用于负折射问题时,可以得到宽带的双负谱结构[2],这也验证了作者所提出的声场规范不变性[3]。Lee 等人[2]已经成功地制备了一种具有双负声学参数的声学超材料,它带有薄膜和侧孔,参见图4.1。与此相关的声波方程可以表示为

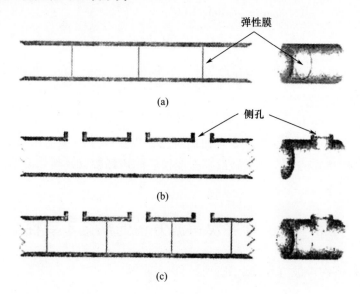

图4.1 双负声学参数的声学超材料(源自于文献[2])
(a)将张紧的弹性薄膜置入管中构成的一维 SAE 结构,能够产生负的等效密度;
(b)带有侧孔阵列的管子,可以产生负的等效模量;(c)同时带有薄膜和侧孔的声学 DNG 结构。

$$-\nabla p = \left(\rho - \frac{\kappa}{\omega^2}\right)\frac{\partial v}{\partial A} \qquad (4.27)$$

$$\nabla \cdot v = -\left(\frac{1}{B} - \frac{\sigma_{SH}^2}{\rho_{SH} A \omega^2}\right)\frac{\partial p}{\partial A} \qquad (4.28)$$

式中:κ 为新的弹性模量;v 为流体介质的速度(这里为空气介质);ρ 为动质量密度;B 为体积模量;A 为管横截面面积;σ_{SH} 为侧孔情形中的(横截)面密度;ρ_{SH} 为

侧孔情形中的质量密度。

侧孔的存在不会影响式(4.27),类似地,由于薄膜不会渗透任何流体介质,因而式(4.28)仍然是成立的。于是,这个系统就可以通过以下动力方程和连续方程来刻画,即

$$-\nabla p = \rho_{\text{eff}} \left(\frac{\partial \mathbf{v}}{\partial A}\right), \nabla \cdot \mathbf{v} = -\left(\frac{1}{B_{\text{eff}}}\right)\left(\frac{\partial p}{\partial A}\right)$$

式中:等效密度和等效模量由下式给出,即

$$\rho_{\text{eff}} = \rho' - \frac{\kappa}{\omega^2} = \rho'\left(1 - \frac{\omega_{\text{SAE}}^2}{\omega^2}\right)$$

$$B_{\text{eff}} = \left(\frac{1}{B} - \frac{\sigma_{\text{SH}}^2}{\rho_{\text{SH}} A \omega^2}\right)^{-1} = B\left(1 - \frac{\omega_{\text{SH}}^2}{\omega^2}\right)^{-1} \quad (4.29)$$

式中:ω_{SAE}为临界频率,其表达式为

$$\omega_{\text{SAE}} = \sqrt{\frac{\kappa}{\rho'}} \quad (4.30)$$

从波动方程也就得到了相速度为

$$\mathbf{v}_{\text{ph}} = \pm\sqrt{\frac{B_{\text{eff}}}{\rho_{\text{eff}}}} = \pm\sqrt{\frac{B}{\rho'\left(1 - \frac{\omega_{\text{SAE}}^2}{\omega^2}\right)\left(1 - \frac{\omega_{\text{SH}}^2}{\omega^2}\right)}}$$

其中,

$$\omega_{\text{SH}} = \left(\frac{B\sigma_{\text{SH}}^2}{A\rho_{\text{SH}}}\right)^{1/2} \quad (4.31)$$

图4.2中已经给出了相关的实验设置,包括左侧的非金属管和右侧的DNG超材料。两端采用了吸声介质,可以彻底吸收声能量,从而消除反射,使得系统可以表现出类似无限域条件下的行为。或者也可以说,我们不必再关心实验中采用的有限个单元数量的影响,也不必再考虑反射波的干涉效应了。声源通过一个小孔向管内发射声能,从而产生向右传播的入射波。在边界处,一部分入射能量将发生反射,而其他的能量则传递到超材料区域。在超材料一侧,透射过来的声能向右传播,直到进入吸声介质区域。

实验中对非金属管和超材料区域均进行了声压测量(时间和位置的函数),可以看出在非金属管一侧,声波向前行进,而在超材料一侧声波的传播如箭头所示,所构造出的结构可以在240~440Hz这一宽带范围内展现出DNG特征,这与电磁波情况是不同的,后者只限于单一频率(由于色散)。在这一频带内,相速

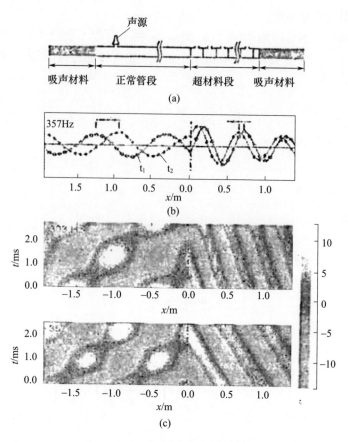

图 4.2 相关实验设置及其声压特性

(在超材料段($x>0$)的波路径为负斜率,意味着负的相速度。(源自于文献[2]))
(a)透射率和相速度测试用的实验设置;(b)测得的声压分布"快照",可以看出在超材料段($x>0$)存在波的反向传播;(c)频率为303和357Hz处测得的声压特性图。

度是负值,并且是强色散的。从实验结果中可以很明显地观察到,超材料一侧声波的传播方向是反向平行于能量流的。这也就证实了理论预测出的负相速度这一结果。由于边界处产生的反射波会带来一定的干涉效应,因此还可以注意到非金属管一侧的声波幅值和相速度与入射波的实际值是有所偏离的。在超材料一侧,不存在这种干涉效应,因为没有反射波。

图 4.3 中将理论结果和实验结果进行了比较。实验中获得的透射数据(插图)能够验证理论上预测出的单个负带隙的存在。在 DNG 和 DPS(双正)通带内,实验确定出的相速度与理论值也是相当吻合的。在 250~1500Hz 频率范围内,理论计算结果可以准确地描述相速度的行为特性。考虑到这一实验能够证

实负相速度这一理论预测,因此可以认为在440Hz以下的频率范围内,密度和体积模量实际上同时变成了负值。

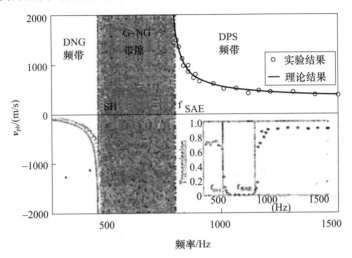

图4.3 所提出的声学DNG介质的透射率(插图)和相速度(源自于文献[2])

这里顺便提一下空间锚定弹性(spatially anchored elasticity)这一新颖的概念[16],它利用膜的匀质化结构来产生负的等效密度。由于膜使得流体在空间中被弹性锚定了,因此得到了这一名称。可以将这种新颖的弹性视为一种介质特性参量,根据下式即可刻画超材料介质的行为特性,即

$$\nabla p = -\kappa \xi \qquad (4.32)$$

式中:κ为这一新的弹性模量;ξ为流体介质的位移;p为流体中的声压。

4.8 人工弹性是一个全新的研究领域

如同上面的研究工作所展现出的,人们已经成功地制备出了具有负体积模量的超材料,从而验证了声波运动方程以及声场(粒子速度场和应力场)的对称性质。显然,此类研究工作将使得我们能够有意识地去调控一些关键参数,特别是对弹性模量(进而弹性常数)进行设计和调控。例如,在特定情况下可以根据下式,即

$$\text{体积模量} = \kappa = C_{44}(\text{拉梅常数}) \qquad (4.33)$$

来构造出所期望的弹性常数。

这也为人工弹性的实现奠定了基础,从而开辟了一个全新的研究领域。

参 考 文 献

[1] Cümmer, S. A., Schürig, D.: One path to acoustic cloaking. New J. Phys. 9, 45 (2007)
[2] Lee, S. H., Kim, C. K., Park, C. M., Seo, Y. M., Wang, Z. G.: Composite acoustic medium with simultaneously negative density and modulus, In: Proceedings of ICSV17, Cairo, Egypt (2010)
[3] Gan, W. S.: Gauge invariance approach to acoustic fields. In: Akiyama, I. (ed.) Acoustical Imaging, vol. 29, pp. 389 – 394. Springer, The Netherlands (2007)

第5章 人工压电性

本章摘要：本章首先将压电性作为二级相变的一个实例进行了阐述，并介绍了自发对称电极化和对称性自发破缺；然后讨论了带有负介电常数、负压电应变常数以及负压电应力常数的人工压电性问题，并给出了可用于人工压电性分析的修正的 Christoffel 方程；最后，本章还指出了人工压电性为人工二级相变的调控研究提供了更广阔的研究途径。

5.1 压 电 性

应当说，胡克定律没有完整地描述固体介质对应变的响应。对于一些特定的介质来说，当产生应变时，它们会形成电极化。这一效应一般称为正压电效应，实验中可以发现在产生应变后的介质表面会出现电荷的聚集现象。这种现象是线性的，当应变相反时极化方向也会改变。压电性与固体介质的微观结构是紧密关联的，尽管这是一个相当复杂的问题，不过仍然可以借助相当简单的原子模型来定性地加以解释。简单而言，当材料发生变形时，固体介质的原子（也包括原子内的电子）将会发生移位，所产生的位移会导致微观电偶极子的形成，在某些晶体结构中这些偶极矩组合起来后将可形成平均化的宏观矩或者说形成电极化。

一般而言，正压电效应总是会伴随有逆压电效应。所谓逆压电效应是指当固体介质放置于电场中时会产生应变。类似于正向效应，逆压电效应也是线性的，当所施加的电场反向时，压电应变也会相反。由于电场导致的压电应变总是会带来内应力，因而在胡克定律中必须将逆压电效应包含进来，也就是在方程中增加一个应力项，该项与电场成线性正比例关系。当然，这一与电场成线性正比例关系的应力仅在那些存在压电性的介质中出现。不过，还有另一种电场诱发的应力会在所有介质中存在，一般称之为电致伸缩应力，它是电场的二次函数。这种应力也来源于导致逆压电效应的微观机理，即当电场力作用于构成晶格的电离态原子上时，它会使得所有介质产生宏观应变（而不是导致产生压电应力）。

由于电致伸缩是一种二阶现象,因而在线性理论的小参量近似分析中是可以忽略不计的。与此不同的是,压电性会导致声场方程与麦克斯韦电磁场方程之间的线性耦合,这是需要考虑的。实际上,在磁性介质范畴内一般也可以观察到两种类似的效应。磁致伸缩效应存在于所有对称类型的介质中,可产生二次形式的磁致应力,而压磁效应则仅存在于特定的晶格对称类型中,且是线性形式的磁声耦合现象。这种固有压磁效应目前的实用意义不大。不过从技术层面来说,可以通过对特定类型的磁性材料施加一个直流偏置磁场(H)$_{dc}$和一个时变磁场信号(H)$_{signal}$来实现有用的线性磁声耦合行为。这种情况下,二次的或者说磁致伸缩效应将会带来应力项,它与那些线性依赖于所施加的信号场的项(如$(H_i)_{dc}$、$(H_j)_{signal}$)是成比例的。这一偏置磁场下的压磁效应是很强的,具有很多重要的应用。

可以说,压电效应和偏置条件下的压磁效应能够为几乎所有的声学场方面的实际应用问题提供物理层面的支撑,这是因为借助这些效应就能够有效地生成电场并对声学振动进行检测。为实现这一目的,一般需要设计电声转换装置或者换能器,这也就要求我们建立电磁场和声场之间耦合关系的数学模型。尽管这里似乎没有什么必要去考虑无耦合的电磁场(在非压电介质中)控制方程,不过为了更为清晰起见,我们仍然由此开始进行介绍。

只需做非常简单的符号变换,就能够将声场方程转换成一种非常接近于电磁学中的麦克斯韦方程的形式。应当说,这一变换过程反映的并不仅仅是数学对称性方面的魅力,其内涵要更为深刻。声学中人们最为关心的一些问题往往与电磁学中(特别是微波理论中)受到广泛关注的一些问题具有相同的本性,如均匀平面波传播、导波、周期波导、耦合模式以及共振子和滤波器等。显然,将声场方程以类似于麦克斯韦方程的形式来表示,就可以简化研究工作,只需将电磁学相关问题中已经出现的一些分析方法和技术措施直接移植到声学问题中即可。本章将首先建立电磁学和声学这两个方面的类比关系,然后通过对比电磁场和声场中的均匀平面波的基本特性,作进一步的阐述。继而,将在这些方程中引入负材料(介质)这一概念,并讨论它会给这些方程带来何种的改变。最后,还将把负材料应用到振动问题、传输线方法、共振理论及修正的 Christoffel 方程中。

5.2 压电本构关系

在固体介质内部,机械力一般是通过应力场分量 T_{ij} 来描述的,而机械形变则是通过应变场分量 S_{ij} 来刻画的。如果将所有场变量的平衡态定义为零状态,

那么可以将场方程表示为

$$\begin{cases} D_i = \varepsilon_{ij}^{\mathrm{T}} E_j + d_{ijk} T_{jk} \\ S_{ij} = d_{ijk} E_k + s_{ijkl}^{\mathrm{E}} T_{kl} \end{cases} \tag{5.1}$$

式中：D 为电位移；d 为压电应变常数；ε 为介电常数；s 为弹性顺度系数；S 为应变；E 为外加电场强度；T 为应力。上标 T 和 E 分别表明了对应的常数（介电常数和弹性顺度系数）是在常应力条件和常电场条件下的取值。这是因为在压电固体介质中电场和声场之间存在着耦合行为，于是电学特性的测试是依赖于施加到介质上的机械作用情况的；反之亦然。

此外，对于负的压电介质来说，介电常数 ε 应替换为 $-\varepsilon$。

5.3 声场方程与麦克斯韦方程的耦合

电磁场方程一般可以表示为

$$\nabla \times \boldsymbol{E} = \frac{\partial \boldsymbol{B}}{\partial t} \tag{5.2}$$

$$\nabla \times \boldsymbol{H} = \frac{\partial \boldsymbol{D}}{\partial t} + \boldsymbol{J}_{\mathrm{c}} + \boldsymbol{J}_{\mathrm{s}} \tag{5.3}$$

显然，这些方程与以下的声场方程是具有很强相似性的，即

$$\nabla \cdot \boldsymbol{T} = \frac{\partial p}{\partial t} - F \tag{5.4}$$

$$\nabla_{\mathrm{s}} \boldsymbol{v} = \frac{\partial \boldsymbol{S}}{\partial t} \tag{5.5}$$

对于非压电型的介质而言，人们已经发现了上面这两组方程的平面波解存在着很多的共同点。最主要的差异在于，电磁场方程组有两个平面波解，而声场方程组则具有 3 个平面波解。在非压电性介质场合中，电磁场方程和声场方程的解彼此之间是完全独立的。然而，在压电性介质中，它们却会通过以下压电应变方程产生耦合，即

$$\boldsymbol{D} = \boldsymbol{\varepsilon}^{\mathrm{T}} \cdot \boldsymbol{E} + \boldsymbol{D} : \boldsymbol{T} \tag{5.6}$$

$$\boldsymbol{S} = \boldsymbol{d} \cdot \boldsymbol{E} + \boldsymbol{s}^{\mathrm{E}} : \boldsymbol{T} \tag{5.7}$$

或者也可以通过以下压电应力方程耦合起来，即

$$\boldsymbol{D} = \boldsymbol{\varepsilon}^{\mathrm{S}} \cdot \boldsymbol{E} + \boldsymbol{e} : \boldsymbol{S} \tag{5.8}$$

$$\boldsymbol{T} = -\boldsymbol{e} \cdot \boldsymbol{E} + \boldsymbol{c}^{\mathrm{E}} : \boldsymbol{S} \tag{5.9}$$

于是，压电固体介质中的平面波解将是耦合型的电磁-声波解。由于耦合前的方程组总共具有5个平面波解（两个电磁波解和3个声波解），因而耦合后的解将表现为这5个波动成分的耦合形式。当考虑的是负的压电介质时，还需要将介电常数 ε 替换为 $-\varepsilon$。负的压电介质一般可以借助声学超材料来实现，由此也就对应了所谓的人工压电性。

5.4 针对压电效应的修正的 Christoffel 方程

人们已经注意到，与准静态电场的影响相比而言，对于无限介质来说，电磁场和声场的均匀平面波之间的压电耦合效应是完全可以忽略不计的。因此，如果在耦合的声场-电磁场方程组中忽略 E 的旋转或电磁部分，是不会带来明显误差的。这也就是所谓的准静态近似，它极大地简化了相关的分析过程。事实上，从耦合方程组中移去 $E^{(r)}$ 中的所有项，将得到以下简化方程组（只包含两个方程），即

$$\nabla \cdot c^{\mathrm{E}} : \nabla_{\mathrm{s}} \boldsymbol{v} - \rho \frac{\partial^2}{\partial t^2} \boldsymbol{v} = -\nabla \cdot \left(\boldsymbol{e} \cdot \frac{\partial \nabla \Phi}{\partial t} \right) \tag{5.10}$$

$$0 = -\mu_0 \nabla \cdot \left(\boldsymbol{\varepsilon}^{\mathrm{S}} \cdot \frac{\partial^2}{\partial t^2} \nabla \phi \right) + \mu_0 \nabla \cdot \left(\boldsymbol{e} : \nabla_{\mathrm{s}} \frac{\partial \boldsymbol{v}}{\partial t} \right) \tag{5.11}$$

这组方程所给出的平面波解的传播速度与声速是相当的。在准静态近似下，准电磁波可以视为纯电磁波。

进一步，还可以将方程式(5.10)和式(5.11)转换成矩阵形式，即

$$\nabla_{iK} c_{KL}^{\mathrm{E}} \nabla_{Lj} v_j - \rho \frac{\partial^2}{\partial t^2} v_i = -\nabla_{iK} e_{Kj} \nabla_j \frac{\partial \Phi}{\partial t} \tag{5.12}$$

方程式(5.12)并不限于均匀平面波，可以适用于更为一般的问题。对于平面波解的情况（与复数波函数（$\omega t - k\hat{\boldsymbol{l}} \cdot \boldsymbol{r}$）成比例，其中的 $\hat{\boldsymbol{l}}$ 为传播方向上的单位矢量），这组方程还可以做进一步简化。首先可以导得

$$-k(l_{iK} c_{KL}^{\mathrm{E}} l_{Lj}) v_j + \rho \omega^2 v_i = \mathrm{i}\omega k^2 (l_{iK} e_{Kj} l_j) \Phi \tag{5.13}$$

$$\omega^2 k^2 (l_i \varepsilon_{ij}^{\mathrm{S}} l_j) \Phi = -\mathrm{i}\omega k^2 (l_i e_{iL} l_{Lj}) \boldsymbol{v}_j \tag{5.14}$$

在方程式(5.14)的左端，乘以 Φ 的因子是一个标量，将它除掉即可得到以粒子速度形式表示的势，即

$$\Phi = \frac{1}{\mathrm{i}\omega} \left(\frac{l_i}{l_i \varepsilon_{ij}^{\mathrm{S}} l_j} e_{iL} l_{Lj} \right) v_j \tag{5.15}$$

将式(5.15)代入到方程式(5.13)中,并重新整理之后,可以得到

$$k^2 \left(l_{iK} \left[c_{KL}^E + \frac{(e_{Kj}l_j)(l_i e_{iL})}{l_i \varepsilon_{ij}^S l_j} \right] l_{Lj} \right) v_j = \rho \omega^2 v_i \tag{5.16}$$

式(5.16)的形式与 Christoffel 方程是完全一致的,只是需要将 c_{KL} 替换成式(5.16)中括号内的项,即 $\left\{ c_{KL}^E + \frac{(e_{Kj}l_j)(l_i e_{iL})}{l_i \varepsilon_{ij}^S l_j} \right\}$,这一项也称为压电增强的弹性常数。

值得注意的是,对于负的压电性,在将 c_{KL}^E、e_{Kj}、e_{iL} 及 ε_{ij}^S 替换成负值之后,压电增强的弹性常数也将是负值。

5.5 超材料在声学谐振器中的应用

实际的声学谐振器具有很多不同的形式,而不是最基本的平面波换能器的薄板几何形式。这里的重点是考察自由共振模态的固有频率分析方法以及等效电路分析方法(针对受迫共振的输入电阻抗或导纳),主要借助的是模态分析手段。对于无损耗的谐振器来说,自由模态是无阻尼自由振动,一般是通过一组固有频率 ω_v 和弹性位移场分布 $\boldsymbol{u}_v$ 来描述的。与此对应地,在受激励的波导分析中,谐振器的受迫响应一般是由若干个模态响应的叠加形式来刻画的。

下面利用传输线模型来阐述谐振器分析的一般原理。这个模型主要描述的是各向同性介质内的平面声波的传播过程,同时也类似于张紧绳上的波传播过程。此处首先来推导模态正交关系和模态激励公式。首先,可以将传输线方程简化成一对关于 I 和 V 的波动方程,即

$$\frac{\partial^2}{\partial z^2} I = -\omega^2 LCI \tag{5.17}$$

$$\frac{\partial^2}{\partial z^2} V = -\omega^2 LCV \tag{5.18}$$

方程式(5.17)具有倒易关系,不妨设有两个频率分别为 ω_1 和 ω_2 的解,首先代入第一个解,然后乘以第二个解,将下标交换即可得到一个对应的表达式,进而从前一个方程中减去该表达式,就得到

$$I_2 \left(\frac{\partial^2}{\partial z^2} I_1 + LC\omega_1^2 I_1 \right) - \left(\frac{\partial^2}{\partial z^2} I_2 + LC\omega_2^2 I_2 \right) = 0 \tag{5.19}$$

借助以下的恒等式,即

$$\frac{\partial}{\partial z} \left(A \frac{\partial}{\partial z} B \right) = A \frac{\partial^2}{\partial z^2} B + \frac{\partial A}{\partial z} \frac{\partial B}{\partial z} \tag{5.20}$$

方程式(5.19)就可以简化成

$$\frac{\partial}{\partial z}\left(I_2\frac{\partial I_1}{\partial z}-I_1\frac{\partial I_2}{\partial z}\right)=LC(\omega_2^2-\omega_1^2)I_1I_2 \tag{5.21}$$

显然,这就体现出了倒易关系。从方程式(5.18)也可导出类似的关系式。

通过在谐振器长度上对式(5.21)进行积分,就可以获得传输线谐振器的模态正交关系。为方便起见,此处将下标1和2换成了模态下标μ和v。由于是开路电学边界条件,因而左端应为零,而对于右端则有

$$\int_0^l I_\mu I_v \mathrm{d}z = 0, \quad \omega_\mu^2 \neq \omega_v^2 \tag{5.22}$$

通过考察式(5.21)的电压形式,也可以获得类似的关于电压的模态正交关系。

从式(5.21)还可以导得模态激励公式和输入阻抗的表达式。不妨假定解"1"是频率为ω的受迫解,它可以表示为开路模态的求和形式,即

$$I_1 \equiv I(z) = \sum_\mu a_\mu I_\mu(z) \tag{5.23}$$

其中,

$$I_\mu = \sin\left(\frac{\pi\mu}{l}z\right)$$

此外,假定解"2"是频率为ω_v的自由模态,代入式(5.21)并在谐振器长度上积分之后可以得到

$$I_s\frac{\pi v}{l} = LC(\omega_v^2-\omega^2)\sum_\mu a_\mu\int_0^l I_\mu I_v \mathrm{d}z$$

式中:I_s为驱动电流。

根据式(5.22)可知,上式中的求和只有第v项是非零时,于是第v个模态的幅值就是$a_v=\dfrac{K_v I_s}{\omega_v^2-\omega^2}$,其中的$K_v=\dfrac{1}{LC}\dfrac{\pi v}{l}\dfrac{2}{l}$,$v$为任意值。将这一结果代入式(5.23),可进一步得到

$$I(z) = I_s\sum_\mu\frac{K_\mu\left[\sin\left(\frac{\pi\mu}{l}\right)z\right]}{(\omega_v^2-\omega^2)} \tag{5.24}$$

为了确定谐振器的输入阻抗Z_r,可以从式(5.24)和传输线方程($\partial I/\partial z = -\mathrm{i}\omega LCV$)导出谐振器的输入电压,进而也就得到了阻抗,即$I_s$上的$V(0)$,有

$$Z_r = -\frac{1}{i\omega C}\sum_\mu K_\mu \frac{\left(\frac{\pi\mu}{l}\right)}{(\omega_\mu^2 - \omega^2)} \quad (5.25)$$

为使得模型更加实际,可以通过串联电容器来对声学谐振器(传输线谐振器)进行激励。此时的输入阻抗为

$$Z_{IN} = \frac{1}{i\omega C_s} + Z_r = \frac{1}{i\omega C_s} + \frac{2}{i\omega Cl}\sum_\mu \omega_\mu^2(\omega^2 - \omega_\mu^2) \quad (5.26)$$

还可构建一个等效的电路描述,只需注意到简单的并联 LC 谐振电路的阻抗可以简化成

$$Z_{LC} = \frac{1}{i\omega C_p}\frac{\omega^2}{(\omega^2 - \omega_r^2)} \quad (5.27)$$

其中,

$$\omega_r = (L_p C_p)^{-1/2} \quad (5.28)$$

式(5.28)给出了声学谐振器的谐振频率。利用声场方程和电学传输线方程之间的类比关系,此处的 L 等价于质量密度,C 等价于弹性顺度常数。于是,声学谐振器的谐振频率也就应当为

$$\omega_r = \left(\frac{\rho}{c_{JJ}}\right)^{-1/2} \quad (5.29)$$

对于超材料制备而成的具有负质量密度和负弹性常数的声学谐振器,式(5.29)的形式是不变的,或者说该式具有形式不变性,此时的谐振频率同样可以由此进行计算。

5.6 超材料在声波导上的应用

双负材料(DNG)能够用于调控波的散射行为,从而可以获得新的散射形式,同时也丰富了散射理论。实际上,如果将双负材料作为声波导的基础层,那么可以改善传播的指向性,并能优化远场辐射。Wu 等[1]曾将超材料用来作为天线基板,用于改进电磁波的增益。他们的这一思想也可以拓展到声波领域之中。这些研究人员分析了辐射问题,并对远场辐射进行了仿真,计算了电场和辐射功率。通过采用特定的金属介电体嵌入物,他们对 ε 和 μ 进行了调控,从而实现了最优的辐射特性。

对于两种各向异性介质(具有不同的宇称,一种为 +1,即标准的双正材料(DPS);另一种为 -1,即左手材料(DNG))的分界面上的准纵波(平面声波),为

了计算其散射行为,首先应当注意到 Auld[2] 已经考察过两种宇称均为 +1 的情形,在此基础上可以将其拓展到此处的情况,这就要求我们去考察两种介质分界面处的散射行为。在这种情况下,会出现关于新的反射系数、新的折射系数、新的透射系数以及新的散射系数的方程,对于具有不同偏振方向的 SV 波和 P 波均是如此。一般来说,这里需要针对这种具有不同宇称的情况来推导出用于各向异性固体的 Fresnel 方程。值得指出的是,分界面处的反射凋落波和透射凋落波的行为分析也是非常令人感兴趣的。

DNG 材料中的新散射现象可以通过带有双负或双正超材料的声学谐振腔、声波导、散射体和天线等实例来揭示。当将超材料与其他材料(至少存在一个符号相反的本构参数)组合在一起时,往往会发现一些非同寻常的声学特性。例如,如果将 DNG 材料和 DPS 层组合起来,就会获得非常有趣的波传播特性,这些特性在其他材料组合形式下可能是不存在的。

当两种介质至少有一个特性参数的符号相反时,它们所构成的分界面上所表现出的异常行为是最令人感兴趣的,利用声场方程可以列出切向应力场和粒子速度场分量的连续性条件式,而对于这些切向分量的法向导数则并不一定需要保证连续。事实上,如果 ρ_1 和 ρ_2 或者 κ_1 和 κ_2 是符号相反的,那么分界面两侧的切向物理场的导数也将具有相反的符号。切向分量在分界面处的这一不连续性可能会导致界面处的共振现象,有点类似于 LC 电路共振中电感与电容连接处的电流和电压分布情形。对于带有超材料的元器件中的波的相互作用来说,这一特征能够带来一些有趣的特性。

此外值得注意的是,上述的这种分界面处的共振现象是与两个介质层的总厚度没有关系的,原因在于该现象只来自于这组共轭材料的不连续性,其机理可以借助等效电路方法很好地描述。此类共振特性一般出现在由前述介质构成的亚波长结构中,并且它们为声学腔、声波导、散射体、声学天线及声透镜等的研究提供了新的思路。

利用这种集中于分界面处的共振现象,可以更好地去设计薄的亚波长声学谐振腔与平板型声波导(包含一层 DNG 材料和一层 DPS 材料)。借助 DNG 板所具有的相速度和群速度(坡印廷矢量方向)的反向平行特性,还有可能在电学平行薄板结构(包含上述双层结构)中激发出共振模态,这也是宇称为 -1 的材料所带来的好处。

5.7 作为二级相变的压电效应

压电效应体现的是机械能与电能这两种相之间的转换过程,其中涉及自发的电极化行为。当然,由于会越过相变温度且会打破自发的对称性,因而介质内部会表现出平行于偶极矩的有序排列,从而变得更为有序。这些都是二级相变的基本要素。事实上,超导、超流体、磁化、湍流以及声光效应等都属于二级相变过程。

下面通过湍流过程来详细介绍二级相变的含义。2009年,Gan[3]提出将层流到湍流的转变视为一种对称性自发破缺的二级相变过程。后来这一假设也得到了Goldenfeld所在团队实验工作[4]的支持,他们的研究表明湍流具有与磁化相同的行为特征,所给出的实验证据指出湍流非常类似于粗糙管道摩擦因数测量分析中所出现的临界现象。通过实验他们发现从两个方面可以证实湍流是类似于二级相变过程的(如铁磁性介质的磁化过程)。一方面是实验验证了相关函数的幂律标度特征,这类似于很多长度尺度上伴随有临界现象的幂律波动过程,例如在铁磁体的临界点附近就是如此(也是一个二级相变过程);另一方面是数据坍塌现象或者说Widom标度[5]。例如,在铁磁体中,依赖于外部场和温度的状态方程是可以通过单个简化变量来表达的,Nikuradze[6]于1932年和1933年的实验工作证实了这一点,并指出了数据坍塌现象。Goldenfeld的工作[4]提出,可以认为湍流特征源自于零粗糙度和无限大雷诺数处的奇异性。这种奇异性主要出现在二级相变过程,类似于铁磁材料冷却到居里温度以下将恢复磁性这一过程。该理论预测指出,流体速度的小幅波动(湍流的一个特征)与摩擦因数有关,如果对数据进行特殊处理,即把Nikuradze在不同粗糙度条件下得到的曲线处理为一条单一曲线,就可以验证这一结果。根据Goldenfeld[4]的研究已经认识到,湍流中漩涡的形成有可能与磁化行为中的有序排列现象是相似的。实际上,流体通过管道时速度的增大与磁体情况下的温度上升是类似的过程,因而漩涡也就类似于原子簇。根据所得到的结果Goldenfeld[4]认为,相变问题的分析思路将可为湍流行为的深入理解提供一种新的途径,不仅如此,宏观层面的湍流分析也可为考察其他微观层面的相变过程提供参考。例如,当观察河流、瀑布和烟雾中的漩涡时,就可以类比地去想象实际上我们是在观察熔融过程中分子的行为,或者说是在观察磁体软化过程中磁性是如何逐渐退化的。当前湍流研究中大多采用了统计物理和规范理论这两种比较成熟的方法。统计物理方法是由Landau[7]于1937年首先采用的,主要用于考察二级相变相关的现象,其中也采用了序参数和对称性自发破缺(SSB)这些概念。规范理论包括很多内容,如粒子物理的标准模型、Yang–Mills理论、量子色动力学以及广义相对论等。麦克斯韦方程应当算是最早的规范理论了,而对称性自发破缺则是规范理论的一个性质。规范理论要比混沌理论更为先进,后者有时也被用于描述湍流行为。事实上,规范理论的魅力就在于它既可以用于经典范畴也可以用于量子领域。

关于二级相变的 Landau 理论[7]是基于现象学的,借助统计物理和规范理论也可将其拓展为更加严谨的方法,一般需要引入 Gross–Pitaevskii 方程或非线性薛定谔方程(NLSE)。实际上,人们已经提出可以将湍流视为分子对的凝聚体,这一认识也得到了 Gregory Falkovitch 教授所领导团队的研究支持[8],他们指出:"在流体中,凝聚体是系统尺度的漩涡或带状剪切流,凝聚体角度的湍流与量子系统具有很多相同的特性,都会呈现出涨落性和相干性。"这种紧密的关联性可能在非线性薛定谔(Gross–Pitaevskill)方程中能够体现得更为生动。文献[6]中在考察湍流时,利用了 Gross–Pitaeskii 模型,并通过从小尺度开始的反向串级过程构建了相干凝聚态。凝聚体的发展将会导致凝聚体涨落上的统计对称性自发破缺。这些研究者通过单参数(凝聚水平)的变化,对湍流状态中的对称性自发改变现象进行了描述,现在一般称之为凝聚体波函数。后来的计算机仿真研究工作也对他们的结果提供了支持。在该研究中,湍流被视为 Bose Einstein 凝聚体的经典类似物,这主要是考虑到 Gross–Pitaevskii 方程也已经被用于 Bose Einstein 凝聚体的描述之中。人们已经认识到,Bose Einstein 凝聚体(如超流体)是一种二级相变现象,这反过来也支持了湍流是二级相变过程的这一理解。关于二级相变的 Landau 理论[7](采用了序参数)是基于现象学的,是一种平均场理论。该理论要求满足以下一些条件:①自由能必须是解析函数;②必须与导致哈密尔顿量的对称性的具体机制无关。在描述对称性自发破缺时 Landau 还引入了序参数。这一理论的不足在于,它需要假定序参数系数,不能刻画临界点的波动(在某个温度范围内),因为它是平均场理论。Landau[7]最早指出了第二类相变与系统对称性变化之间所存在的一般关系。根据该二级相变理论,热力学势或者说 Landau 自由能函数 Φ 可以表示成一个关于序参数 η 的幂级数形式,即

$$\Phi(p,T,\eta) = \alpha(p,T)\eta + A(p,T)\eta^2 + B(p,T)\eta^3 + C(p,T)\eta^4 + \cdots \quad (5.30)$$

对于温度高于临界值且无凝聚发生的系统,Landau 自由能函数等价于哈密尔顿函数。当温度处于或低于临界温度时,会出现凝聚现象并导致 Landau 自由能基态的简并和对称性自发破缺。Landau[7]观察到,在相变过程中当逐渐冷却并通过相变温度时,系统会变得更为有序,由此他进一步提出可以通过一个场参数(即序参数)来评价系统的有序性。

目前已经有两个研究团队的工作明确证实了湍流是一种二级相变现象。第一个团队是 Illinois 大学的 Nigel Goldenfeld[4]所领导的,Goldenfeld 教授研究指出,湍流状态实际上并不是随机性的,不过其中会包含巧妙的随机协调性。事实上,在二级相变中人们也已经认识到了类似的现象,如晶体内磁性的诱发就是如此。当原子团受到彼此间的磁力作用而形成整齐的排列时,金属材料就会发生

磁化,这些原子团的磁力矩位于同一方向上,就像大量的微小箭头组合起来之后形成了一个大的箭头那样。如果将它们加热使其温度上升,那么这些箭头就会抖动,随着温度的升高,这种抖动会越来越显著,当温度非常高时,这些箭头的指向就变成随机的了。然而要注意的是,这里会存在一个中间的居里温度,在这一温度时各个原子之间仍然会感受到彼此的磁性作用并形成有序的原子簇,不过每个原子簇的指向却是随机的。根据 Goldenfeld 的研究[4],可以认为漩涡的形成也可能是一种类似的现象。如果把磁体情况下的温度上升类比成管道内的流体运动情况下的速度增大,那么漩涡也就与原子簇的情况是完全相似的了。第二个团队是魏茨曼科学研究院的 Gregory Falkovitch[8]所领导的,他们在湍流研究中采用了 Gross-Pitaevskii 方程,并通过源于小尺度的反向串级过程深入考察了相干凝聚体的形成机制,指出了凝聚体的发展会导致在凝聚体涨落上出现统计对称性自发破缺。这也就表明了湍流状态与二级相变情况(如超导性)是存在诸多共同特性的。

二维湍流中凝聚现象及其内涵[4]很好地反映了源于小尺度涨落而形成的大尺度相干性自组织行为。这一过程是通过所谓的反向串级机制来实现的。在该机制中,小尺度上的随机力馈入到二维流体中的能量会借助非线性耦合传递到更大的尺度上,这种非线性耦合是指纳维斯托克斯方程中不同运动尺度之间的耦合行为。当这一反向串级过程达到了系统的尺度,那么反向串级过程携带的能量也就会在最大的尺度上积聚起来,进而自发地形成大尺度的相干涡结构。凝聚过程就是自组织的,在自组织过程中,由于初始的无序系统中各成分之间的局部相互作用,最终会导致形成某些形式的整体有序性或协调性。这一过程是自发性的,不会受到系统内外的影响或控制。当然,该过程所遵循的规则以及过程的初始状态仍然是由某些初始事件决定的。通常来说,这一过程是由随机涨落(被正反馈所放大)所诱发的,最终所达到的自组织状态将分布于所有的系统成分。自组织方面的典型实例包括结晶化、磁化和超导化等,其中都会出现对称性自发破缺。与超导体中的电子对的作用类似,分子间的相互作用是决定湍流状态的主要因素。关于水分子配对这一假设,目前有两个理由可以提供支撑:一是为了简化分析起见,Gross-Pitaevskii 方程假定了凝聚体粒子之间的相互作用是二体接触这一类型;二是为了体现出 Bose Einstein 凝聚现象,费米子必须配对成复合粒子(如分子或库珀对),即玻色子。为了更好地理解湍流现象,有必要深入认识详细的配对机制。在湍流情况中,流体凝聚形成了分子对的有序排列,这种配对机制是一种特殊形式的非线性相互作用,类似于库珀对的形成机制,后者是一种电子与电子之间相互作用的特殊形式。由于分子对的吸引力,自由能将会降低到基态并发生凝聚,从而导致哈密尔顿量基态的对称性自发破缺。于是,配对势也就提供了拆开分子对的力。利用泵浦技术可以提高凝聚水平,从而实现临界点处的湍流状态。随着凝聚体的生长,将会出现对称性的破缺。输入系统的泵浦能量越多,系统也将变得越有序。分子对是分子整齐排列的一种特殊形态,其配对强度一般可以借助熵来计算和表示。分子间的非线性相互作用决定了配对情况,控制参数是凝聚水平。凝聚体是系统尺度的涡结构。反向串级过程在形成具有空间相干性的谱凝聚模式之后也就宣告结束,在整个空间中都可以采用相同的凝聚体波函数来分析。一般地,分子对在达到一个平衡点时发生凝聚,随着凝聚过程的进行,统计对称性自发破缺也将随之出现。从层流到湍流的转变过程中,分子分布模式会发生改变,这正是对称性自发破缺的主要原因。所谓的配对,实际上就是分子分布的一种形式,此处的凝聚体波函数就是Landau 的序参数。显然,分子对的数量是极其巨大的,它们的分布一般需要借助 Boltzmann 分布来描述。

可以说,湍流是一种二级相变现象这一假设,目前已经得到了 Goldenfeld[4]和 Falkovitch[8] 所领导的科研团队的证实。考虑到 Landau 的二级相变理论[7]是唯象的平均场理论,目前人们正在针对湍流行为构建相应的微观理论。人们已经认识到超导性是一种 Bose Einstein 凝聚现象,其机理在于电子之间的相互作用,即电子间的库珀配对。基于这一点,在理解湍流行为时也可以进行类比考虑,即它是水分子的配对形成的相干凝聚现象,而水分子配对也正是分子之间的相互作用机制。从湍流情况下的凝聚体自由能分析可以发现,在凝聚体自由能基态处会出现对称性自发破缺,进而在一定温度范围内出现的临界点涨落起伏也可得到解释。到目前为止,人们已经从凝聚体角度很好地理解了湍流现象,实际上 Vladimirova 等[8]也证实了湍流确实是一种凝聚现象,在他们的分析中也借助了 Bose Einstein 凝聚分析中所采用的 Gross – Pitaevskii 方程。

根据上述的二级相变分析,也就不难得到压电性的临界温度了,该临界温度对应于自发的偶极矩平行排列和自发的电极化行为。

5.8　人工压电性

对于超材料来说,如果将其设计成具有负的压电应变常数和负的介电常数,就可以用来作为人工压电材料了。借助这种材料,就可以更好地调控压电特性。

5.9　人工压电性的制备

为了实现人工压电材料的制备,只需将负弹性材料制备过程中的材料进行替换,也就是用压电材料来替换负弹性材料所采用的谐振单元的材料。

首先来考察开口环谐振器,图 5.1 给出了一个示例。这种开口环谐振器(SRR)是在 2004 年被引入到声学超材料研究中的[7]。在更早期的研究中,SRR则是用来制备具有负特性的电磁超材料的,在此基础上后来的声学超材料研究中也将其作为一个参考范例。关于人工构造的 SRR 的频率带隙特性分析,这一方面的工作是与声子晶体的研究同步进行的。事实上,SRR 的带隙特性与声子晶体的带隙特性有着密切联系[7]。

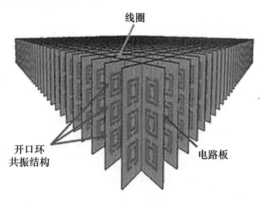

图 5.1 安装在玻璃纤维电路板联锁片上的铜制开口环共振结构和导线(开口环共振结构是由一个侧边带开口的内方框置入到另一侧边带开口的外方框中所构成的,它们放置于方格网的前面和右面,而单根垂向导线位于后面和左面[10])(见彩图)

频率带隙特性一般与局域共振单元在特定频率范围内的行为有关,在声学超材料中内置了大量的局域共振单元,它们在各自所在的局部区域内可以形成共振,并能够发生彼此间的相互作用,如声学超材料中的这些局域共振单元可以是由 1cm 直径的橡胶球和周围包覆的液体构成。带隙频率值一般可以通过控制材料尺寸和类型以及共振单元的组合方式等手段来加以调控。借助此类超材料,就可以实现声波信号的隔离和反平面剪切波的衰减等一系列功能。不仅如此,如果将这些波调控特性拓展到更大的尺度和场合,那么还有可能用于地震波防护等[7],相关内容可以参阅后面的地震超材料章节。以往研究中已经发现,借助内部有序排列的超材料可以设计出电磁波或弹性波场合中的滤波器或偏振器等装置[7]。类似于光子超材料和电磁超材料的制备,声子超材料也是内部带有局域单元的结构,这些单元的质量密度和体积模量分别相当于介电常数和磁导率参数。实际上,声子超材料也可称为声子晶体,这些晶体结构通常带有一个固体铅芯和一个较软的硅胶包覆层[8]。正是由于这种带有软包覆层的硬球结构形式,声子晶体才具备了内置的局域共振模式,由此也才产生了几乎平直的色散曲线。在文献[7]中已经针对带包覆层的球这种局域共振单元,详细分析了低频带隙和局域的波相互作用情况。类似的方法也可用于调节带隙特性,当然也可以用于构建新的低频带隙,不仅如此,它们对于设计低频声子晶体波导(无线电频率)也是适用的。在该文献中还采用 SRR 的双周期方形阵列阐述了相关的分析方法。

声学中的开口环谐振器概念是对 Movchan 和 Guenneau[9]所给出的创意的延伸。这些研究人员将开口环谐振器引入到电磁波分析中,在他们给出的开口环谐振器中,由于局域共振效应的存在,使得负磁导率变成了可能。此外,他们还指出了由非磁性导电片制备而成的微结构可以表现出可调节的等效磁导率,并且可以获得自然材料所不具备的参数值,如磁导率的虚部可以非常大。这里所谓的微结构是指其尺度远小于辐射波长,一般是采用极低密度的金属制备而成,因此这些结构是非常轻的。大多数这样的结构是共振型的,原因在于内部的电容和电感,并且共振增强效应与极小体积内电能集中将会使得结构中的关键位置具有极高的能量密度,通常很容易增强到百万倍甚至更高。在这些关键位置处放置一些弱非线性材料,就会显著改进功能特性,进而使得主动式结构(这些主动式结构的特性一般可以在诸多状态之间做任意切换)的制备以及负磁导率的生成变得更为可能。通过把他们给出的开口环谐振器概念拓展到声波问题中,在局域共振效应的基础上,完全有可能制备出负的体积模量和负的质量密度。

进一步,开口环谐振器还可以延伸到压电性问题中,只需将原来的谐振器单元中的材料(如铜介质)替换成压电材料即可。此时的局域共振效应将会诱发产生负的介电常数与负的压电应变常数。

参 考 文 献

[1] Wu, B. I., Wang, W., Pacheco, J., Chen, X., Grzegorczyk, T., Kong, J. A.: A study of using metamaterial as antenna substrate to enhance gain. In: Progress in Electromagnetics Research, PIER51, 295 – 328, (2005)

[2] Auld, B. A.: Acoustic Fields and Waves in Solids, vol. I and II, pp. 1 – 220. Robert E. Drieger Publishing Company, Malabar, Florida, USA (1990)

[3] Gan, W. S.: Application of spontaneous symmetry breaking to turbulence. In: Proceedings of ICSV16, Krakow, Poland, 5 – 9 July 2009

[4] Goldenfeld, N.: Roughness – induced critical phenomena in a turbulent flow. Phys. Rev. Lett. 96, 04450 (2006)

[5] Widom, B.: Equation of state in the neighborhood of the critical point. J. Chem. Phys. 43, 3898 (1965)

[6] Nikuradze, J.: VDI Forschungsheft (Springer – VD), Verlag, Berlin (1933), vol. 361; English translation available as National Advisory Committee for Aeronautics Report No. 1292, 1950 (unpublished); online at ht-

tp://hdlhandlenet/2060/19930093938
[7] Landau, L. D. : Phys. Z. Sowjetunion. 11 (26), pp. 545 (1937), in German; English translation in Collected Papers on Landau, L. D. , ter Haar, D. (ed.) , pp. 193 (1967)
[8] Vladimirova, N. , Derevyanko, S. , Falkovich, G. : Phase transitions in wave turbulence. Phys. Rev. E 85, 010101 − 010104 (2012)
[9] Movchan, A. B. , Guenneau, S. : Split − ring resonators and localized modes. Phys. Rev. B 70 (12), 125116 (2004)
[10] Smith, D. R. , Padilla, W. J. , Vier, D. C. , Nemat − Nasser, S. C. , Schultz, S. : Composite medium with simultaneously negative permeability and permittivity. Phys. Rev. Lett. 84 (18), 4184 − 4187 (2000)

第6章 声学二极管

本章摘要：声学二极管是超材料在非线性声学领域中的一个应用实例，主要是通过引入一种非线性介质来打破时间反转对称性，这种非线性介质是一种非线性的声子晶体。声学二极管在声学成像问题中具有潜在的应用前景，如在医学成像领域，就可以借助声学二极管概念来消除由同时在两个方向上传播的声波及其相互之间的干涉所导致的声扰动问题，由此就能够有效而精准地控制输出声波的传播方向，从而可以获得更为清晰的医学影像。

6.1 基于超材料的非线性声学

6.1.1 基本原理

这里首先对基于超材料的非线性声学做一介绍。此处所讨论的超材料是指非线性声子晶体结构，它也是一种能够形成频率带隙的超材料形式。我们所考察的这种超材料是由硅弹性体或聚四氟乙烯基体与内置其中的颗粒链构成的，主要分析这种强非线性声子晶体结构的波动力学特性。分析中必须采用强非线性孤立波的波动方程[1]，它要比弱非线性 KdV 方程更具一般性，即

$$u_{tt} = -c^2 \left\{ (-u_x)^{3/2} + \frac{a^2}{10} [(-u_x)^{1/4}((-u_x)^{5/4})_{xx}] \right\} \quad (6.1)$$

式中：$-u_x > 0$，$c^2 = \dfrac{2E}{\pi\rho_0(1-v^2)}$，$c_0 = (3/2)^{1/2} c \xi_0^{1/4}$。

式(6.1)中出现的 c 不是一般的声速，而是与初始应变 ξ_0 对应的声速。这个方程没有与幅值无关的特征波速。虽然该方程比较复杂，但是它却存在着简单的稳态解，并具有一些独特的性质。当系统以速度 v_p 运动时，它的周期解可以通过一系列峰（$\xi_0 = 0$）来表达[2]，即

$$\xi = \left(\frac{5v_p^2}{4c^2}\right)^2 \cos^4\left(\frac{\sqrt{10}}{5a}x\right) \quad (6.2)$$

孤立波形状可以视为周期解的一个峰（只包含两个谐波），其长度等于 5 个

粒子直径。在数值计算中人们已经发现了这种波形,同时在实验中也得到了验证[3]。可以将孤立波看成一种准粒子,其质量大约等于 1.4 倍的粒子质量,其速度 v_s 与最大应变 ξ_m 或最大粒子速度 v_m 成非线性关系,即

$$v_s = \left(\frac{4}{5}\right)^{1/2} c\xi_m^{1/4} = \left(\frac{16}{25}\right)^{1/5} c^{4/5} v_m^{1/5} \tag{6.3}$$

式(6.3)表明,如果幅值很小,那么孤立波的速度可以趋于无限小。这就意味着,如果将该材料作为非线性可调声子晶体(NTPC)的基体,就可以获得组分之间极大的弹性差异,这对于实现带隙来说是非常重要的。此外,由于孤立波速度表达式中带有小指数的幂函数型依赖关系,因而在任何相对较小的幅值区间内都可以将其视为一个常数。显然,上述这些特性均使得对应的 NTPC 可以用于设计优良的延迟线,它们能够具有极低的信号传播速度。

Daraio 等[1]还进行了一项一维实验测试工作,他们将不锈钢珠链置入聚四氟乙烯或硅弹性体基体中,观测到一种令人惊讶的"声真空"现象,即初始脉冲在与孤立子宽度相当的距离上非常迅速的分解了。这一研究也揭示了对于带有弱耗散的强非线性周期系统(晶格),短时冲击会导致一系列孤立波的生成,而不是直观上所认为的冲击波。强非线性声子晶体的这一特性可以用来控制相对较短的传输线中的脉冲转换。如果粒子链放入的是聚合物基体,那么除了非线性弹性行为外,还会存在电阻率与局部压力的强相关性[3]。Nesterenko 等[4]也针对两种强非线性颗粒介质的分界面进行了实验研究,其中引入了磁致预压缩,从而实现了反射率的较大变化。实验中和数值计算中都检测到了异常的反射压缩波和透射稀疏波。由于预压缩能够导致反射率的剧烈变化,为此他们将这一现象称为"声学二极管"效应。显然,这种非线性现象是可以用来作为可调控制器的,能够有效地调控界面处的信息流传播行为,并且对于新颖的可调冲击防护层的设计也是非常有益的。在设计可调的信息传输线时,也可以借助这种预压缩机制,从而能够任意而有效地去操控信号的延迟、反射与分解,特别是在与安全性相关的信息调控领域更是如此。

最后还应注意的是,在设计可调的声聚焦透镜方面,也可以采用强非线性系统,如可以通过改变不锈钢珠的弹性模量来实现系统的可调性。

6.1.2 用于声抑制的非线性声学超材料

前面已经指出,由紧密排列在一起的球状粒子所构成的声子晶体结构,可以表现出异常的声学特性谱,其响应可以覆盖线性到强非线性整个范畴。这些晶体结构最令人感兴趣的地方是,只需通过简单地施加静态预压缩就能够有效地调控相关的声学响应。

Jinkyu 和 Chiara Daraio[5]研究指出,此类晶体结构中的能量传输行为是与声学非线性有关的,根据这一基本认识,就可以通过控制其非线性度对能量传输特性进行调控。他们的分析表明,在一维颗粒链结构构型中,可以对 3 个参数进行控制,分别是预压缩量、冲击速度和冲击质量。颗粒链的带隙和通带中的传输增益可以表示为非线性度的函数形式,随着非线性度的变化,频率能带结构也会发生相应的改变,传输增益与结构的线性度水平存在着显著的相关性。为了将频率响应滤波特性(由离散粒子决定)和幅值响应滤波特性结合起来,这些研究人员还将一个强非线性颗粒链与一种线弹性介质组合起来构造了相应的系统,由于增加了新的自由度,因而在该系统中实现了声波传播的有效操控和重新导向。此外,他们还构造了一种线性与非线性混合在一起的超材料结构,使得可以只在预先选定的外部冲击幅值范围内实现高能传输。在这一混合结构中,当系统受到低幅值冲击激励时,非线性颗粒链起到主要的传输能量的作用,是由结构变形导致的。他们验证了外部冲击幅值与传输增益之间具有很强的相关性,与低幅值冲击情况相比,大幅值冲击条件下的传输增益要降低一个数量级。他们还借助一种组合式的离散粒子模型和有限元方法,考察了这一非线性声学超材料中的波传播行为和冲击衰减特性,所得到的数值结果与实验结果是相当吻合的。

上面这些超材料结构是完全不同于用于振动隔离的其他结构类型的,它们不需要引入主动控制措施来抑制振动或冲击,而只是依赖于被动式工作过程。不仅如此,这些超材料结构的刚性是较大的,具有较好的承载性能,在较大的外部激励下仍然具有较好的变形恢复性,在所考察的激励范围内不会出现永久性的损伤。这些结构主要是为了抑制预定频率范围内的波传播而设计的,这些频率范围也称为带隙或者禁带。该范围内的入射波将会呈现出幅值上的指数衰减,也就是变成了凋落波,因而会被完全反射回去。此外,这些结构中所存在的非线性还能够将入射波的部分能量重新导向到我们所允许的模式中。显然,这种类型的声学滤波系统对于保护士兵不受武器发射导致的听觉伤害,从而最大程度保持他们的环境感知性是有潜在应用价值的。

6.2 可实现单向声传输的声学二极管

声学二极管这一概念[6]是 2009 年 8 月提出的,其思想源自于电子二极管。电子二极管能够允许电流仅在单个方向上流过,它是一种基本的电子装置。一般来说,在给定的路径上波是可以在正、反两个方向上传播的。例如,在激光器方面,有时为了防止激光器自身的反射,人们往往需要通过透明磁性材料来照射它们,从而使任何反射光的方向发生偏移。然而在声波方面,却没有类似的技术来使反向声波发生偏移,从而避免对超声源的工作产生影响。

应当注意的是,在一些近期的研究工作中已经有人提出了所谓的"热学二极管"概念[7],它是一种分层结构,能够允许热量沿着单个方向传播而不能反向。正是在这些研究的启发下,中国南京大学的 Jian-chun Cheng 及其合作者们设计了一种装置,他们将其称为声学二极管,能够允许声波能量仅在单个方向上传输[6]。文献[6]所给出的设计思想部分地实现了类似于"电子二极管"的功能,它将声波转换到一个新的频率上,从而能够阻止原频率声波的反向传输。显然,在实际应用中这一思想有可能为设计者研究和制备超声源(如医学成像领域)提供更新颖的灵活性。该文献所给出的结构中包含了两种成分:一种是一个非线性声学材料片,其声速随空气压力而变,此类材料可以是颗粒集合,当受压时会变得更为刚硬;另一种成分是一个滤波器,它能够阻止原有频率的传播(使之反射回去),而允许双倍频率的波通过。可以看出,这一声学二极管实际上类似于一块用于声波的单向镜。

在 Cheng 及其合作者们所设计的结构中,如果声波从右侧入射进来,那么将会首先触及非线性材料,进而转换成双倍频率的声波,随即会通过滤波器部分。然而,如果声波是从左侧入射进来,那么在它到达非线性材料部分之前就会被滤波器所阻止。这些研究人员选择了一组特定的材料参数并进行了计算。结果表明,从左向右传输过去的能量要比从右向左传输过去的能量降低很多,后者大约是前者的 10^5 倍。

上述的声学二极管与电子二极管有着明显的不同,因为它仅能调控较窄频率范围内的声波。此外,在上述的声学二极管中,透射声波的频率是入射频率的 2 倍,尽管原频率的声波不能反向传播,但是这个 2 倍频率的声波仍然是能够反向传播的。Cheng 等希望这一装置将来能够对多种重要场合起到促进作用,特别是那些需要对声波进行特殊调控的场合,例如利用超声波聚焦来粉碎肾结石。

Nesterenko 指出,上述工作中所采用的一些材料数据在实际情况中可能并不具有代表性,因而还有很多工作需要进行,特别是实验工作。不过他仍然认为这一结构是具有创新性的,为人们提供了更新的设计思路。Illinois 大学的 Nicholas Fang 则认为这种"近乎彻底的单向传输"是非常令人惊讶的。

目前在声波传播的控制方面,成熟的技术还不多,声学二极管的实现有可能带来一种全新的声波调控手段。目前,加州理工学院的研究人员也正在致力于研究可调的声学二极管,希望能够借此来实现声能的单向传输。声学二极管技术可望在多个领域获得应用。例如,在隔声领域,这一技术能够实现真正的单向声传输,而不是简单的借助隔声泡沫来消音。再如,在能量收集领域,基于这一技术有可能从声波中提取能量,比方说可以借助可调声学二极管从机械设备的噪声中把能量收集到一起,然后将其传输到换能器,使得这些声能量转化成电能,再回馈到设备中。另外,这种装置还可以将声波频率转换到低频,这将有利于实现最优的能量转化效率。

虽然还有很长的路要走,但是声学二极管这一思想仍然是相当有吸引力的。正是认识到了这一点,加州理工学院的研究团队也开始探索波调控技术在其他一些技术应用中的可能性,其中包括医学方面(超声波)、建筑声学方面以及隔热材料方面等。

加州理工学院的研究者已经构建了首个可调的声学二极管,实现了声波的单向传输,该设计是建立在颗粒状晶体(可以传播声振)的简单组合基础上的。作为这一全新研究的领导者,Chiara Daraio 是这样解释的:"我们所利用的物理机制能够在二极管的透射和非透射状态之间形成急剧的跃迁,借助实验、仿真以及解析预测等手段,我们已经首次证实了可听声频率范围内是可以实现单向声传输的"。他们所设计的系统(相关工作已已经发表在《Nature Materials》上,参见图6.1)主要采用了弹性球状颗粒型晶体的组装结构,能够很方便地进行调节,并能通过参数缩放拓展到更宽的工作频率范围,这也就意味着该结构的应用有可能远远超过隔声应用这一范畴。

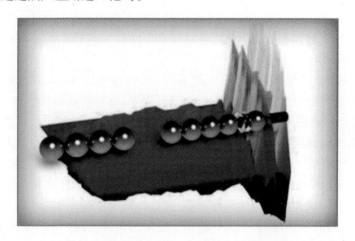

图6.1　声学二极管(通过以特定方式调节弹性珠(如从链的一端到另一端逐渐改变其尺寸和形状)就能够对链中传播的声波进行操控,如使其频率下降或者使声波只能在一个方向上传播)(见彩图)

实际上,在此之前人们已经提出了一些类似的系统,不过这些系统的共同特点是透射与非透射状态之间呈现出的是平滑的切换,而不是急剧的变化,而后者对于声波控制来说是更加有效的。为了获得这种急剧的切换特性,研究人员设计了一种带有小缺陷的周期系统,据此实现了传输开和关两种状态的快速改变。根据 Daraio 的这一研究,该系统将会对工作条件的微小变化(例如压力和运动)非常敏感,这一点在开发用于检测声波的高敏感性声学传感器时显然是非常有用的。不仅如此,这一系统还可以工作在不同的声频条件下,能够根据需要去降低所传播的声学信号频率。她进一步指出:"我们认为这一系统可以用于改进能量收集技术的相关性能,例如可以通过控制机械设备发出的声波能量流,并将其导入到换能器中,从而实现从设备结构振动中提取出声能,进而借助换能器将其转换为电能。实际上,我们所给出的这种新颖的工作机制不仅仅适合于隔声和能量收集领域的应用,因为这些波传播调控方面的理念对于很多系统都是相似的,如我们认为借助这一新方法有可能促进很多先进的热量收集装置的设计和研究"。

6.3 声学二极管在声学成像中的应用

声学二极管的主要功能是实现了声波的单向传输,借助这一技术有可能极大地改善医学超声成像的品质,并获得更好的消声材料。中国南京大学 Jian-chun Cheng[6] 带领他的团队已经设计出了这样的一种装置。他们提出了声学二极管的理论模型,该模型采用了一种自然界中没有的材料,即近零折射率超材料(ZIM),以及一个不对称的棱柱体,当声波从模型的相反侧入射时可以形成很高的传输率差异。Cheng 指出,借助这一模型能够实现独特的隧穿效应,输出波形是保持不变的。

声学二极管与电子二极管是类似的,后者只允许单向电流通过电子设备,从而能够保护这些电子设备不受突发的和不安全的反向电流的损坏。电子二极管实际上类似于汽车引擎中的单向阀元件,在一个方向上对电流的阻抗近似为零,而在另一个方向上则非常大。然而,正如上述团队中的 Bin Liang 副教授所指出的:"目前还没有类似的方法来防止超声源受到反向声波的干扰,由于声波在任何路径上都很容易进行双向传输,因而与电流情况相比而言,实现声波的单向传输要困难得多"。

上述研究团队所设计的声学二极管是由两个部分组成的。第一个部分是超声造影剂(UCA),是由微小气泡的悬浮物制备而成的。UCA 具有很强的声学非线性,它能够将入射声波的频率转换成原来的 2 倍。因此,Liang 指出:"特定频率的声波入射到这种材料上之后将会以双倍频率的声波输出"。由于 UCA 中的微小气泡的尺寸可以在较宽的范围内变动,因而也就可以在较宽的频率范围内产生声学非线性。第二部分是一个超晶格结构,是由水和玻璃这两种介质的薄层交替排列构成的类似于三明治形式的结构。这一超晶格的作用类似于一个滤波装置,它允许双倍频率的声波通过,但是原来的单频声波却会被完全阻断。因此,Liang 表示:"如果声波是从非线性材料一侧入射的,那么它会首先到达这个非线性材料部分,从而形成双倍频率的声波输出,当双倍频率的声波到达滤波装置(超晶格部分)时,它将正常地传播过去;反之,如果声波是从超晶格一侧入射的,那么超晶格就会阻断其传播,使之不能实现非线性超材料功能"。

在基于超声技术的临床医学成像场合中,声波是发送到人体中的,然后通过设置在周围的传感器以及扫描设备来接收反射声波,从而利用这些信息构造出人体内部器官的超声影像。Liang 指出:"然而,部分反射声波会与正向声波发生干涉,这就会降低影像的亮度和分辨率,因此要想改善超声影像的品质,就需要避免声波反向传输到超声源"。他进一步补充道:"总的来说,我们更希望所提出的声学二极管能够应用到多种场合,如那些需要对声波能量流进行特殊控制的场合,从而改进医学超声诊断的质量和有效性,或者改进单向声障的设计等"。

另一个研究团队(Chang Liu 等人[8])针对声学成像问题也提出了一种声学二极管设计思路。利用他们所设计的声学二极管,可以消除声波双向传输所形成的干扰,从而获得了亮度和清晰度更高的超声影像。在今后的超声源(如医学影像或无损检测场合)设计制备中这一设计思路可以为人们提供更好的参考。当前一些声学二极管的设计方案大多是基于非线性效应的,只能在一定程度上将入射声波的频率转换到一个新的频率上(从而阻止原有频率声波的反向传播)。然而,在这一研究工作中,他们提出的声学二极管模型却可以保持声波的原有频率,并且具有相当高的正向功率传输比。理论分析表明,这一模型的正向、反向和截止特性与电子二极管是非常相近的。他们对一维实例进行了数值分析,结果也验证了该模型确实具有显著的整流效应。此外,该研究团队还对这一模型可能的实验方案以及更复杂、更有效的设计方案做了详细的讨论。

6.4 声学二极管的理论研究框架[9]

6.4.1 概述

在各类能量流传输场合中,实现单向控制都是相当令人感兴趣的。最著名的实例可能要属电子二极管的发明了,它促进了现代电子学的发展并导致了世界范围内的技术革新。对于声波来说,这是一个比电子学的研究历史悠久得多的经典领域，人们早已认识到它们在任意路径上都很容易地沿着正向和反向传播，显然，如果能够像电子二极管那样，设计出能够实现声波单向传输的装置，无疑是非常诱人的，此类装置势必会对诸多声学领域的应用带来深远的影响。当前，声学的单向传输控制已经成为一个新的科学前沿热点，在物理学和工程学领域均具有十分重要的意义。人们所提出的首个"声学二极管"是由一个声子晶体和一种非线性介质耦合制备而成的，通过引入非线性，它突破了倒易原理的限制，从而实现了对声能的整流功能。相关研究人员仍然在持续不断地改进他们所提出的结构，目的是改进这种非线性声学二极管的性能，尽管如此，我们仍然应注意的是，此类非线性系统(结构)依然存在着一些内在缺陷，如效率低、工作带宽窄等，因此人们也越来越关注线性系统(结构)的设计思路，这方面的研究目的主要是致力于构建一种针对声波特定模式的单向操控装置，且不违反倒易原理。

目前，已经出现了一系列线性声波单向控制装置，它们的性能也得到了显著的改进。针对 Lamb 波目前已经设计出了一种线性的单向板，主要建立在不对称模式转换这一原理基础之上。通过将一个声子晶体结构与一个衍射结构耦合起来，人们已经针对沿着两个相反方向传播的平面波实现了高效的单向传输控制。人们已经设计并制备成功了一种单向波导结构，该结构只允许从一端开口入射的平面波通过。通过利用声学格栅来重构平面波前，目前也已经提出了一种单向波控制结构，其总厚度仅与波长相当。还有一种梯度折射率声学结构，它能够直接以不对称形式来操控波的传播轨迹，进而在很宽的频带内获得不对称的声传输功能。具有近零折射率的声学超材料也已经被用于实现单向传输功能，并获得了可控的透射角以及一致的波前。考虑到实际应用中一般需要高效和宽带的并且是集成化的紧凑型装置，因而上述这些研究进展对于促进这一技术的实际应用都是相当重要的。此外，新近出现了一种"声学晶体管"概念，它可以视为电子学领域中的晶体管的声学对应物，能够实现对声波的放大和切换，一般需要借助声波或三波混频效应来完成。总的来说，在利用单向操控装置来控制声波方面，目前既存在着较大的挑战，也存在着不小的希望。

6.4.2 声学二极管的物理含义

正如前文所指出的，电子二极管因其对电流的整流功能，对基础科学产生了极大的变革作用，同时也为我们日常生活中的诸多方面带来了很多先进的技术支撑。正是在这种对电流的单向控制技术的启发下，人们投入了大量的精力和时间进行了电磁波的单向非倒易传输方面的研究工作，这些工作对于光学和射频通信等领域来说具有非常重要的价值[10-15]。实现这种非倒易的单向传输特性,一般需要借助人工制备的光子晶体结构来打破时间反转对称性[10-13]或者打破空间反演对称性[14-15]。

声子晶体(SC)是通过类比半导体中的电子和光子能带结构以及光子晶体等思想而提出的,它们在声学仪器上有着潜在的应用价值,能够有效地实现对声波的操控功能[16-24]。在过去的20年中,声子晶体呈现出快速发展趋势,从体声波能带结构的设计到表面声波问题中的声学格栅设计,人们已经证实了声子晶体具有一系列诱人的声学效应,如声学带隙[24-25]、负折射[10]以及异常传输[24]等。因此可以预见到,借助精巧的声子晶体设计来获得异常特性,有望实现很多反直觉的声波操控功能,比如可以实现声学二极管,它打破了传统的传输倒易性[25-27]。与电磁波类似,一般来说声波是可以在给定路径上双向传播的,而单向能量传输就需要同时打破宇称和时间反转对称性(在均匀介质中)[28],显然这在现有自然介质情况中是不存在的。由此不难认识到,对于实现非倒易的单向声传输来说,声子晶体就是一个非常好的备选思路。以往的研究中,人们已经提出了将声学非线性效应与声子晶体组合起来,以打破时间反转对称性,如图6.2(a)中的上图所示[25-26]。此处的非线性介质可以诱发频率的转换,参见图6.2(b)中的实线,而与非线性介质相邻的声子晶体则主要作为一个频率滤波装置,借助其带隙特性来阻止右侧入射的声波传播。不过,这一系统也存在着不足,由于在非线性介质中频率转换效率非常低,因而单向传播(从左向右传播)的传输率相当得低。

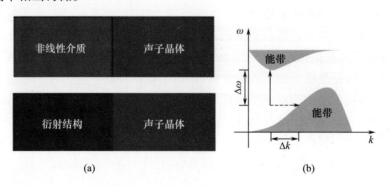

图6.2 声学二极管模型及其两模式间的跃变(源自于Li等[9])(见彩图)
(a)两个二极管模型(上面是将非线性介质与声子晶体耦合而成的,下面是利用了衍射结构);
(b)两种模式之间的跃变示意图(实线指出了带有频率变化的跃变,虚线指出了不同空间模式之间的跃变)。

Li等[9]采用了一种更先进的设计方法,在所构造的声子晶体中打破了空间反演对称性,并且从数值和实验两个方面都验证了此类结构确实可以实现单向传输。对于他们所构造的这种基于声子晶体的声学二极管,只需通过简单地对声子晶体单胞进行机械调节[23],就可以进一步实现性能的调控,既可以获得倒易性的也可以获得非倒易性的声传输。这种基于声子晶体的声学二极管完全是一个线性系统,没有引入任何形式的声学非线性效应。这些研究人员将该系统设计成一个不对称的周期褶皱状声子晶体结构,包含衍射结构部分和正常的声子晶体部分,参见图6.2(a)中的下图。衍射结构部分可以实现具有不同空间频率的两个空间模式之间的转变,如图6.2(b)中的虚线所示。与衍射结构相邻的声子晶体部分则类似于空间滤波器,由于它的声学能带结构存在着固有的各向异性特性,于是在这一部分中,带有不同平行波矢的各空间模式,特别是高阶衍射模式,就可以被传播过去或是被阻断传播。

图6.3(a)中已经给出了Li等[9]所设计的声学二极管的具体细节,它是由二维声子晶体(方形晶格,晶格常数为$a=7mm$)和位于声子晶体左侧的褶皱状衍射结构(调制周期为$L=6a$,y方向)所组成。声子晶体与衍射结构这两个部分都是由空气基体和方钢柱(宽度为$d=4mm$)构成的。他们借助有限元仿真对该声学二极管的单向传输特性进行了分析,如图6.3(d)所示。从中可以看出,对于从左侧入射(LI)和从右侧入射(RI)的法向入射平面波,这一结果非常清晰地证实了非倒易传输的特点。图6.3(d)中已经用阴影区域标注出了单向传输的频带。在实验中,所制备的样件包含了7个褶皱周期(y方向),他们对声场进行了扫描测量,所测量的频率范围分为两个频带,分别是15.0~25.0kHz与35.0~50.0kHz,这主要是考虑到测试仪器响应范围的限制。尽管实验中平面波源存在些许非理想性,且在横向上还会受到有限尺度的限制,不过图6.3(e)所给出的测试结果仍然与仿真结果是相当吻合的。特别是在17.5~19.5kHz与38.7~47.5kHz范围内,从左侧入射时将表现出较高的传输率,而从右侧入射却很低,由此表明在这一相当宽的频带内是具有单向传输特性的,参见图6.3(e)中的阴影区域。为了更清楚地揭示这一单向传输特性,研究人员还从数值和实验两个层面对声压场的空间强度分布进行了分析,如图6.3(b)和图6.3(c)所示,其中分别给出了18.0kHz和47.0kHz这两个频率点处的分布情况。实际上,正是因为声子晶体存在着方向带隙(x方向,$\Gamma-X$),因此右侧入射的声波几乎会被完全反射回去,而不会传播过去。然而,在左侧入射情况中,从输出区域却可以观察到很强的声场,例如在18.0kHz处传输率大约为69%。不过,考虑到输出的声波并不是平行于入射波的,因此法向入射的能量将会被高阶衍射转换到其他空间模式中,这些空间模式具有不同的空间频率,从而能够克服$\Gamma-X$方向带隙所构成的传播障碍。显然,由此实现了声波的单向传输,输出声场实际上将表现为不同衍射阶产生的输出波束的干涉场。

为了更好地刻画这一声学二极管的性能,Li等[9]还定义了一个对比度参数

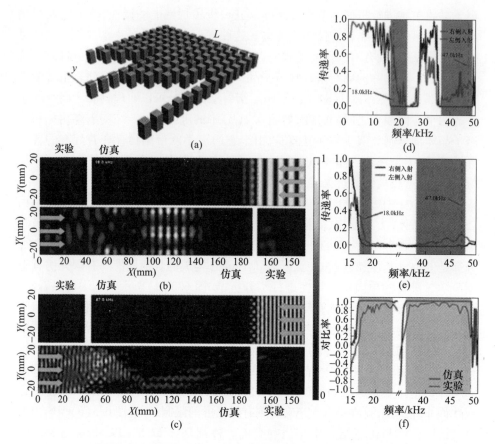

图6.3 Li 等设计的晶体声学二极管原理及其特性(见彩图)

(a)基于声子晶体的声学二极管的原理(在 y 方向上是周期性的);(b、c)分别给出了入射波频率为 18.0kHz 和 47.0kHz 处得到的场分布(仿真结果和实验结果)(绿色箭头示出了传播方向);(d、e)分别给出了左侧入射和右侧入射两种情况下得到的透射谱(数值结果和实验结果)(绿色箭头标出了前述场分布对应的频率点);(f)声学二极管的对比透射率。

R_c,以便进行定量描述。该参数可以表示为

$$R_c = \frac{(T_L - T_R)}{(T_L + T_R)} \tag{6.4}$$

式中:T_L 和 T_R 分别为左侧入射与右侧入射条件下的传输率(或透射率)。R_c 的绝对值代表了这两种入射情况的相对传输率,它与频率之间的函数关系如图6.3(f)所示。不难发现,在前述的单向传输所对应的频率范围内,R_c 是接近于1的,这与实验结果和仿真结果是非常一致的。

除了采用衍射结构来打破空间反演对称性之外,在声子晶体部分中,借助其

自身所包含的单胞,也可以引入旋转对称性破缺[29]。只需简单地对所有方柱施加机械式旋转调节(晶格构型保持不变),这种旋转对称性破缺就将导致该声子晶体的能带曲线发生改变,这是因为不同的转动量会显著影响到声波的有效散射截面。显然,借助方柱的方位调整,可以有效地实现声波的整流控制,也就是有效地调节左侧入射与右侧入射之间的相对传输率。在上述实验中,研究人员将所有方柱转动了45°,而其他参数均保持不变(参见图6.4(a)),这种情况下声子晶体中的多散射特性就将发生显著变化,有效散射截面变得更大,进而形成了更宽的第一带隙(参见图6.4(d))。此时,在16.2~22.3kHz范围内仍然可以观察到单向传输行为,不过在40.0~50.0kHz范围内,左侧入射和右侧入射都会正常通过,也就是说这一范围内不再表现出单向传输现象。由此不难看出,在这一声学二极管设计中,通过转动方柱使其处于不同的方位,确实可以有效地调节声学整流效应。进一步,研究人员还针对17.25kHz和47.0kHz这两个频率点处的声压场空间强度分布进行了考察,分别如图6.4(b)和图6.4(c)所示,其结果也证实了上述可调性。事实上,与图6.4(d)和图6.4(e)所给出的传输谱一致,在17.25kHz处能够观察到显著的单向传输行为,而在47.0kHz处却可观察到两个方向上都是能够传输的。图6.4(f)给出的对比度也证实了这一点,在16.5~22.5kHz范围内对比度为1,这体现了单向传输特性,而在35.0~50.0kHz范围内对比度为0,这表明已经从单向传输转变成了双向传输。此外,应当注意的是,这种可调的单向传输效应是会受到不同的转动角和填充比影响的(参见文献[29]中的图S4)。根据上述分析,从理论上来说,如果对这个基于方柱的结构系统进行更为细致的设计,是可以在第一能带或者第二能带中(或者同时在这两个能带中)构造出对应的可调声学二极管的,并且其单向传输的频率范围是可以通过调整这些方柱的转动角度来有效控制的。

为了更深入地认识相关机制,Li等[9]从解析角度进一步考察了这种单向传输现象。下面对此做一介绍。

当一列平面波入射时,输入和输出半空间中的声压场是可以作傅里叶展开的,其形式分别为

$$P(x,y) = e^{jk_0 x} + \sum_{n=-\infty}^{\infty} \rho_n e^{j\alpha_n y + j\beta_n x} \tag{6.5}$$

$$P(x,y) = \sum_{n=-\infty}^{\infty} \tau_n e^{j\alpha_n y + j\beta_n x} \tag{6.6}$$

式中:$\beta_n = (k_0^2 - \alpha_n^2)^{1/2}$;$\alpha_n = 2n\pi/L$;$n$为衍射阶;$k_0$为自由空间中的波数。$\alpha_n$和$\beta_n$分别为反射和透射的第$n$阶衍射波的幅值。

所提出的声学二极管的工作机制与这两个衍射项具有非常紧密的关系,它

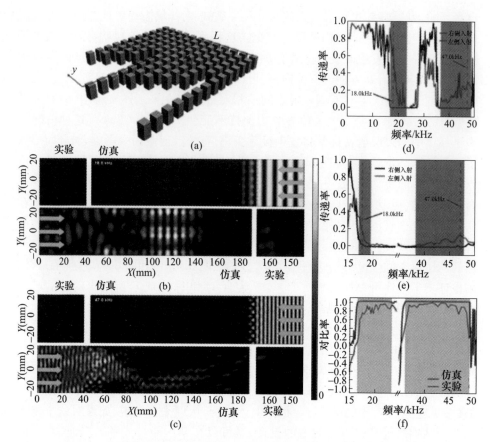

图6.4 转动方杆之后Li等设计的晶体声学二极管原理及其特性(见彩图)
(a)基于声子晶体的声学二极管的原理(转动了方杆之后);(b、c)分别给出了入射波频率为17.25kHz和47.0kHz处得到的场分布(仿真结果和实验结果)(绿色箭头示出了传播方向);(d、e)分别给出了左侧入射和右侧入射两种情况下得到的透射谱(数值结果和实验结果)(绿色箭头标出了前述场分布对应的频率点);(f)声学二极管的对比透射率。

们反映了不同衍射阶的能量转换情况。由于所设计的结构几何的两边是不同的,因而将导致形成不同的衍射阶,只有位于声子晶体通带内的那些阶次所携带的能量才能从一侧传播到另一侧。需要引起注意的是,借助式(6.5)和式(6.6)并不能对这一声学二极管做出完全的解析描述,原因在于它的衍射行为是非常复杂的,为此这些研究者考察了简化的声学二极管几何形式,并进行了对比研究。

如同文献[28]中的图S2(b)和图S2(d)所展现出的,这种简化几何形式也是可以实现可调的单向传输效应的,只是二极管特性要更弱一些而已。与这种简化形式的声学二极管相比,优化得到的复杂几何形式要更为优越一些,主要体现在两个方面。一方面是由于复杂形式的不对称褶皱结构中的绝热变化过程,从左侧入射的声波的反射率能够得到有效地抑制;另一方面在于与简单形式的褶皱结构产生的衍射相比,复杂的不对称褶皱结构中更容易形成高阶衍射模式(源于大的倾角)。

为揭示这一声学二极管中所存在的非倒易声传输行为,Li 等[9]进一步针对不同频率点对该声子晶体的等频面(EFS)做了分析,参见图 6.5。对于右侧入射的情况,如图 6.5(a) 和图 6.5(b) 所示,在感兴趣频率范围内,所有的高阶衍射模式均表现为凋落波成分(α_n 和 β_n 都为 0),因而所有的能量仍然停留在零阶模

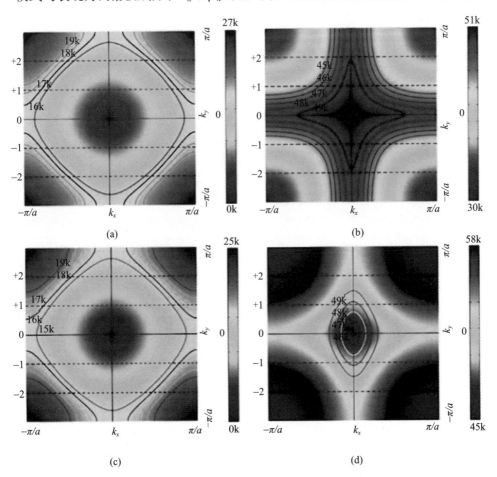

图 6.5 Li 等针对不同频率点得出的声子晶体的等频线(源自于 Li 等[9])(见彩图)
(a、b) 给出的是该声子晶体在第一布里渊区中的等频线(分别对应于 16 ~ 19kHz 和 45 ~ 49kHz,刻度值 (2,1,0,-1,-2) 代表的是衍射阶);(c、d) 针对方杆转动后的声子晶体给出了两个频率范围内的等频线。

式上,或者说这些能量的传播方向是垂直于声子晶体的,而这恰好又位于该声子晶体的方向带隙之中,因此右侧入射的声波也就被声子晶体结构所阻止了。与此不同的是,当声波从左侧入射时,位于声子晶体结构之前的衍射结构部分会将法向入射模式转换成高阶衍射模式,这一点从文献[29]中的图 S3 可以更为清晰地体现出来,其中考察了一列有限宽度的入射波束。此后,透射过来的波束会沿着不同的方向继续传播,不同方向上的波对应于不同的正或负的衍射阶(源于复杂的衍射结构)。与图 6.5(a) 和图 6.5(b) 中的等频面相一致的是,模式 1 和模式 2 会透过声子晶体部分,对整体的声波传输起到主要贡献,从而形成了单向声传输行为。当将结构中的方柱转动之后,17~19kHz 范围内的等频面几乎保持不变,如图 6.5(c) 所示,从而也将表现出非倒易特征,与左侧入射情况下所有的衍射波束能够轻松通过声子晶体部分(参见文献[29]中的图 S3(f))是一致的。不过,在 45~49kHz 频率范围内,等频面发生了显著的改变,如图 6.5(d) 所示,这种情况下原来的方向带隙(图 6.5(b))消失了。因此,这时的右侧入射声波也能够正常传播过去。显然,这也就证实了借助简单的机械式的转角调整(对于声学二极管中的这些方柱),就可以实现非倒易声传输的操控。

以上的讨论主要阐明了 Li 等[9]所提出的理论思想,他们通过构造基于声子晶体的声学二极管,打破了空间反演对称性,并从实验角度实现了声波的非倒易传输和单向传播行为。不仅如此,针对声子晶体单胞所引入的旋转对称性破缺,还使得可以对这种非倒易声传输行为特性作机械式调节。相比于以往所提出的基于非线性效应的声学二极管来说,这一系统是完全线性的,具有很多方面的优点,如宽带工作性能、高转换效率及更低的能量损耗等。事实上,这一概念还有望用于实现各类声波的隔离,如表面声波[30]和 Lamb 波[31]等。

参 考 文 献

[1] Daraio, C., Nesterenko, Jin, V. S.: Strongly nonlinear waves in 3D phononic crystals, Shock Compresson of Condensed Matter. In: Furnish, M. D., Gupta, Y. M., Forbes, J. W. (eds.) American Institue of Physics, pp. 197 – 200(2003)

[2] Nesterenko, V. F.: Dynamics of Heterogeneous Materials. Springer – Verlag, New York(2001)

[3] Jin, S., Tiefel, T., Wolfe, R., Sherwood, R., Mottine, J.: Optically transparent, electrically conductive composite medium. Science 255, 446(1992)

[4] Nesterenko, V. F., Daraio, C., Herbold, E. B., Jin, S.: Anomalous wave reflection from the interface of two stongly nonlinear granular media. Phys. Rev. Lett. 95, 158702(2005)

[5] Yang, J., Daraio, C.: http://www.embeddedtechmag.com/component/content/article/12254

[6] Liang, B., Yuan, B., Cheng J C. Acoustic diode: rectification of acoustic energy flux in one – dimensional system. Phy. Rev, Letts(2009)

[7] Li,B. ,Wang,L. ,Casati,G. :Thermal diode:rectification of heat flux. Phy. Rev. Letts. 93,184301(2004)
[8] Liu,C. ,Du,Z. ,Sun,Z. ,Guo,X. :Phys. Rev. Applied 3,064014(2015)
[9] Li,X. F. ,Ni,X. ,Feng,L. ,Lu,M. H. ,He,C. ,Chen,Y. F. :Tunable unidirectional sound propagation through a sonic − crystal based acoustic diode. Phy. Rev. Lett. 106,084301 − 084304(2011)
[10] Wang,Z. ,et al. :Phys. Rev. Lett. 100,013905(2008)
[11] Haldane,F. D. M. ,Raghu,S. :Phys. Rev. Lett. 100,013904(2008)
[12] He,C. ,et al. :Appl. Phys. Lett. 96,111111(2010)
[13] Yu,Z. ,Fan,S. :Nat. Photon. 3,91(2009)
[14] Serebryannikov,A. E. :Phys. Rev. B 80,155117(2009)
[15] Serebryannikov,A. E. ,Ozbay,E. :Opt. Express 17,13335(2009)
[16] Lu,M. H. ,Feng,L. ,Chen,Y. F. :Mater. Today 12,34(2009)
[17] Kushwaha et al. M. S. :Phys. Rev. Lett. 71,2022(1993)
[18] Martı′nez − Sala et al. R. :Nature(London) 378,241(1995)
[19] Lu,M. H. ,et al. :Nat. Mater. 6,744(2007)
[20] Feng,L. ,et al. :Phys. Rev. Lett. 96,014301(2006)
[21] Feng,L. ,et al. :Phy. Rev. B72,033108(2005)
[22] Zhang,X. D. ,Liu,Z. Y. :Appl. Phys. Lett. 85,341(2004)
[23] Feng,L. ,et al. :Phys. Rev. B 73,193101(2006)
[24] Zhou,Y. ,et al. :Phys. Rev. Lett. 104,164301(2010)
[25] Liang,B. ,Yuan,B. ,Cheng,J. C. :Phys. Rev. Lett. 103,104301(2009)
[26] Liang,B. ,et al. :Nature Mater. 9,989(2010)
[27] Nesterenko,V. F. ,et al. :Phys. Rev. Lett. 95,158702(2005)
[28] Ruter,C. E. ,et al. :Nature Phys. 6,192(2010)
[29] See supplemental material at http://link. aps. org/supplemental/10. 1103/PhysRevLett. 106. 084301 for detailed elucidation of the contribution of different diffraction modes to the one − way effect and influence of rotation angles and filling fraction on the tunability
[30] Sun,J. H. ,Wu,T. T. :Phys. Rev. B 74,174305(2006)
[31] Huang,C. Y. ,Sun,J. H. ,Wu,T. T. :Appl. Phys. Lett. 97,031913(2010)

第7章　能量收集与声子学

本章摘要：声子－声子相互作用所产生的热能是可以被收集起来的,在能量收集系统中经常会采用声子晶体形式的声学超材料。为了开发此类声子晶体结构,一般需要对声子晶体的色散关系和声子－声子间的相互作用进行设计。本章将针对这一问题,采用经典的连续介质理论来进行分析,确定其热电效率,并对它与声子晶体结构之间的关系进行阐述。

7.1　声子网络的技术应用概述

建立统一的设计框架,通过研究合理的人工结构来对声子、光子以及其他一些矢量或标量波的传输过程进行控制,在材料科学与工程领域的发展中是一个非常令人感兴趣的主题。在很多有趣的仪器装置的研发工作中,声子晶体与超材料已经发挥了相当重要的作用,如超分辨率负折射透镜、宽带滤波器、超级耦合器以及声学斗篷和声隔离材料等。在声子操控研究中,一般需要避免出现基于经验设计方法而可能产生的一些问题(大多源自于相关工程问题的约束),而应集中于基本的对称性原理,并据此控制声子的传播行为。本章将针对声子学和能量收集方面的一些技术应用进行阐述,将指出构建具有各种独特能带图的人工结构是可能的。例如,此类人工结构能够表现出非常宽的单一完全带隙;它们还可以具有多个完全的面内带隙。这些人工结构可为非线性波传播和波相互作用等方面的调控研究提供良好的基础。

对于线性声子范畴内的色散关系来说,人们已经认识到是能够构建出多个频谱带隙的,这也就意味着已经能够对不同频率声子之间的相互作用(即声子－声子相互作用)加以控制。声子－声子散射过程是非弹性的,而且经常是非线性的,这种内在的材料非线性对声子－声子散射过程会起到决定性作用,它通常在材料的本构关系中得以体现,因而一般不需要对基本的连续性方程和通量方程进行修正。于是,即便是在线性范畴内,所设计的声子结构也能提供一个合理的分析起点和分析框架,在此基础上就可以更好地理解和认识这些非线性过程了。目前,与上述研究相关的一些较为突出的应用主要包括:① 通过对热导率的设计来提升热电材料的优值系数 ZT；② 设计声子晶体来阻断高能非线性脉冲（如冲击波和孤立子等）的传播。

在进一步讨论之前，首先有必要熟悉以下一些内容。

① 人工结构的弹性动力学。
② 晶格分类：声子结构的物理拓扑。
③ 声子晶体的色散关系设计之一：回避交叉。
④ 声子晶体的色散关系设计之二：多色非点式声子晶体。

7.2 声子晶体概述

声波或弹性波的操控是一个非常基础的问题，它在诸多领域中都具有非常重要的应用，特别是在信息技术和通信技术等领域中更是如此。例如，在信号处理、先进的纳米传感器以及声光仪器中，往往就需要在波长尺度上对波的传播进行限制、引导和过滤等操控。近年来所提出的声学超材料是工作在亚波长尺度上的，借助它就有可能实现有效的宽带声隔离、成像以及超分辨率等性能。

声子晶体是一类人工材料，一般是由周期性重复排列的散射体和基体所组成的，通过合理设计其能带结构，可以实现声波或弹性波的操控。声子晶体中的散射体的弹性特性、形状以及排列方式都会显著影响声波或弹性波在此类结构中的传播行为。合理地选择组成材料、晶格形式及散射体的拓扑，就可以对声子能带结构和色散曲线进行设计。

类似于所有的周期结构物，声子晶体中的声波传播也是由 Bloch[1] 或弗洛凯定理所决定的，根据这些定理可以推导得到布里渊区中的能带结构。结构的周期性决定了布里渊区的情况，它们可以是一维、二维或者三维的。对于分层形式的周期材料或者超晶格来说，人们一般将其中的声波传播过程视为一维情形，也就是将它们视为一维声子晶体，并进行了相当广泛的研究[2]（自 Rytov[3] 的早期工作开始）。然而，声子晶体这一概念实际上只是在 20 年前才提出的，当时这一概念是与二维[4-6] 和三维[7] 周期介质相关的，主要是为了探索所谓的绝对带隙[8-10] 而给出的。声子晶体的色散曲线中一般会展现出带隙特征，在带隙对应的频率范围内波的传播是被阻断的。这些带隙可以对应于特定方向的波矢，不过也可以覆盖到整个二维或三维布里渊区，从而使得任意偏振方向、任意入射角度的声波或弹性波都难以通过。这种情况下，此类结构类似于一个理想的镜子，各个方向的声波都不会透射过去。

声子晶体这一概念实际上是通过类比针对电磁波传播的光子晶体概念[11-12] 而提出的。在晶体介质的电子能带结构领域中，人们早已认识到带隙的存在,特别是半导体的一些特性,如电子和光学特性等,都是由分隔价带和导带的带隙所决定的。不仅如此,如果在半导体中引入某些缺陷,由于带隙中将出现一些新态(即所谓的局域模式,它们与缺陷相关,在远离缺陷位置表现为衰减波函数),上述这些特性还会发生显著的改变,因而可以据此对其进行设计。类似地,在光子晶体或声子晶体中,如果引入一些缺陷,如波导或者空腔,也会产生相关特性的变化,据此可为此类结构的诸多应用研究提供重要的思路,例如在波长尺度上对相关波的传播进行限制、导向、过滤和多路分解等[10],从而有利于各类先进传感器和声光仪器的进一步实现。

自问世以后,声子晶体领域的研究就与光子晶体的研究处于同步快速发展之中,不过声子晶体的研究一般会涉及更多的介质材料,希望不同的材料组分之间具有较高的特性差异,例如弹性或声吸收率的较大差异或者采用固体与液体的组合形式。考虑到声子晶体的能带结构与结构尺寸是相关的(就线弹性理论范畴内而言),人们已经针对宏观结构进行了大量的研究,主要集中于声频(kHz)和超声频率(MHz)上,并提出了一些典型结构,验证了带隙的存在性和此类结构对声波的调控能力(例如对声波传播的导向、限制和大曲率弯曲等)。当然,目前人们仍然还在持续不断地进行研究,致力于提出更新颖的结构来对能带结构进行调节,同时也在积极研究亚微米尺度结构的制备技术,以期用于特超声频段(GHz)。

为打开(或生成)带隙,通常需要使得声子晶体中的散射体形成的散射波发生相消干涉,因而也就需要这些材料组分之间具有较高的弹性差异。在周期性结构物中,这种形成带隙的机制一般称为布拉格机制,由此产生的第一带隙通常出现在 ~ c/a 这一频率阶,这里的 c 是声速,a 是结构的周期长度。不过,对于嵌入式周期性结构物来说,当各个散射体的局部共振对基体中的行波产生强烈散射时,还可以获得一种所谓的混杂(hybridization)带隙,显然,这种带隙的形成应当归因于散射体局域本征模式与基体中的行波之间的耦合作用[13-14]。应当注意的是,此类带隙对于结构的周期性是不大敏感的,即便结构存在一定的失谐,它们依然可以存在[15-16]。对于某些情况,在相同的频率范围内这两种类型的带隙有可能会同时出现,其原因在于散射体的局域共振可能与 c/d 同阶(d 为散射体的特征尺寸,如直径或长度等)。这种情况下,两种不同效应的组合或叠加也就会使得实际的带隙宽度变得更大了。此外值得提及的是,实际上 Sheng 等[17] 已经提出了所谓的局域共振型声子晶体这一概念,后来这一概念还被拓展到了声学超材料领域之中。在这一方面,人们往往采用包覆有非常软的橡胶层的硬散射体的形式来生成非常低频的共振带隙,一般要比布拉格带隙低两个数量级,因而使得我们可以借助厚度仅为几厘米的尺寸来隔离千赫以下的声波。

在声子晶体中,通过移除或改变一个、一行或多行散射体,可以构造出点缺陷或线缺陷[18],例如空腔或波导[19]等。根据这些缺陷的几何和组分特性的不同,它们能够在声子晶体带隙内生成一些新的波动模式,一般对应于局域化或凋落形式的波动模式,当远离缺陷位置时,其位移场是逐渐衰减的。正是因为具有这些特点,人们往往利用这些缺陷来进行声波传播的限制和导向[23-24],也可利用波导和空腔之间的耦合效应来设计滤波装置[10,25-26]。

7.3 人工结构的弹性动力学

7.3.1 概述

人工结构中声子的传播控制显著依赖于介质的非均匀长度尺度与声子传播波长之间的比率。一般而言,分析中必须考虑特定的位移场模式,也就是本征模式,这是由声子的矢量本性所决定的,或者说是由弹性场的矢量本性所决定的。对于各向异性晶体结构物来说这一点是毋庸置疑的,而在考虑人工结构时有必要对此做一了解。事实上,认识人工晶体和原子晶体在非均匀性长度尺度上的区别,对于发展统一的分析框架来说是非常有益的,可以使我们更好地理解传统原子晶体和人工结构这两个方面的一些基本认识。

人工结构中体现出的很多明显的不同或者说异常现象,一般源自于以往实验中难以获得的长度尺度。实际上,只是在纳米科技发明以后,测量精度和能够测量的长度尺度才能与所制备的结构长度尺度相匹配,此时我们才真正能够对人工结构进行合理的描述、分析和测试。

声子学及其与经典声学、弹性学和力学之间的关联性主要就体现在长度尺度这一点上。力学中的经典场理论可以用于描述声子及其传播行为,通常是将其假想为连续介质中的弹性波传播。人们已经认识到,对于介质中的声子来说,从经典域到量子域的跃迁是发生在以往我们没有意识到的更小的长度尺度上的[27]。借助先进的多尺度计算工具和相关技术手段,目前已经可以证实,即便在非常小的尺度上(纳米结构,如10～100nm)经典极限仍然是成立的。因此,研究中就必须识别出所涉及的临界长度尺度,并采用最适合于这些长度尺度的计算工具来处理。在所有这些情况下,最关键的一点是识别长度尺度。事实上,在近期关于纳米尺度上的声子输运方面的研究工作中,经典连续介质力学已经展现出其魅力。例如,人们已经据此从实验中揭示了带支撑的石墨烯模型中横向模式与界面模式的作用[28]。虽然这些模式之间的相互作用有时可能突破量子范畴(如极低的温度),不过在大多数情形中,在较长长度尺度上的集合模式是可以严格地加以预测的,并且可以借助经典场理论来加以解释。为此,完全可以认为我们是工作在经典极限下的,也就是我们所处理的频率和波长都远小于固有的光学声子极限。这种光学声子极限实际上定义了介质中声子的非经典极限,也是一个关键性特征,而现有的一些文献中往往在这一点上出现了错误[29],它们将经典的受限板模式视为量子效应的体现。为了直接通过实验测试来验证理论预测结果,应当在可设计和可制备的长度尺度上来考察声子传播的控制。因此,一般就需要在大约10nm以上的尺度上来进行,这也是当前的自上而下制备法所决定的。附带指出的是,这一尺度也恰好对应了与技术应用相关的声子频率范畴,如超声频段(MHz)和特超声频段(GHz)。此外需要注意的是,即使是在线性范畴内针对此类结构和介质进行声子控制,也是难以获得完全而彻底的理解的。这里将给出统一的分析框架,用于设计和控制人工结构中的声子传输行为。所考察的这些人工结构或介质中的一部分就是人们所熟知的声子晶体[30]和超材料[31],这主要取决于介质中声子传播的长度尺度,在我们构建上述统一框架时会详细地加以阐述。

总之,我们将在力学中相当成熟的经典场理论的基础上,以统一的数学框架对其加以拓展,进而为人工结构的设计和声子传播行为的控制提供非常有用的工具,并将借助这一统一的框架来进行声子结构设计。

7.3.2 基本方程和控制原理

在采用经典场理论时应当注意到,虽然该理论的阐述是非常详尽的,不过所得到的解很大程度上是代数形式的,而不是几何形式。于是,众多研究人员得到的各类力学问题的解更多的是动态形式和微观形式的,这与几何求解方法是不同的,后者主要寻求的是整个系统的不变量和守恒量。换言之,前一种方法的求解是在微观层面上进行的,由此可以揭示出某个具体路径上的演变过程,而后一种方法则并不针对某个路径上解的变化过程,它主要澄清的是所有可能的或不可能的路径。实际分析中,也可以将这两种方法组合起来使用,当某种方法在某个阶段更有利于问题的求解时,就可以及时切换分析视角。在给出的统一分析框架中,一个新颖点就在于对这两种视角的处理。为了阐明这两种视角,下面对这两种方法的弹性动力学基本方程做一介绍。

首先,考察经典的离散谐波型晶体,借助连续介质极限来得到均匀固体的线性声学色散曲线,其核心是从离散到连续的转换。这是微观层面上的分析方法,也只能通过这一方法才能明确说明连续介质分析框架下相关处理所对应的极限。这种方法构建的模型是较为详尽的,可以体现出一个声子结构是怎样通过长度尺度的调整而被视为一种"大尺度"原子晶体结构的。

这里需要对长度尺度这一概念做一解释。我们可以将一个声子晶体等效地"离散"到组成单元的长度尺度上,也就是单胞尺寸 a。如果只考虑单个自由度,那么这实际上也就等价于仅考虑前两个对称或反对称能带曲线分支了。不难发现,这两个分支非常类似于经典的双原子链情形,声子晶体的两种成分(散射体和基体)等效于该链中的两个"原子"。这种长度尺度实际上是我们所讨论的下限了。从这一角度来看,声子晶体和原子链这两个模型是可以相互对应的。当然,二者之间的区别也是必须要注意的,比较容易出现误解,现有文献中往往因此导致了错误的结论。根据上述处理,可以导出一些概念,如准静态、局域化和非局域化等,事实上这一处理也是将要给出的统一框架的核心主题。

进一步,还需要从另一个视角来考察,它更偏于数学层面,同时也更能反映物理本性。事实上,由于已经假定了可以将此类结构的弹性位移场视为连续场,因而也就可以借助场理论相关手段,或者说可以将其视为一种连续介质来处理。于是,在推导经典波的一般方程时,就可以从质量和动量的守恒方程[32](即连续性方程)这一角度来开始分析了。显然,这与单纯建立在应变-应力关系上进行运动方程的推导是不同的,它实际上是将弹性静力学平衡作为分析起点的。由于运动方程在本质上是微观层面的,因而这种做法针对的是特定的介质连续性要求下波的传播过程,遗漏了与整个系统相关的一些重要信息,这些信息一般需要从守恒方程中导得。

上述这两种视角的等价性是值得讨论的,它能为我们带来很好的启发。对于我们所关心的人工结构来说,后一种视角仍然是有效的,因为它实际上体现了物理本质。引入守恒方程的另一个原因是为了建立与系统对称性破缺之间的关联,进而可以考察系统中所允许的声子模式的对称性。在下面将要阐述的内容中,将守恒和对称性破缺这一视角作为起点,并将弹性动力学包括到整个数学框架之中。

7.3.3 从离散到连续:极限处理

这里考虑由一种原子构成的规则晶格结构,也就是一种单原子晶格,维数为 N。在离散方法中,可以用粒子坐标 $V(q_1,q_2,\cdots,q_n)$ 来描述多体势。如果进行简谐近似,还可以将势能的变化仅展开到位移的二阶项,即 $ua(r)$,其中 a 代表空间成分,r 代表所考察的原子位置。于是在小扰动下,势能函数就可以表示为

$$V = V^0 + \frac{1}{2}\sum_{r_\alpha,r'_\beta}\frac{\partial^2}{\partial q_{r,\alpha}\partial q_{r',\beta}}V u_\alpha(r) u_\beta(r') + O(U^3) \tag{7.1}$$

式中:q 为系统的广义坐标;r 为原子的平衡位置坐标;u 为偏离平衡位置 r 的位移变量。

完整的哈密尔顿量可以表示为 $H = T + V$。
其中，

$$T = \sum_{r,\alpha} \frac{p_\alpha}{2m}(r)^2 \tag{7.2}$$

式中：$p_\alpha(r)$ 为动量。

由于现在考察的是晶格结构，它具有离散形式的平移对称性，这就意味着不存在唯一的原点，从而势能函数只能取决于位置矢量 r 和 r' 之间的差值。同时，借助这种平移对称性还可以利用傅里叶模式对哈密尔顿量进行对角化处理（平移对称性意味着可以将波矢（进而傅里叶模式）作为守恒量），也就是说可以把位移表示为

$$U_\alpha(r) = \sum_{k,\text{第一布里渊区}} \frac{e^{ik \cdot r}}{\sqrt{N}} U_\alpha(k) \tag{7.3}$$

式（7.3）中的求和仅需在第一布里渊区中进行，原因在于声子传播最小波长的离散长度尺度必定落在第一布里渊区（对应于离散晶格的最短波长）。最终的哈密尔顿量在以傅里叶模式进行对角化之后，就变成

$$H = V^0 + \frac{1}{2} \sum_{k,\alpha,\beta} \frac{|p_\alpha(k)|^2}{m} + K_{\alpha,\beta}(k) u_\alpha(k) u_\beta(k) \tag{7.4}$$

这个哈密尔顿量代表的是由离散原子集合所构成的晶格。晶格的离散特征是通过傅里叶模式分解的形式来刻画的，每个原子位置处的位移为

$$u_n = \int_{-\pi}^{\pi/2} \frac{dk}{2\pi} e^{-kna} u(k) \tag{7.5}$$

式中：a 为平衡状态下晶格的间距；n 为整个晶格中的原子序号。

显然，在这个微观层面的哈密尔顿量中，就能够追踪晶格中所有原子的位置变化（振动位移），并且可以据此来描述晶格的简谐位移（关于每个平衡态原子位置，最高可展开到二阶）。由于晶格具有离散平移对称性，因此还可以进行对角化处理，在傅里叶基上借助波矢 k 来对方程进行分析，且这些波矢仅需在第一布里渊区中考虑即可。平移对称性实际上意味着这一系统对于整个晶格的平移操作（平移变换）来说是具有不变性的，因而自然位移空间也就可以变换到傅里叶空间（或者说倒格子空间），从而在 k 空间中进行对角化。不过需要注意的是，这种变换操作一般只能针对单位晶格矢量，从物理层面来看，这实际上告诉我们晶格的离散特征只能允许最小波长为 2 个单胞尺寸的波存在（单胞尺寸为半个波长），这种最小波长的情况对应于两个相邻的原子在做精确的反相运动。对于单原子晶格，晶格的离散本质将在第一布里渊区边界附近的波矢处得到清

晰的体现,在这些波矢处,波长与单胞尺寸同阶的波会产生强烈的相互作用。那么,什么时候才能采用连续介质近似呢?在远离第一布里渊区的边界时,波矢以及与之相关的声子波长一般会跨越大量的单胞,因而在每个原子位置处,其位移是递增的,每个位移都满足以下关系,即

$$u_\alpha(\boldsymbol{r}) \ll |\boldsymbol{r}_\alpha^n - \boldsymbol{r}_\alpha^{n'}| \tag{7.6}$$

此外,如果考虑长波长情形(即小波数情形),那么位移将体现在 $l = \dfrac{a}{\varepsilon}(0 < \varepsilon \ll 1, a$ 为单胞尺寸)这一长度尺度上,显然此时的波长远远大于每个单胞的尺寸。最后,如果假定晶格近似是均匀的(如缺陷很少),且考虑很长时间尺度上所发生的过程(即快速的微观波动迅速衰减了),那么这时就可以对这一离散晶格做连续介质近似。这一近似的含义在于,可以将晶格中大量原子的离散位移替换为一个连续的位移场。

在此基础上,借助连续介质分析方法,从哈密尔顿量即可导出运动方程。令 $\dfrac{\partial \boldsymbol{p}}{\partial t} = \dfrac{\partial H}{\partial \boldsymbol{q}}$,那么在原离散形式中就有

$$\frac{n \mathrm{d}^2}{\mathrm{d} t^2} u_\alpha^n = - \sum_{n'} K_{\alpha,\beta}(n - n') u_\beta^{n'} \tag{7.7}$$

式中:n 和 n' 为不同的原子位置。

借助连续介质近似,就可以将晶格中的离散位移场处理为连续场,进而可以对该位移场做泰勒展开,即

$$u_\beta(\boldsymbol{r}') = u_\beta(\boldsymbol{r}) + \sum_\alpha (r_\alpha' - r_\alpha) \nabla_\alpha u_\beta(\boldsymbol{r}) + \frac{1}{2} \sum_{\alpha,\gamma} (r_\alpha' - r_\alpha)(r_\gamma' - r_\gamma) \nabla_\gamma \nabla_\alpha u_\beta(\boldsymbol{r}) \tag{7.8}$$

式中:u 为位移;r 为空间坐标。

考虑到晶格在平衡态附近的稳定性要求,因而只需保留 2 次项,于是最终得到

$$m \frac{\mathrm{d}^2}{\mathrm{d} t^2} u_\alpha = \sum_{\alpha,\beta,\gamma,\eta} C_{\alpha,\beta,\gamma,\eta} \nabla_\gamma \nabla_\beta u_\beta \tag{7.9}$$

式中:m 为相关的质量,此处假定为点质量;u 为位移;$C_{\alpha,\beta,\gamma,\eta}$ 为弹性张量的元素。

显然这正是连续介质弹性动力学方程的线性化形式,它明确体现出对于原来的多体问题作连续近似是合理的。在大多数情况下,必须正确地考察经典的离散极限(即量子行为变成主导),不同情况下它们往往也是不同的。例如,对

于声子来说,这一转变大约位于 10nm 以下尺度。显然,在各种情况下有必要仔细考察系统中各种长度尺度、固有的原子长度尺度以及所感兴趣的传播模式的长度尺度之间的相对大小。

现在已经将晶格中的位移视为连续场了,或者说已经把晶格结构视为一种连续介质了。应当注意的是,能否对离散介质取极限使之近似为连续介质,所需满足的条件仅在于能否将原来的位移场合理地近似为连续位移场。当进一步考虑人工结构时,虽然此类结构是非均匀的,但是由于此类非均匀性的长度尺度是"宏观"的(与单胞尺寸相比而言),因而上述的连续近似仍然是成立的,可以将其视为连续介质来分析和处理。

下面采用前述的连续介质极限下弹性波传播的两种视角来进行分析。第一种视角是微观层面的,可以获得时间上的演变过程,第二种视角是建立在守恒原理基础上的。将这两种视角组合起来使用是非常必要的,因为只有通过第二种视角才能够导出对称性破缺概念和拓展偏振概念,从而使得我们可以进一步考察声子的矢量本性。

7.3.4 演变和守恒——微观运动方程与变分原理

首先从微观层面上的运动方程开始分析,该方程是从平衡条件或者说无限小单元的受力平衡推导得到的,平衡态要求

$$\nabla_j \sigma_{ji} + X_i = \rho \frac{\partial^2}{\partial t^2} u_i \tag{7.10}$$

式中:X_i 为外部体力;σ_{ij} 为应力张量的分量;u_i 为粒子的位移。随后需要根据所考察的固体将其弹性张量的有关特性引入进来,从而可以做进一步的简化。在均匀各向同性的线弹性固体情况下,可以得到

$$(\lambda + \mu)\nabla[\nabla \cdot \boldsymbol{u}(\boldsymbol{r})] + \mu\nabla^2 \boldsymbol{u}(\boldsymbol{r}) + X = \rho \frac{\partial^2}{\partial t^2} \boldsymbol{u}(\boldsymbol{r}) \tag{7.11}$$

式(7.11)是较为常见的关于矢量位移的运动方程,也就是人们所熟知的弹性波方程。在这一微观分析方法中,仅考虑物体内一个无限小单元的平衡条件,从物理层面来说,这实际上等同于将弹性行波视为一种很小的扰动,该扰动将通过每个微单元进行传播,每个位置上的运动则趋于使这种扰动恢复到平衡位置。我们感兴趣的是在该介质中,弹性行波的传播形式和性质。为此,人们通常假定它的形式解为 $\boldsymbol{u}(\boldsymbol{r}) \cdot e^{i(\boldsymbol{k}\cdot\boldsymbol{r}-\omega t)}$,这一假设更多的来自于经验,而不是对波动现象的推理。那么为什么这一假设能够成立呢?上述方程实际上是波动方程的形式,为什么要采用这种形式的解呢?如果给定的是较大的扰动,如冲击波,那么

支持该方程的相关前提毫无疑问将不再成立,需要构造一个新的、可能是非线性的运动方程来描述这种冲击波的传播行为。那么应该怎样来处理呢? 前面这个形式解中的 k 代表什么呢? 对于上述这些疑问,需要借助第二种方法才能给出答案,该方法从守恒性出发开始分析,可为我们所要建立的统一框架提供哲学层面的有力支持。现在来阐明这一点,并将其与前述的微观分析方法整合到一起。

首先,考虑均匀介质情况(后面将放宽这一假定),此时可以将位移视为一个连续场。当不存在损耗时,由于系统具有时间上连续的对称性,显然能量应当是守恒的。由于系统具有连续的空间对称性(在所考察的长度尺度上),因而线动量也是守恒的。当然,如果这一系统不再旋转,那么角动量也将是守恒的。利用这些守恒原理,可以在某个空间域 Ω 中(边界为 $d\Omega$,边界梯度方向矢量为 $\boldsymbol{n}$)建立一个关于某个守恒量 $M(t)$ 的连续性方程,即

$$\frac{\mathrm{d}M(t)}{\mathrm{d}t} = R(t) + S(t) \tag{7.12}$$

$$M(t) = \int_{\Omega} \rho(\boldsymbol{r},t) \mathrm{d}V \tag{7.13}$$

$$R(t) = \int_{\Omega} \boldsymbol{F}(\boldsymbol{r},t) \cdot \boldsymbol{n} \mathrm{d}S \tag{7.14}$$

$$S(t) = \int_{\Omega} s(\boldsymbol{r},t) \mathrm{d}v \tag{7.15}$$

上面的 $\boldsymbol{F}(\boldsymbol{r},t)$ 体现的是该守恒量的通量强度,$s(\boldsymbol{r},t)$ 为该空间域中的源和汇。这一连续性方程涵盖了所有能够使 $M(\boldsymbol{r},t)$ 保持守恒的过程,在冲击波情况下也是成立的[32],只要介质中不出现裂缝(进而引入了不连续性)等异常现象。就弹性波而言(这里不再考虑冲击波),可以考察守恒定律的微分形式。实际上,由系统的能量(质量)守恒和线动量守恒,可以导出以下两个微分形式的连续性方程式,即

$$\frac{\partial(\rho \boldsymbol{v})}{\partial t} + \nabla \cdot \boldsymbol{T} = 0 \tag{7.16}$$

$$\frac{\partial \rho}{\partial t} + \nabla \cdot (\rho \boldsymbol{v}) = 0 \tag{7.17}$$

式中:$\boldsymbol{T}$ 为应力张量;ρ 为质量密度;$\boldsymbol{v}$ 为相关通量速度。这里还需要将本构方程代入,它们代表了特定材料的本构行为,如弹性张量可能是线弹性或者各向异性情形。在这一分析方法中,当考虑不同系统时,只需改变这些本构关系即可。或者说,前述波动方程的变化只是由于本构关系的不同而引起的。对于线弹性各向同性介质,如果假定质量密度是在远大于行波波长的尺度上变化的,那么该行

波对质量密度的这种不均匀性是不敏感的,此时的弹性波方程可以表示为

$$(\lambda + \mu)\nabla[\nabla \cdot \boldsymbol{u}(\boldsymbol{r})] + \mu \nabla^2 \boldsymbol{u}(\boldsymbol{r}) + \boldsymbol{X} = \rho \frac{\partial^2}{\partial t^2} \boldsymbol{u}(\boldsymbol{r})$$

类似地,上式中的 $\boldsymbol{X}$ 代表了任何相关的外力(体力)。这一描述为我们提供了一个略有不同的视角。如果将行波视为一种初始扰动在介质中的传播过程,那么还可以将其看成某个守恒量在空间每个区域的流动过程,这里就是线动量。一般而言,也就是借助动量连续性方程来考察行波的传播过程,并需要将本构关系代入方程中。虽然这里针对的是各向同性线弹性固体,其本构关系实质上是线弹性材料响应形式,但是更一般地,也可以将材料响应行为中的非线性、黏性以及其他一些复杂因素包括进来。这些因素一般是在应力张量项 $\boldsymbol{T}$ 中体现出来的。当将本构关系代入到连续性方程之后,也就可以获得弹性波方程了。顺便指出的是,这一推导方法完全是从动量守恒角度出发的,而微观分析方法则不是如此。那么这一方法能为我们提供何种内在认识呢? 由于这里的波动方程是从线动量守恒原理导出的,且系统具有连续的空间对称性,因此这实际上也就告诉我们标准模式分解必须在傅里叶空间中进行,也即采用 $\boldsymbol{u}(\boldsymbol{r}) \cdot \mathrm{e}^{\mathrm{i}(\boldsymbol{k} \cdot \boldsymbol{r} - \omega t)}$ 的形式解来进行分析,其中的波矢 $\boldsymbol{k}$ 代表了波动方程本征解所处的自然空间。这本质上可以理解为以傅里叶模式对方程的解进行标准模式分解,因此就应当选择带有 $\mathrm{e}^{\mathrm{i}(\boldsymbol{k} \cdot \boldsymbol{r})}$ 因子形式的解了(因子也就是所谓的自然坐标),这也正是为什么标准模式应当选取 $\boldsymbol{u}(\boldsymbol{r}) \cdot \mathrm{e}^{\mathrm{i}(\boldsymbol{k} \cdot \boldsymbol{r} - \omega t)}$ 的原因,其中的 $\boldsymbol{k}$ 要么取一组离散值,要么取连续值,主要取决于空间对称性的具体情况。

到现在为止,已经从两种不同视角出发推导建立了相同的弹性动力学波动方程,其中的第二种视角能够帮助我们更深入地理解本质特征,这种视角不仅突出了波动过程的本质,而且还揭示出波矢 $\boldsymbol{k}$ 的重要性(用于表征标准模式),并体现了波动方程求解时所采用的著名的平面波形式解的合理性。然而,还需要进一步将这些原理加以拓展,这样才能更有利于深刻认识如何来处理弹性动力学的矢量本性。当前的这个方程还没有体现出任何与弹性波矢量本性有关的信息(或者说偏振自由度的个数信息),因此就需要引入偏振这一概念,并从连续系统的对称性破缺层面来进行分析。对于我们所提出的统一框架而言,引入偏振,进而将声子场的矢量本性考虑进来是一个关键点,据此可以像处理标量场那样轻松地考察矢量场问题。

7.3.5 矢量声子的对称性破缺和偏振

从离散的观点来看,声子的偏振源自于声子与其他材料单元或原子的相互关联性,即空间和材料的稳定性和维度要求。从连续的观点来看,声子的偏振也

是源自于稳定性和维度的要求,不过是从相关的势能和可能的稳定解这一角度来认识的。就后者而言,无需对介质的内部结构细节作出任何假设,只要求是力学稳定且能量稳定的连续介质即可。毫无疑问,连续性要求与介质的稳定性是具有非常紧密联系的,而介质的维度是怎样决定结构允许的偏振自由度的呢?这实际上与守恒方程直接相关,同时也跟对称性破缺概念有关。为了深入理解矢量场的偏振问题,必须从另一角度来考察声子的存在性,也就是对称性破缺[33]和 Goldstone 模式这一角度。偏振自由度主要受到空间维度和系统刚度的限制,前者的限制是非常明显的,它决定了运动只可能出现在某 N 个维度上,给出了所允许的最大自由度数,后者则决定了实际允许出现的偏振自由度,也就是物理上所允许的运动维度。例如,可以借助流体介质和固体介质来说明这一点,典型的流体介质只能允许单个"偏振"模式,也就是由质量密度的波动形成的标量声波模式;对于弹性固体介质来说,由于它们能够承受剪切、扭转和压缩,因而物理上一般允许存在 3 种偏振模式(任何方向上)。

对于设计各种不同声子结构的色散关系来说,必须对偏振情况有着清晰的认识。在均匀的三维连续介质中,可以具有两种横向模式(剪切和旋转,无胀缩)和一种纵向模式(胀缩,无剪切)。这一结果的导出,是因为每种可能的矢量位移场可以取以下形式[34],即

$$U(r) = \nabla \phi + \nabla \times \psi \tag{7.18}$$

式中:ϕ 和 ψ 分别为标量势与矢量势。正是这两个势产生了对应的纵向模式和横向模式,不过据此并不能进一步加深我们对合成模式的理解,因为这一关系没有提供更多的信息。我们也可以换一种途径,考虑以下哈密尔顿量,即

$$H = \frac{1}{2} \int d^d x \left[\sum_a \left(\rho \frac{\partial u_\alpha}{\partial t} \frac{\partial u_\alpha}{\partial t} \right) + \sum_{\alpha,\beta} (2\mu u_{\alpha\beta} u_{\alpha\beta} + \lambda u_{\alpha\alpha} u_{\beta\beta}) \right] \tag{7.19}$$

式中:μ 和 λ 为拉梅常数。从重复求和可以清晰地看出,所得到的哈密尔顿量是具有旋转不变性的,因此在傅里叶空间中它应当只包括旋转不变量,形式为

$$H = \frac{1}{2} \int \frac{d^d}{(2\pi)^d} k \left[\frac{\rho}{2} \left| \frac{\partial u(k)}{\partial t} \right|^2 + \frac{\mu}{2} k^2 |u(k)|^2 + \frac{\mu+\lambda}{2} (k \cdot u(k))^2 \right]$$
$$\tag{7.20}$$

对这个哈密尔顿量分解之后,就可以将模式划分成两组,一组是横向模式(k 垂直于 u),另一组是纵向模式(k 平行于 u),横向模式是简并的(简并度为 $d-1$,d 为维数)。

现在来讨论介质中可实现的偏振模式是由何种原因决定的。首先,声子是 Goldstone 模式的一种简单形式,是从介质的连续对称性破缺导出的。这里需要

注意的是,前面曾经指出过连续对称性将导致声子模式的生成,这听上去似乎有点矛盾。其实不然,关键问题在于我们所考虑的"连续性"长度尺度!不妨先来看一下 Goldstone 模式。在固体介质中,键的形成会导致晶体结构的生成,从而打破了所有尺度上的连续平移对称性,而成为一种具有离散平移对称性的系统。这种连续对称性的破缺会导致生成 Goldstone 模式,也就是这里的声子(长波长)。Goldstone 模式的一个特征在于,在零波矢处它们的波长将趋于无穷大(频率趋于零),每个这样的对称性破缺都将导致生成一个新的模式。如果将所考察的介质视为连续介质,那么其长度尺度要大得多,在这种长度尺度上将具有连续的空间对称性(连续且均匀),因而不应感觉到矛盾的存在。正确识别问题的长度尺度之所以非常重要,也正是因为这一点。

现在,需要将这一对称性破缺概念作进一步拓展。对于各向同性固体介质,从系统的对称性可以导出纵向和横向模式是允许的本征模式。这种晶体结构仍然是相当对称的,当然,实际结构不可能是各向同性弹性的,即使是具有最高对称性的立方晶体结构也会具有特殊的刚度常数。Nye[35] 和 Landau 等已经针对不同晶体的弹性常数的正确分类做过非常漂亮的研究。这里要注意的一点是,弹性波的偏振本征态能否存在于结构中,主要取决于底层的对称性特征。可以通过一个例子来说明这一点。假定考虑的不是各向同性介质,而是一种具有球对称性的特殊介质,那么偏振本征态自然就需要遵从这种球对称性特征。一个本征态将表现出球对称性(仅取决于$|r|$),而其他可行的本征态则应取决于它们与角坐标(ϕ, θ)之间的依赖关系。这些本征态通常称为辐射状的"呼吸态"、偶极子型模式和四极子型模式,正在传播的声子所表现出的具体偏振方向则由传播方向与晶体对称性之间的关系决定,这些偏振情况实际上就是沿着声子传播方向上的本征模式。通常人们从几何上将它们沿着二次曲面进行法向投影,这实际上也等价于向结构或介质的本征模基底子空间进行投影,又称为不可约表示。

人们都知道,晶体要比各向同性结构的对称性更低些,相比而言也就相当于打破了高对称性系统的对称性。由此将导致不同偏振本征态的形成,并且在不同方向上表现出不同的传播速度,这与前面提及的球对称性系统与各向同性系统之间的区别是非常类似的。显然,偏振本征态并不总是纯横向或纯纵向的,它们取决于系统所具有的特定对称性类型。在晶体分析中往往容易出现某些错误的做法,如采用传统的正交坐标系来进行研究就是如此。这里有必要再次强调偏振这一概念以及应当如何处理偏振。偏振自由度主要是由介质的维数决定的,传统的横向模式和纵向模式只是所有可行模式中的一部分而已。更准确地说,这些可行模式应当统称为偏振本征态,它们的性质和形式取决于介质所具有的对称性,这也是对偏振本征态最正确、最一般的分类方法。

结构或介质的不均匀性可以在各种不同长度尺度上打破均匀系统所具有的对称性,在晶体和人工结构情况下,也可以针对初始较高的对称性来有意识地打破某些对称性特征,由此得到的色散关系也将变得显著不同。这一做法的起点在于对长度尺度的认识。在人工结构中,需要打破的对称性应当针对的是那些超出声子所能"感受"到不均匀性的长度尺度,由此将改变波矢 k 的性质以及与之相关的可能取值,事实上这些都代表了空间对称性的打破。从物理层面来说,人工结构中的不均匀性会导致在一定长度尺度上波的传播行为发生改变,进而形成了空间色散,一般称之为结构的非局域性。从数学层面来看,非局域性意味着介质对行波的响应(例如群速度等)是显式依赖于波矢 k 的。双原子晶体就是一个很好的例子,非局域性体现在亚晶格间距这一长度尺度上,并表现为一条声子光学分支。这也清晰地表明了,无论是晶体还是人工结构,介质中的每种本征模式的偏振情况都是根据相关子空间中正确的对角化导出的(由对称性决定)。偏振场所带来的复杂性主要来自于结构非局域性所导致的相互作用,这些相互作用的本性是有所不同的,也是由相关的长度尺度决定的,可以是散射($\lambda/a < 1$),也可以是干涉($\lambda/a > 1$)。当然,虽然这些相互作用会带来诸多复杂性,但是所有的行为都仍然受到全局不变量和介质对称性的控制。

7.3.6 基于对称性破缺的弹性动力学总结与评述

前面采用了两种视角进行了讨论:一种是较为传统的微观分析方法;另一种是建立在守恒性和对称性基础上的方法。借助这两种视角的分析,能够更为深刻地认识弹性波传播的本质,并将其与线动量守恒性关联起来。我们阐明了偏振自由度实际上是从原子尺度上的对称性破缺推导得到的,由此也就导致出均匀介质中 Goldstone 模式的形成。然而,与传统情况不同的是,偏振本征态并不总是可以分解成常见的横向模式和纵向模式,这一分解仅对于具有正交对称性的系统才是正确的,例如立方对称性或正交对称性的系统。一般而言,偏振的存在源自于对初始连续系统的对称性的打破(在任何长度尺度上)。偏振本征态的具体形式是由结构或介质所具有的具体对称性类型来决定的,因而它们可能是相当复杂的。

在人工结构的研究中,人们总是希望在感兴趣的长度尺度上来构造出不均匀性,因而上述结论也是适用的。偏振态仍然要遵从人工结构所具有的对称性要求,当然,色散关系可能会变得复杂得多,但是决定偏振态特征的根本原理依然不变。不同的不均匀性将导致波矢 k 的取值和实际物理含义也有所不同。我们已经指出,偏振态是相当复杂的一个问题,以典型声子结构的能带图为例,其中可以存在 60 种不同情形,这与晶体情况是相似的。这也使得我们在确定和划分各类人工结构的偏振本征态时有了参考和借鉴。

虽然现在已经将偏振本征态纳入到对称性破缺和守恒定律这一统一分析框架中,但是如何控制此类声子结构的偏振本征态,以合理调控它们的色散关系,仍然是一个尚未解决的问题。事实上,偏振情况是需要遵从结构所具有的对称性的,这些对称性将给结构带来一定的约束或限定,这显然为调控偏振情况(进而调控色散关系)提供了一条解决途径。不过,这种约束关系还不够清晰和明确,仍需要对结构中的非局域性效应进行分析和讨论。无论如何,如果我们希望设计出独特的声子传播行为并获得预期的性能指标,就必须深刻理解声子偏振态的重要性。实际上,只需要利用长度尺度和偏振这些概念来构建一个清晰的设计框架,就能够实现这一目的,从而极大地增强对 $\omega(k)$ 的调控能力。

7.4 统一设计框架的构建 —— 数学结构

7.4.1 引言

7.3 节重点介绍了一般非均匀介质中控制经典声子传播的弹性动力学方程,非均匀介质中(波导、谐振器、晶体或超材料等)传播的经典声子具有矢量本性,这使得在微观层面上非常难以跟踪其传播过程。从应用的角度来看,建立可用于特定非均匀介质设计的相关规则,可能是人们更为渴望的,这样有利于获得所期望的声子传播行为,并将这些新颖而有价值的声子装置应用到各种场合。显然,理解声子的矢量本性并对其加以调控,不仅具有重要的理论意义,而且还具备了实际应用价值。那么这里就需要回答一个问题:能否找到一般的控制方法来调控人工结构中传播的矢量场呢?

当将人工结构中的声子偏振态与晶体中的声子偏振态相互对照时,可以发现二者的区别主要来自于介质中非均匀性的长度尺度。这一点与介质的非局域性有着直接的关系,非局域性是指介质的响应与波长和波矢有关,它决定了那些导致声子传播色散特性的相互作用的具体类型。反过来,非局域性导致的相互作用又会受到全局不变量的限定(通过人工结构的对称性),后者决定了何种相互作用能够发生。

可以说,色散关系的调控不仅仅只是能够实现完全谱带隙构造这样的功能,还可以用于实现一系列有用的能带特性,例如负折射、双负能带甚至理想超透镜聚焦等相关特性。实际上,色散关系的调控就是指调节能带的曲率和位置,例如每条能带的频率范围。从理论上来说,是可以针对结构可能的本征模式的传播速度和色散曲线分别进行控制的。当然,不能只限于无限系统或结构(只有理论价值),还应当把边界或不同介质的分界面考虑进来,从而才能构成完整的设计框架。也就是说,我们希望构造的设计框架更具一般性和实用性,尽可能少地受到限制。这就意味着必须能够在这个框架中对本征态的存在与否、每个能带的曲率和色散形式等加以控制,那么应当怎样来进行呢?

在 7.3 节中已经指出,只需向偏振自由度子空间进行投影,就能够提取到系统的本征模式了。很自然地,这些本征模式将构成这个不变子空间的不可约基。这里最关键的问题是:这些子空间投影是由什么决定的。因为每个新模式都来自于原始系统的对称性破缺,因而每个模式的偏振态也就是由结构所具有的全局对称性所控制的。在群论中已经指出,特定声子本征模式可能具有的显式空间对称性是受到全局不变量限制的,这是波矢迷向群的一个显式的不可约表示。只需参阅相关的优秀教材就能够注意到,这里的表示理论实际上是类似于声子本征模式的子空间投影的。这也正是此处所要给出的方法,即采用数学方式来考察不同人工声子结构的设计过程。

本节主要致力于构建前述的一般性设计框架,借助基本的线弹性动力学(控制了声子传播)对声子结构的色散关系进行设计,使之形成一个数学框架。利用这一数学框架,能够辨识出各种相互作用类型的可能性,从而能够实现谱带隙构造等相关的功能。不仅如此,利用这一框架还可以非常清晰地处理复杂的声子偏振场,它能自动揭示出所感兴趣偏振场的矢量或标量本性。最后,还可以据此直接对所期望的相互作用的尺度与程度进行调控。实际上我们将可以很清晰地发现声子结构中究竟需要具备怎样的特征,才能获得期望的声子模式,这也正是我们所需要的最主要的信息,在此基础上就能够实现对此类结构的声子色散关系的设计与控制了。

为了更清楚地认识将要给出的统一框架是能够以非常清晰的方式来处理声子场的矢量本性,并且可以处理无限和有限的周期或非周期系统,这里需要从不同侧面来简要阐述这一数学框架。这一框架主要包括以下关键点:① 通过回避具有相同对称性的能带出现交叉点来生成谱带隙;② 非局域性原理(揭示了晶格在控制声子传播的色散和动力学行为中的重要性);③ 局域原理(利用变分法将微观层面的物理过程关联起来,并调控若干波矢点处的本征频谱);④ 全局原理(将结构所具有的所有全局不变量以及相关的声子色散行为关联起来)。这 4 个方面组合到一起,可对调控声子结构的完全谱带隙的位置和范围起到非常重要的作用,包括无限结构和有限结构均是如此。更明确地说,结构边界的范围和存在与否实际上是不受限制的。事实上,虽然看上去这似乎是一个纯数学框架,有一点抽象,但是它将表明群论所给出的针对本征模式的不可约描述,实际上可以确定由结构的非局域性所支配的相互作用情况。或者更准确地说,不可约描述反映了本征模式的特征以及不同能带之间可能存在的相互作用。这里必须记住这种全局原理对声子结构本征模式的行为从整体上做了限定。在更深入地考察全局原理之前,首先来介绍如何利用某种相互作用来实现谱带隙的设计,并检查交叉点回避所需满足的条件。

7.4.2 回避交叉和摄动理论

我们所构建的框架是一般性的,可以用于微观层面的能带调控,也就是对色散能带中的模式及其位置进行调控。这一点是非常重要的,因为虽然全局限制对声子传播的可能模式做了限定,但是据此并不能构造出特定的功能特征。为了实现这一目的,需要对微观层面进行分析,或者说对色散关系设计中的动力学问题进行分析,一般而言,结构化介质中的声子传播会涉及各种界面,因而会产生多重散射行为。

在7.4.1小节里,我们已经简要介绍了偏振问题,并认识到人工结构或均匀介质中的声子本征模式都是依赖于底层的对称性特征的。此外,也已经认识到一维声子晶体结构中的典型本征模式以及它们与传统介质的横向和纵向模式之间的关系。在认识到人工结构中的本征模式是由系统的对称性所决定的之后,现在来考察形成谱带隙所需满足的基本条件,这也是控制本征模式所需满足的条件。应当说,在 Zener 时代或者说在固体物理学发展早期,借助电子和固体能带理论,人们已经较好地理解了避免交叉这一现象。不过,避免交叉这一概念实际上是具有很强的一般性的,在研究系统的本征模式对称性及其在(ω,k)空间中的行为特性时也存在这一现象。我们知道,在一维声子晶体中,结构的对称性将导致两类本征模式,即关于镜像面(沿着周期方向)是对称或反对称的。在布里渊区边界上的布拉格型散射只会在两个对称或反对称的模式之间出现,也就是说这两个模式具有相同的对称性。事实上,这一布拉格散射机制也正是避免交叉的一个实例表现。从物理层面来说,它对应于这样一个现象,即系统的对称性不允许某个位置处发生简并(两个本征模式在该位置交叉),因而这些能带在相互作用之后就产生了谱带隙。这里一个至关重要的关键点是,这种相互作用要想发生,根本条件是要求这两个模式应当具有相同的行为(就该人工结构所具有的群对称性而言),也就是说它们必须具有相同的不可约表示。从数学的观点来看,避免交叉和不可约表示都来自于群论[36]和表示论。这里不妨给出一个不可约表示,以便更好地加以认识。

考虑一个在 xy 二维平面上具有某种对称性的系统,且该系统在正交的 z 方向上具有不变性,也就是说该系统具有单轴对称性。于是,对于该系统的广义位移来说,可以在常用的笛卡儿坐标系中将其表示为

$$\boldsymbol{U} = \begin{bmatrix} u_x \\ u_y \\ u_z \end{bmatrix} = \begin{bmatrix} u_x \\ u_y \\ 0 \end{bmatrix} + \begin{bmatrix} 0 \\ 0 \\ u_z \end{bmatrix} = \text{Irre}\boldsymbol{p}_{xy} + \text{Irre}\boldsymbol{p}_z \quad (7.21)$$

可以发现，xy 平面内的任何群对称操作都只会影响到 $\text{Irre}\boldsymbol{p}_{xy}$，而 $\text{Irre}\boldsymbol{p}_z$ 仍保持不变。例如，假定关于 z 轴施加一个转动角 θ，可以得到

$$\hat{\boldsymbol{R}}\boldsymbol{u} = \begin{bmatrix} \cos\theta & -\sin\theta & 0 \\ \sin\theta & \cos\theta & 0 \\ 0 & 0 & 1 \end{bmatrix}\begin{bmatrix} u_x \\ u_y \\ u_z \end{bmatrix} = \hat{\boldsymbol{R}}\begin{bmatrix} u_x \\ u_y \\ 0 \end{bmatrix} + \begin{bmatrix} 0 \\ 0 \\ u_z \end{bmatrix} = \hat{\boldsymbol{R}}\text{Irre}\boldsymbol{p}_{xy} + \text{Irre}\boldsymbol{p}_z$$

(7.22)

很明显，这里的转动操作只影响到 $\text{Irre}\boldsymbol{p}_{xy}$，两个子空间是正交的，不会发生相互作用。这就是一个不可约表示的简单实例，它实质上是场变量在不变子空间中的表示。于是，对于两个存在于相同子空间中且具有相同的不可约表示的本征模式，它们能够发生相互作用，进而导致避免交叉现象，而那些具有不同的不可约表示的本征模式只是简单地在 (ω, k) 空间中相互交叉，后一种现象通常称为在交叉点处发生了偶然简并。

对于人工结构，识别其对称性就是要确定能带中每个本征模式的不可约表示，在此基础上就能够预测和控制避免交叉（进而谱带隙生成）在什么位置出现。可以看出，我们实际上是在一个数学框架内来看待相关物理问题，在这一数学框架中针对系统受到的所有物理扰动进行处理，这些扰动可以包括材料组分的变化、材料几何结构的变化、边界和界面的影响等。

很显然，本征模式所对应的偏振态是由它们的不可约表示来描述的，进而也就取决于系统的对称性，并且借助传统的纵波和横波概念在这里往往难以准确地表达这些偏振形式。必须记住的是，传统的纵波模式和横波模式都是针对弹性波在各向同性均匀介质中传播的（源自于拉梅解），因此它们只是此类系统的本征模式，但并非适用于所有类型的系统。

如果将不可约表示这一概念应用于 Lamb 板这一经典问题，可以发现无须从代数角度或微观角度去考察波矢 k 的变化就能够解释能带的行为。事实上，从代数观点看待避免交叉这一现象是不大容易理解的。应当注意到这一经典问题具有最简单的群，仅包含了两个元素，即 $\{E, m\}$，并且还是一个有限系统，即其尺寸是有限的。这两个因素能够帮助我们揭示出避免交叉方法的一般性，不仅可以处理无限系统，还可以分析带边界的系统。此外，这个特定系统的低对称群还使得不可约表示非常容易处理。

下面讨论另一设计目的,即在 Lamb 板中构造出多个完全谱带隙,而不是单个谱带隙。这里需要再次指出的是,两组模式(能带曲线)的分离是由系统的对称性导致的。因此,通过从数学上去改变能带特征,也即利用全局性原理将所有不可约表示简化成平凡单位表示,可以增强能带间的相互作用。从物理意义来看,这实际上就是对相互作用进行控制,使得只有那些满足边界条件的本征模式存在,它们是关于板中面反对称的。需要注意的是,虽然沿着 $\varGamma X$ 方向这些可行的不可约表示都是平凡单位表示,但是 $\varGamma$ 点除外。

可以看出,在 Lamb 板这一经典问题中,正确认识系统本征模式的基本机制之后,就能够对它们进行改变,从而设计出具有新颖特性的板结构。在这个特殊实例中,只需简单地确定系统的不可约表示,然后降低系统的对称性,就能够借助避免交叉将原来的均匀板设计成具有多个谱带隙的板了。

7.4.3 非局域性——晶格的影响与相互作用

作为声子晶体或声子晶体板来说,这里所考虑的人工结构的本征模式必须满足晶体的空间或平面群的离散对称性,所允许的不可约表示是与相关波矢的迷向群对应的[36]。这实际上可以归结为物理系统的离散对称不变性所产生的结果,本征模式解必须采用对应的不可约表示。如果从更为抽象的层面来看,那么人工结构所具有的对称群从数学上将解分别转化到了不变的正交子空间中,这是 Schur 第二引理[38]的结果,该引理指出不同的不可约表示是相互正交的。

避免交叉可以看成是介观尺度的和非局域性的,它能够发生在所有长度尺度上。一些实例已经揭示了这一现象,无论是最简单的有限系统还是无限晶格均会发生相同的现象,实际上在这两种情况下,都可以清晰地识别出源于不可约表示的避免交叉现象。之所以说它是非局域性的,是因为其行为依赖于波矢(对于相关的迷向群),对于有限板结构和无限声子晶体结构,其谱带隙的生成都可以在这个完全相同的基础上来进行分析。这种非局域性是针对所有可以导致相互作用的对称性类型的,无论是何种长度尺度和何种对称性类型(如平移、点和时间反转对称性等)。

在物理层面上不难理解,对于波的传播而言(即 $E(\bm{k},\omega)$,E 代表感兴趣的响应函数),其空间色散强度是显著依赖于介质的非局域性的,而空间色散又进一步是与波和介质几何结构之间所发生的相互作用的长度尺度存在一定的内在关系的。例如,在线性色散关系中,介质和波之间的相互作用就是与长度尺度相关的,而在另一极限情况中,即当色散关系与波长无关时,波将表现出空间局域性,能带曲线则表现为平直带或者说零色散。一般来说,系统的能带都位于上述这两种极限情况之间。对于维度大于 1 的一般系统而言,这似乎表明调控色散曲线的数量是一个相当困难的工作。当然,可以针对相互作用发生的特定点应用摄动理论来做解析处理,由此来考察相邻色散曲线的特征,这种方法中最主要的是如何在系统摄动中保留正确的项[39]。在此基础上,需要问这样一个重要问题,即在 k 空间中的任意位置处是什么导致了摄动?答案应当是能带的对称性,因为对称性必须在多个长度尺度上(如整个能带)均得到满足,在所有的相互作用中对称性都应当体现出来。

正如前面曾经指出的,一种相互作用或者避免交叉行为能否出现是取决于不可约表示的,这些行为也意味着介质中波传播行为的非局域性。非局域性的程度是受几何构型以及不同材料组分间的差异性影响的。介质中的非局域性极为重要,它能够影响到能带之间的相互作用强度,进而决定了能带上的群速度(或者能带的曲率与色散行为)。以往的研究中常常忽视了这一点,在局域共振声子晶体(LSR)方面的先驱性工作[31]中,就没有提及介质的非局域性,当然这主要是由于该作者主要关心的是组分材料间的大弹性差异(使得该结构工作在弱非局域性极限情况下)。在 Liu 的这项研究工作中,基本思想源自于谱带隙打开机制的"局域性"本质,它与通常的布拉格型机制有着显著区别。不过实际上,这两种带隙生成机制都严格的避免交叉。这里需要强调的是,对于晶格结构来说,谱带隙打开机制是严格非局域性的,特定组分材料的选取会影响到非局域性程度。我们已经通过一些非常简单的模型揭示了晶格对色散关系的影响,其中采用了相同的构造单元,并通过调节其中的一种材料相来引入非局域性。在所有考察的晶格中,固体散射体的材料是不变的,即 $E = 40\text{GPa}, v = 0.3, \rho = 4000\,\text{kg/m}^3$,基体材料特性为 $E = 4\text{GPa}, v = 0.17, \rho = 1300\,\text{kg/m}^3$,而改变的是这二者之间的连接材料特性。需要注意的是,这里的这个局域共振声子晶体结构是可以通过调整其中一种材料相(即材料1)来实现从经典声子晶体结构到局域共振声子晶体结构这一转变的。此外,即便是在某个极端情况下,这个材料1的刚度仍然比原始研究[31]中高出3个数量级,不过依然可以产生特性相同的能带结构。显然,这里的"局域"共振机制实际上是材料改变导致非局域性强度发生变化而产生的结果,而不是一种全新的机制。事实上,常见的局域共振机制的表述是不正确的,因为避免交叉是出现在非零波矢处的。进一步,通过检查相关的本征模式,可以发现相关能带的不可约表示是不同的,因为迷向群也是不同的。由此不难理解,本征模式的不可约表示再一次体现了谱带隙打开机制的非局域性本质。

7.4.4 局域性原理——基于几何观点的变分原理

前面已经指出了可以通过材料和系统对称性的选择来调控非局域性程度。这些原理都是一般性的,也就是说它们适用于所有具备特定的空间或平面群对称性的结构类型。人们已经通过选择材料这一方式对非局域性程度进行了调节,不过没有考虑谱带隙中相互作用的强度、能带位置(即本征频率)以及能带在 k 空间中的变化形式等方面的调控。

在设计声子晶体时,通常需要考虑散射体的散射强度、不同组分材料相之间的力学差异及填充比等。然而,这些设计中考虑的因素既不能帮助我们认识避免交叉的作用也不能让我们了解晶格(非局域性)的重要性,而这些对于谱带隙的生成来说却是极为重要的。例如,虽然在框架中可以很容易地认识到亚波长和布拉格带隙是源自于避免交叉的,然而这种根本机理从微观上的共振隧穿或布拉格散射层面上来看却并不够清晰。此外,这两种微观层面的机制只在独立的或简单的系统中才能够加以严格的分析处理,如一些低维结构(无长程有序性,对于共振隧穿)或简单的一维晶格(对于布拉格散射)。显然,我们需要给出一种一般性原理,它应当能控制本征频率的分布,进而帮助我们有效地处理散射和隧穿过程中涉及的能量问题。

实际上,变分方法已经给出了一种很自然的处理手段,可以用于分析本征模式的对称性及其本征频率。应当注意的是,大多数运动方程都可以转换成变分形式,其过程类似于将运动方程转换成守恒方程(参见 7.3 节)。在变分方法中,基本思想是建立一个相关的能量泛函 $E\{u(r,t), u_t(r,t), u_r(r,t), r, t\}$。作为一个简单的实例,考虑一个做自由振动的声学球体,其本征模式(按照本征频率大小升序排列)包括径向呼吸模式和偶极模式的 m 重简并集。从物理含义上看,可以认识到这些本征频率将随着本征模式形状的节点数的增加而增大。这实际上是可以与精确的能量泛函相互关联起来的,其中包括位移的一阶空间导数,因此当节点数增大时,能量也会随之增大,进而相关的本征频率值也会增大。尽管比较简单,但在变分方法方面这一声球实例却相当具有代表性,它能够给出一系列本征模式。

借助变分视角来考察相关问题,就能够同时揭示出所有的微观过程,从而得到本征频率的变化情况。所需关注的是每个本征模式频率的位置,这只需分析应变能泛函中的相关项以及每个 k 方向上所允许的不可约表示即可。

上面的讨论已经体现了在系统对称性的基础上应当怎样来应用变分原理。事实上,借助这种特殊的几何优化过程可以有效改进布拉格散射行为(声子结构中),以扩大谱带隙的范围。此外,还需要引入群论和表示理论[36]这些一般性原理。前面已经针对简单的单轴系统澄清了不可约表示这一概念,不过还没有阐明它们与整个能带结构之间的关系,以及它们与特定的平面或空间群对称性的依赖关系。全局对称性决定且限制了能带结构的可能形式,而借助变分方法和避免交叉则明确了能带结构大多数主要特征的设计可能性,如谱带隙的形成。将这些局域性原理与全局对称性原理(决定了动量空间中能带的变化)结合起来使用,就可以真正实现色散关系的设计,从而构造出所期望的传播行为,如谱带隙。

7.4.5 群和表示 —— 非点式空间群和 Wyckoff 位置

这里讨论的是全局设计原理,涉及群对称性及其表示。群对称性是全局性的,因为它决定了相互作用(避免交叉)的可能性,以及每种模式的特征(针对它们的不可约表示)[36,38]。可惜的是,人们大多将其作为一种分析工具[36],而没有作为一种设计原理来使用,实际上这二者是等效的,我们认为群论是可以用来作为统一设计框架的底层基础和设计语言的。本节将关注群论中的两个不太常用的方面在固体物理学中的应用,分别是:① 平面群中的因子群,主要是通过调整 Wyckoff 位置来修改声子超材料的能带结构;② 非点式空间群的全局特性,特别是能够使能带趋于特定方向(沿着布里渊区边界)的特性。

人们经常推测在具有最小不可约布里渊区的结构中会存在最优的大带隙,其依据在于这实际上相当于将布拉格散射从一维情况直接拓展到了高维情况。这通常也就暗示了高对称的平面群,如六边形平面群(p6mm)是一个备选的空间群。然而,情况未必如此,近期的一些研究工作已经指出,某些较低的对称平面群,如带有两个原子基的蜂窝状晶格(p3m1)就可以表现出更大的谱带隙(与对应的 p6mm 晶格相比)。这显然与以往的认识产生了不一致,它主要源于人们对平面群的对称性对人工结构究竟有何种影响这一问题理解得不够深入。

带有特定平面或空间群对称性的人工结构可以视为初始各向同性(所有尺度上)结构的对称性被打破的结果。很自然地,这些反映这种对称性破缺的本征模式就必须采用较低的群对称性所对应的不可约表示了。这一点跟从各向同性且均匀的介质导出的横波模式与纵波模式是十分相似的。从数学层面上看,如果人工结构具有某种对称群,就意味着所有的物理场都必须与这种对称性保持一致。总地来说,人工结构所具有的对称群,无论是空间上的还是时空上的,或者其他类型的,它们都决定了本征模式的本性,特别是本征模式的矢量偏振态(与不可约表示相关)。人工结构中所有形式的相互作用、传播以及运动情况都是由对称群控制的,最经典的实例就是雷曼和布里渊非弹性散射的选择规则。

现在来建立不可约表示(从对称性破缺导出)和空间群之间的关联性。由于不可约表示决定了每个本征模式的矢量偏振态,因而它们也决定了避免交叉的出现与否,这对于谱带隙的形成来说是十分重要的。两个本征模式之间的避免交叉仅当它们具有完全相同的不可约表示时才能够出现。我们知道,沿着 k 空间中的某个特定方向,不可约表示是由迷向群确定的,而不是整体点对称群。点群对称性在能带结构控制中是重要的,一个平面或空间群实际上是一个无限群(可分辨),因为平移操作是无限的。对于非点群,也即不存在滑移线(二维)或滑移面以及螺旋轴(三维)这些初始群生成元,平移群实际上就是整个平面/空间群的正规子群。这意味着只需要去处理相关的因子群即可,即

$$F = \frac{G}{H} \tag{7.23}$$

式中:G 为整体对称群;H 为平移子群;F 通常称为因子群或商群。

这里对群论的数学框架做了概述,它给出了全局性原理,由此也决定了能带色散关系的可能性。此外,群的表示理论使得本征模式的分类可以通过不可约表示给出。在认识到所有谱带隙打开过程都属于避免交叉,并采用变分形式的分析方法之后,已经能够合理地控制和设计能带结构的各种特征了。最重要的是,借助对称性和守恒,能够实现谱带隙的扩大,并在相同的框架内纳入各种一般性设计原理。下面讨论人工结构中实际的声子传播行为,进而根据声子传播的动力学特性解决结构的最优物理拓扑和材料选择问题,使之满足特定的声子应用。

7.4.6　晶格的分类——声子结构的物理拓扑

1. 概述

为了能够获得所期望的声子传播特性,声子结构的物理拓扑选择就是必须回答的一个问题。到目前为止,人们还没有建立一个一般性的分析框架,或者说只能针对一些特定的散射体几何来进行分析,难以通过统一的方式来处理不同类型的物理场,如电磁场和弹性场等矢量场以及声学场等标量场。现有的一些方法大多针对的是特定几何形式的人工结构,其原因要么是选择了特定的计算方法[30],要么是采用了一些难以拓展到其他物理场分析的物理模型(如不同的物理场可能具有不同的偏振自由度)。

一般来说,在谱带隙尺寸控制方面,人们主要考虑的是弹性常数、质量密度、纵波波速和横波波速等参数的差异调控。然而,这些理论研究工作中却缺乏清晰而合理的指导性原理,因而常常导致我们在特定声子结构、光子结构或其他结构的最优拓扑选择问题上难以得到明确的原理支持,从而遭受了不少挫折。我们认为,这一现状主要是由几个方面的原因造成的。首先,上述这些参数并不全是独立的,严格来说,上述的波速参数是从一组弹性常数得到的导出量,它们仅在"均匀"介质或非均匀介质的几何极限情况(短波长)下是成立的。例如,在各向同性介质(连续的长度尺度上)中,两个彼此独立的弹性常数和质量密度共同决定了纵波波速和横波波速,这仅在匀质化极限下(或者非均匀介质的几何极限下,也即每种均匀介质组分中)是严格成立的。如果声子波长与结构或材料的非

均匀性尺度是同阶的,那么在考虑相关的声子传播问题时,就必须认识到波速是高度依赖于这一人工结构的具体细节的。均匀介质中的声子传播速度只有在两种情况下才有明确的物理意义,即:① 长波长极限($X \gg a$),此时的声子对结构内的非均匀性不敏感;② 几何极限($X \ll a$),此时声子的波长非常短,可以将其视为一种粒子,因而可以根据每种匀质组分中的"粒子"速度来考察。在我们最感兴趣的中间长度尺度上($X \sim a$),通常也称为散射/衍射范围,不能再分别去考虑速度、弹性常数或质量密度,而需要采用任意界面处的能量通量和波长(取决于局域折射率)这些参量。在这种情况下,结构的细节是十分关键的,因为声子波长和结构的长度尺度是接近的!

我们还记得,可以根据动量连续性方程来导出相关的波动方程,而线动量守恒在所有的长度尺度上都是正确的。这也正是为什么我们坚持将守恒性作为讨论起点并建立设计框架的主要原因,这种做法将使得最终的框架变得彻底清晰起来。在线性各向同性的固体介质中,3个弹性常数(两个拉梅常数和剪切分量的双重简并)一般将导致3种Goldstone模式,进而存在3种偏振自由度。通过某个区域的声子通量一般取决于其本性,也即场的矢量和标量本性会导致迥然不同的传播行为,从这一重要区别出发有利于阐明关于声子结构最优物理拓扑选择的一些基本设计原理。由此也可发现,只有考虑两种介质分界面处的"动态阻抗",才能得出"动态力学键"这一概念,并据此对各种人工结构中的声子传播进行统一分类。这一做法使得我们能够基于声子本征模式的空间局域化程度来建立声子结构的分类方案,进而可以将结构区分为由力学键形式所决定的两种晶格类型,可以称之为拓展的和紧束缚晶格形式。

借助这一晶格分类方法,可以更好地设计具有不同声子特性的结构,如更宽的谱带隙、负折射能带以及各向同性的超棱镜效应等。特别地,我们将证实在这两种类型的结构中是可以获得较大的完全带隙的,可以说要比现有文献中给出的带隙更宽,并且还能够调控具有特定偏振特征的负折射能带。为了保持完整性,在分析固体-空气型人工晶格结构之前,先来讨论典型的固体-固体型人工晶格结构,后者在制备上更为方便些。尽管这两种结构类型之间存在着较大差别,但在经过合适的变换之后,它们仍然是符合上述分类方法的。在本节的剩余部分中,将给出一些具有不同声子特性的结构,将讨论实现这些特性时在材料选择方面以及特定应用类型方面所需满足的必要条件。最后,将借助两种完全不同的人工声子结构作为例证,它们可以近似视为上述晶格分类谱中的两极。我们将以统一的方式来设计这些结构,采用的是前面几节中所构建的分析框架和工具,从而表明该框架和这里的分类方法是能够帮助我们对声子结构进行合理设计的。

2. 动态力学键

在声子传播方面,归一化波长(X/a)是较为重要的参量。前面曾经提及几何和材料的非均匀性,前者主要涉及结构中存在的边界,特别是散射体的几何形式,这在优化设计中也是一个重要方面,不过其重要性是第二位的。声子传播的本质特性实际上是与组分材料相的特定拓扑特征相关联的,这也导致了基体相和散射体相这些概念。这里要与网络拓扑和离散拓扑这些专门性概念区别开来,它们之间的相似性来自于早期光子晶体方面的研究工作,其中的一种材料相大多是空气介质,而将非空气介质相定义为离散拓扑相或网络拓扑相,不应混淆这些概念。实际上,这里是根据基体相和不连通的介质相之间的阻抗差异来区分离散拓扑和网络拓扑的,而且这两种组分的定义仅与它们的物理拓扑有关,而与材料特性无关。显然,这就将实际的物理网络拓扑与材料本征参数分离开来了,这是很重要的,因为我们不会去对声子传播类型做任何仅基于材料本征参数的区分,在实际问题中推导出声子传播主导机制之前总是需要同时考虑物理拓扑和材料阻抗差异这两个方面。可以说,这一方法避免了在构建最优声子结构之前对声子传播做出任何不合理的假定。事实上,对于选择最优物理拓扑实现特定的声子结构来说,这一方法极大地拓展了我们的设计框架,使之不限于谱带隙的设计,而对于负折射或慢波模式等更多的声子传播特性设计也能适用。

在我们所构造的基本框架中,着重强调的一点是应当正确认识到相关的长度尺度,以及源自于结构对称性或材料组分选择方面的本征模式的非局域性。现在来考虑:结构的物理拓扑是怎样影响其色散关系的。以往的研究工作把注意力放在了拓扑选择上(使得完全谱带隙更为可能)[41],然而,从避免交叉这一概念或者说这一决定谱带隙生成的主要底层机制出发,并考虑到平面/空间群对称性与完全带隙优化可能性之间的关系,实际上是能够采用不同类型的拓扑(离散或网络)来获得完全谱带隙的。当然,结构物理拓扑的选择仍然是极为重要的,它决定了声子传播的动力学特性,即实际的传播行为和本征模式的群速度等。这些在确定与声子传播特性(如负折射和慢波模式等)相关的最优晶格类型时无疑是非常重要的。

在以往研究中,人们仅在处理完全谱带隙打开的可能性问题中,也就是仅在特定的归一化频率范围内,才考虑结构的物理拓扑。对于这种情况,可以很容易与布拉格散射机制或共振隧穿机制关联起来,然而这一视角却存在一些缺陷,其中包括所观测到的带隙尺寸不一定与包围带隙的特定能带有关(目前已经澄清了这一点),甚至可能与这些假设的(用于揭示带隙生成的)散射机制没有关系!结构的物理拓扑会在所有长度尺度上对传播行为产生影响,事实上正是声子波长与物理结构尺度的对比情况决定了散射的类型,从而使得声子的传播表现出不同的机制。换言之,这实际上意味着某些波矢 k 处的声子本征模式在不同频率处可以有不同的位移形式,这种位移形式也就是本征矢量,它们取决于物理拓扑的选择,同时也与实际材料常数、几何分界面及边界状态等因素都有关系,或者说依赖于材料结构与几何结构。从物理上看,本征矢量描述了一些 (ω,k) 处的声子在每个单胞内的轨迹,如果从变分观点来看可能更为清晰些,其中每个本征矢量都可以匹配到一个不可约表示,它在物理上代表了声子通过每个单胞的轨迹,反映了能量是怎样在结构中传播过去的。

借助变分观点,还可以建立动态力学键这一物理概念,它关注的是本征模式形状的空间局域化和非局域化效应。从数学上来看,变分描述[3]从能量极小化层面针对每个本征值问题导出了一组对应的本征值和本征矢量。从物理上看,每个本征矢量则对应于一个标准模式,即声子模式的位移场外形(针对色散关系 $\omega(k)$ 中的一些位置点 (ω,k)),位移场给出了每个 (ω,k) 处的声子传播信息。事实上,结构化介质内的声子传播要么是一种非局域化的应变场(在基体中扩散),要么是一种局域化的应变场(集中于散射体之间)。当然,在这两种极限情形之间也可以存在着一些混杂模式。这两种情形显然令人回忆起电子结构和化学键等知识,如离域的"金属"键和定域的"共价"键等,不过这里所遇到的键则体现在"动态"声子本征模式中。

下面说明一下与散射和跳跃机制直接关联的动态力学键的物理含义。每个本征模式都决定了对应的动力学行为,或者说"力学键"的类型(在每个 (ω,k) 处),动力学行为的变化是依赖于特定的声子波长与结构的长度尺度之间的比率的,这个尺度比会影响到声子传播过程中的散射截面。虽然这个散射截面的各向同性(或各向异性)肯定依赖于散射体的散射共振形态(进而依赖于实际的几何外形),但是与动态阻抗相比这仍然是第二位的,动态阻抗决定了力学键的本质。

对于声子结构来说,力学键的本质可以通过特定的色散能带更为清晰地体现出来。一个扩展的"金属"键在一定程度上会更多地展现出线性色散行为,这是其空间离域性质的表现(与前面所讨论的非局域性不同)。从微观上来看,这实际上是指声子能量的传播主要是在基体中进行的,仅在特定频率处才会出现显著的扰动(由于特定散射体的共振散射)。将这种情况称为扩展晶格(EL),此类晶格结构的典型特征是能带色散基本上是线性的,只有在特定位置处存在着强扰动(由于能带与能带之间的相互作用),这些位置一般也就是谱带隙形成的位置(但并不总是如此)。

下面再来关注散射体的几何。结构中散射体的布置及其导致的点群决定了谱带隙和负折射能带等的各向异性。作为另一种极限情形,将具有定域的"指向性"键的结构称为紧束缚晶格类型(TBL)。此类结构的能带形状一般更为平坦,它意味着能量的传输主要是沿着散射体之间局域化的轨迹进行的,这与EL中的离域模式情况是不同的。对于TBL晶格,结构优化设计策略有所不同,它更为灵活,也就是说其色散关系能够更容易地通过几何结构的局部改变来进行调控。在TBL中,借助散射体的点对称性及其物理上的连通性(无论是通过基体还是通过散射体自身的连接部分),都能有效地去控制能带结构,这些在后面会体现出来。

根据上述的分类方案也就不难理解,具有不同物理拓扑结构是会表现出不同的声子传播行为特性的。例如,EL情形,波的传播是与整个结构的共振散射相关的,通常与布拉格散射有关;又如,TBL情形,涉及定域的跳跃型波传播(在散射体集合中),这也就是与每个散射体的共振散射有关的共振隧穿机制。通过对结构进行恰当的调整,可以从一种情形连续过渡到另一种情形。例如,一个带有空间失谐的周期结构,或者令某个系统(初始为紧束缚)的波长渐近地趋于无穷大。

进一步的一个问题是,应当采用何种指标来描述动态力学键呢?首先,应当注意这一描述取决于两个或更多个相的偏振态数量是否匹配。显然,对于固体 - 固体结构来说,动态力学键就可以做一般性的定义,而无须考虑几何结构细节(只要基体和散射体相已经定义即可)。对于固体 - 空气结构来说情况则有所不同,原因有两个:① 在固体和空气分界处偏振态数量会发生改变,于是动态力学键的定义就不是那么直观而清晰了;② 固体和空气的弹性差异过大,因此可以将其分界面视为一种自由表面来处理[2,4]。在这一情况下,物理拓扑的类型实际上也就转换成几何结构了。不过,前面的晶格类型的划分(此处就是基于实际的几何拓扑了)仍然是成立的,实际上该分类方法已经被Painter的工作(关于光机板结构)所验证,尽管他们所考察的结构只是更大的分类方案的一部分。下面回到刚才的问题上。现在的关键问题是选择何种评价指标,这一选择是与弹性常数差异以及质量密度差异有关的。声子在非均匀介质中的传播行为取决于多种因素,这些在前面已经指出。不过,在前一节中没有考虑声子传播的动力学特性,也没有考虑如何选择组分材料,或者说没有考虑材料的选择会怎样影响到传播行为。这一点实际上是非常关键的,因为搞清楚这一点才能更好地进行声子结构的设计工作。这里所选择的评价指标是基体与散射体之间的阻抗差异,阻抗可以表示为 $Z^i = \rho v^i$,i 代表的是所考虑的特定的偏振态。阻抗这一概念是非常重要的,它与折射率一起可以作为动态特性参量集,跟弹性常数与质量密度这组参量集等效[32,40]。显然,究竟选择哪组参量来进行分析,取决于所考察的特定问题类型。

事实上，只需对连续性方程中的相关项进行调整，使之能够反映偏振自由度的改变，那么动态力学键概念对于由两种固体相、固体和流体相以及固体和空气相所构成的结构就都是适用的。由此不难看出，这一概念是具有广泛适应性的，其原因在于：基体和散射体相及其相互作用均是由动态阻抗的差异（$\Delta Z = Z_{\text{matrix}} - Z_{\text{scatterer}}$）决定的。动态阻抗差异自动地决定了结构所属的晶格类型，对于固体－固体结构来说，通过对动态阻抗做简单的调控就能够连续地调节给定结构的行为（从 EL 到 TBL）。很明显，为了建立物理上准确的动态力学键框架，所采用的分类方案必须是清晰且具有一致性的。为验证只有阻抗和相关的折射率才是决定声子传播动态特性的关键因素，考察了若干参数组合情况，其中包含"粒子（几何极限下）"速度、密度、与散射截面大致相关的一些参量等，分析中保持每种相的阻抗相同，最终结果也确实表明决定晶格类型的关键参数是阻抗。

总之，这里已经阐明动态阻抗（本质上是线动量）是决定声子传播动力学过程（通过组分间的阻抗差异）的关键物理参数。为了能够合理地设计声子结构，了解声子传播动力学过程是非常重要的，其中的散射类型和相互作用类型直接决定了声子特性。由此得到一个重要结论：谱带隙尺寸不是直接依赖于散射机制的，因为包围谱带隙的两条能带不存在相互作用。

一般而言，线性声子传播的实际机理是依赖于声子波长（与结构长度尺度的相关性）和材料组分的。这些都可以综合到变分描述中，进而描述了线动量通量的轨迹。（$\lambda, |\lambda|$）这对参数针对的是每个波长范围（本征值），而对应的轨迹（本征矢量）则是建立在能量极小化基础上的。从初始的连续性方程出发推导出弹性波方程，就可以将相关问题映射为一个变分问题。正是基于这一认识，才能体会到决定本征模式变化的物理参数实际上就是线动量通量，它主要受到结构阻抗差异的影响。这也正是为什么刚才通过考察材料参数就可以推断出声子传播轨迹的性质并对晶格类型进行分类的原因。与以往研究工作显著不同的一个特别之处在于，我们认识到有必要将材料特性差异问题从结构几何问题中分离出来，所讨论的基体相和散射体相仅与几何结构的连通性相关，而与材料特性无关。在这里的几何结构连通性中，连通在一起的相始终被称为基体相。在此基础上，根据材料参数情况就可以判断声子传播的动力学过程了，这一做法在线动量流或阻抗层面上是合理的，因为它是建立在变分原理上的。动量通量实际上就是被"对角化"或投影到正交模式上的参量，据此可以形成系统的所有本征模式，并构建出能带结构。显然，在材料选择上，将阻抗作为唯一的物理参量是比较合理的。

3. 固体－空气／真空结构特例——对称性的打破和高阻抗比极限实例

前面已经提及，在较为典型的固体－空气系统中，由于存在着极高的阻抗差异(对于硅介质和空气介质来说,相差约 99.994%),因此在固体作为基体的情况下基本上可以忽略它与空气介质之间的耦合。在这种情况下,固体基体实际上就构成了我们所感兴趣的有效传播介质,因此力学键这一概念就需要针对几何结构自身来重新构建。这一概念实际上要比结构更为直观易懂,因为系统的结构化事实上反映了这些键的物理含义。

在此处的结构中,保留了平面群对称性,而改变其组成单元,即缓慢地增大位于(0,0)以及其他等效位置处的组成单元的尺寸。可以观察到能带结构的演变过程,从 EL 晶格特征转变为逐渐平坦的能带(与结构的长度尺度相当),然后又演变成 TBL 晶格特征。在这 3 种情况中,避免交叉行为导致完全谱带隙的形成,位于第 6 和第 7 能带之间。最令人感兴趣的可能是,第一种情况下避免交叉发生在不同的 k 值处,而后两种情况则出现在伽马点处。如果不采用避免交叉这一分析思路,那么有可能会错误地认为带隙形成是由于不同能带之间的相互作用导致的。此处的力学键是通过组成单元的几何连通性展现出的,其原因在于,组分介质间很高的阻抗差异导致了模式的传播将主要通过固体介质相来进行。

从制备和技术层面来看,设计和制造只包含一种材料的声子结构可能是更有优势的,如固体-空气系统。当然,制备方面要更加明显一些,特别是当针对的是更小尺度的结构,这也是为什么大多数新颖的声子晶体研究都是在较大尺度上(毫米尺度或更大)进行的原因。

到目前为止,还没有可行的设计过程能够用于获得所需的声子传播特性,不管是针对固体中的声波还是混合模式波都是如此。因此,可以说目前人们还不清楚对于获得期望的声子传播行为,采用固体-固体系统到底是不是必要的。这一问题也恰好说明了寻找能够适用于声子传播动力学过程的控制原理是十分重要的。根据前面的介绍,已经将这一工作凝炼成晶格或拓扑类型问题,由此给出了指导性原理,可用于考察一些关键模式的特定的动力学过程,如负折射、慢波模式或快波模式等。无论是对于最一般的固体-固体晶格结构还是固体-空气/真空结构,晶格或拓扑类型的划分都可以进行重整,由此也就能够将问题简化到单一材料构成的系统上,这对于技术实现方面或者可拓展性方面无疑是非常有利的。最后,当针对固体-空气/真空结构对晶格类型进行正确的重整之后,就能够基于几何方面的考虑设计出具有所希望的动力学特性的结构了,而不必考虑特定的材料组合选择。正因为如此,也就实现了统一的设计框架,它能够对几乎所有形式的声子传播行为进行合理化设计。事实上,我们已经研究得到了:① 一个具有负折射能带(群速度较低且具有特定偏振态)的 EL 结构;② 一个准横波波速大于纵波波速的各向异性结构;③ 一个具有最大(迄今为止,大约为 2 倍宽)完全谱带隙的 TBL 结构。

4. 物理拓扑的应用

引入动态力学键概念的原因有多种,其中一个是为了寻找能够突出材料参数作用的比较简单的分类参数,也就是确定一个与之相关的具有物理意义的参量。前期的一些先驱性工作常常过分侧重于识别相关方程(如薛定谔方程)中的不同项,从而有时给出的一些结论是不够完整的[41]。之所以通过键的强度来对晶格类型进行分类,第二个原因在于,这一方法更具物理层面上的启发性,使得研究人员能够更好地去选择、设计和制备具有特定应用价值的结构形式(尤其是在固体-空气系统中),尽管该方法实际上是从基本的固体理论概念中套用过来的。人们所期望的应用价值包括了负折射的实现和极宽谱带隙的生成等,同时也包括为进一步考察非线性和缺陷的相互作用行为提供一个分析平台。一般来说,人们相对更愿意获得具有负折射能带的线性色散特性,因此面向负折射行为特性的 EL 结构也就变得更为重要。

此外应当指出的是,从生成较大谱带隙这一角度来看,人们对此类结构究竟应采用何种晶格类型仍然不是十分清楚。下面将利用两种晶格类型给出具有较大谱带隙的结构,所设计出的完全带隙要比已有文献中所得到的大得多,而且 TBL 要比 EL 更加优越。还将注意到,生成较大谱带隙的物理机制是相同的,即散射体的共振模式与布洛赫对称性(布拉格共振)起作用的频率需相互对应。

5. 扩展晶格——具有特定偏振态的负折射能带的合理设计

散射体之间的键的本性决定了声子传播行为的特征,包括离域的扩展键和定域的紧束缚类型的键这两种极限情形以及二者之间的整个范围。从数学层面来看,键的本性控制着空间上的能带色散行为,也就是其与波矢的依赖性;从物理层面来看,这也意味着结构本征模式的传播速度。

在为了获得特定功能而进行的结构设计过程中,关于键的本性是必须考虑的一个重要方面。例如,为了设计出具有较大谱带隙(而传播模式为准线性)的结构,可以选择属于扩展晶格类型的结构,而如果为了得到多个慢波模式,就可以选择 TBL。据我们所知,目前人们还没有认识到结构的这种分类方法,因而导致了相关结构的设计缺少有效的指导,也难以针对特定功能进行优化设计。例如,在负折射情况下,人们最常用的做法是选择第二能带(与第二布里渊区相关)作为负折射能带。然而,却不一定能在整个 (ω, k) 空间中得到仅存在所需负折射能带的区域,也就是说,可能会存在模式混杂所带来的影响,在这种情况下一般是无法对其传播行为进行更多调控的。由此带来的另一个复杂性在于,高阶能带所体现出的负折射行为并不总是那么清晰,需要进一步去考察本征模式传播过程的具体细节,才能予以验证。

为了阐明在特定能带上实现特定功能的合理设计方法(即真正实现声子传

播行为的设计),首先应当认识到人们是能够在能带结构中插入特定能带(具有特定的传播行为)的,并且也是能够控制其矢量偏振性质的。这里不妨先借助二维扩展晶格(固体-空气)来说明这一控制方法。与固体介质相仅作为离散散射体而主要传播介质为标量流体的结构不同,此处选择的是固体作为主要传播介质,并对其中具有矢量本性的声子传播过程加以调控。我们所构造的这一结构能够拥有大约80%宽的完全谱带隙(面内),并且还具有72%宽的完全谱带隙,这要比已有文献中得到的结果更大。这一结构采用了EL,以方形晶格形式布置,具有最高的p4mm平面对称性。所使用的材料只有一种,并且这一设计是可以进行尺度缩放的,仅依赖于特定材料几何构型。

在这一结构中,所选择的拓扑形式包含了多个相互连接起来的圆柱体,目的是构造出多个具有较低群速度的模式(或者说相对平直的能带)。这一设计思路源于以下考虑,即圆柱体之间存在正交通道的这种拓扑形式能够导致多个局域模式的生成,进而将应变能局域在自由表面上。进一步,通过增强结构的"连通性"来增大某些能带的群速度,从而促使负折射能带的形成,同时这些负折射能带具有特定的偏振态。显然,这一方法与当前人们所采用的负折射声子晶体构造方法是不同的,因为这里是先利用扩展晶格形式来构造这一具有较大完全谱带隙的结构,然后又通过几何上的连通性调整将特定的负折射能带插入到谱带隙中的,这就保留了谱带隙的尺寸,同时又有选择性地对特定能带的行为进行了改变。更准确地说,我们调控了结构的色散行为,使它们形成了负折射特征。显然,由于是在一个完全谱带隙中构造负折射能带的,因而确保了能够获得一个"干净"的负折射区。不仅如此,结构连通性的增强还使得我们在能带中能够保持一致的偏振态,由于仍然保留了结构的点对称性(4mm),因而也就确保了连通性的增强不会导致模式的混杂,从而不会使得偏振态受到干扰。事实上,应当注意到在增强连通性之后的结构中,横波模式和纵波模式会受到相同结构刚度的影响,因而不会混杂形成新的本征模式。

下面阐明在构造所期望的传播行为中可以利用的一些基本原理。通过选择由4个相互连接起来的圆柱体这一初始拓扑,可以构造出具有较大谱带隙的结构,这是一个工作起点。更为重要的是,连通型拓扑的这一选择能够诱发多个局域化的平直模式,这些模式也是随后需要进行调控的对象,是通过改变声子传播动力学过程实现的,即增强键的连通性。我们还记得,在固体-空气构成的结构系统中,这一连通性实际上决定了晶格的键的本性,进而也就决定了相关的传播速度。由此不难构建出负折射能带,这里的例子中有3个,其中的两个是具有指定偏振态的负折射能带。到目前为止,可以说在固态声子超材料研究中,针对具有特定偏振态的折射能带的设计来说,这应当是首次出现的合理设计方法。在此基础上,还可以对具有各向异性(长波范畴)的非共振超材料进行设计,特别值得指出的是,通过构建某个方向上横波波速大于纵波波速而其他主方向上却正常的结构,有可能突破均匀介质极限分析中的一些常规认识。

  本节的主要目的在于帮助读者更好地理解非均匀介质内声子动力学特性调控所涉及的相关物理参量。这一问题是非常有趣的,因为必须考虑结构的物理拓扑、弹性差异以及感兴趣的频率范围等,也就是说有很多的参量需要去考察。这些参量大多是通过频率参数耦合起来的,目前人们还不很清楚如何合理地处理这些参数的组合,使得结构设计更为清晰,更有物理上的准确含义。这里在考虑一般结构中与声子通量相关的基本过程这一基础上,认识到线动量(对于此处的系统)或阻抗是最重要的参量。换言之,给定特定频率后,主要关心的是整个结构内声子通量的实际轨迹,这本质上可以视为连续性方程的一种变分极限情形,其中感兴趣的参量是动量通量。可以发现,线动量/阻抗是决定声子动力学的相关参量,它们能够将介质内的声子波长考虑进来。显然,这与以往研究工作是不同的,以往的工作大多单独针对弹性常数差异或质量密度差异等进行考察,因而不足以阐明能否适用于所有情况的一般性指导原理。与此不同的是,将阻抗差异作为所关心的分析参量是非常合理的,即便是在特意引入不同的弹性常数差异与密度差异的情况下也是如此。因此,完全可以把阻抗差异作为首选的能够决定声子动力学特性的物理参量,这也为我们引入了力学键的概念。结构中的键是何种类型取决于阻抗的差异,它仅仅依赖于所选择的材料组分,而与结构的细节无关。物理拓扑的作用主要是决定了基体相和散射体相,从这个意义上来看,"基体相"或"散射体相"的指定仅仅取决于结构的几何,而与材料选择无关。在上述这两点基础上可以确定声子的动力学特性(与力学键的类型有关),进而为材料组合和物理拓扑的类型选择奠定坚实的基础。事实上,我们并不关心这些参量是如何影响到谱带隙生成过程的,因为在这个一般性框架中是没有必要的。在很多情况下,带隙边界与特定的带隙生成机制是没有多大关系的,这一点在本节和前几节中已经多次指出。取而代之的,也是最为重要的,是理解基于这些参量的声子动力学过程,进而理解力学键概念。这些理解对于随后进行的针对期望的传播行为的调控来说是非常重要的。进一步将上述思想拓展到固体 - 空气结构系统,对动态力学键这一概念作了修正,使之仅依赖于结构的几何,并通过设计一个具有负折射能带的结构(具有指定偏振态,采用了 EL 晶格类型),展示了这种传播行为的调控能力。此外,还基于 TBL 设计了一个声子结构,其面内谱带隙宽度为 102% 且完全谱带隙宽度为 88% 。

  下一节将进一步把这个一般性设计框架与声子传播动力学过程结合起来,介绍多种独特的声子超材料,其中仅采用了单一材料成分。在声子学研究领域中,这些结构所表现出的部分传播行为在以往是没有获得的,甚至被认为是不可能实现的。

7.5 声子超材料色散关系的设计之一——避免交叉

7.5.1 概述

在前几章中,主要介绍了经典弹性动力学的一些物理原理,它们覆盖了离散晶格动力学到连续介质动力学这个范畴。在这些物理原理基础上,弹性波就可以视为对称性破缺的模式。例如,熟知的纵波和横波模式,以及经典的瑞利波和斯通利波模式等,它们都可以从特定空间域中的对称性破缺导出,类似于表面等离子体的相关研究。在对称性破缺这个一般意义上,是可以认识各种不同情况下的传播现象的,包括带有离散平移周期性(不同维度)的无限结构,以及介质内部响应与界面响应之间的关系等。不仅如此,还能够揭示出群对称性在分析结构中声子的实际本征模式方面的重要作用,它将每种本征模式的偏振场的具体细节与该模式的对称性描述联系起来。虽然可能显得过于一般化,但是这里仍然有必要着重讨论发生在一般分界面处的动力学过程中所涉及的最基本的守恒量,这有助于将控制方程(在声子演变过程中相关的参量保持守恒)和本构方程(与弹性常数和质量密度相关)区别开来,后者往往直接与所采用的材料组分关联。为了避免混淆,同时也为了避免忽略一些可用的控制原理,清晰地将它们区别开来是非常必要的。在寻找统一的控制原理(与材料组分的相关度最小)时,这种区分就显得更为重要。事实上,正是在这一基础上,才给出了一个具体的数学框架(参见 7.4 节),它从整体和局部两个层面阐明了群理论方法和变分方法的一些基本原理,据此可以对一般的人工结构进行能带设计和调控,不仅如此,还首次从谱带隙生成角度讨论了避免交叉这一概念。

本节针对声子"超材料"与声子"晶体"这两种情况下,谱带隙生成所需满足的必要条件进行讨论。将指出,这些基本条件是:① 正确的平面群对称性,因为它们控制了每条色散能带所允许的对称性表示;② 对能够导致谱带隙生成的避免交叉进行控制。通过对应的物理模型所给出的这些技术手段,将可纳入所建立的一般性设计框架中。随后,我们将介绍这个一般性框架是怎样借助相关指导性原理来帮助我们构建声子超材料和晶体结构的,不过此处只采用单种弹性材料。实际上,这个设计框架充分考虑并利用了能带色散的离域性,因此这一能带结构设计原理是不需要给出任何前提假设的。这与传统的声子超材料研究显然是有区别的,后者在本质上是准静态的,因而不经意间忽略了晶格的影响。借助这一设计过程,声子超材料的构成与声子晶体的构成这二者之间将不存在区别,可以通过两个实例来予以说明。第一个实例是人工结构,它同时具有亚波长完全带隙和一个晶体所具有的带隙,因此它跨越了超材料和晶体这两个范畴。值得重视的是,这一结构可以仅借助单一材料来设计和制备,因而也就只需利用平面群对称性相关知识即可。第二个实例也是类似的,不过结构具有介观尺度带隙,包括一个横波模式的亚波长带隙和一个纵波模式的晶体层面带隙。我们将其称为介观尺度上具有指定偏振态的声子超材料。据我们所知,这些结构的行为特性在声子结构研究领域中都是首次出现的。更为有趣的是,此处这些独特的行为特性只是借助单一材料来实现的。此外,这些结构的设计很大程度上是与材料无关的,因此其方法适用于各种各样的材料组分,如从聚合物到金属材料都可以。这也有力地表明了,尽可能从整体出发来进行结构的设计这一途径是很有价值的。接下来揭示这些不同形式的声子传播行为,并着重突出其控制原理。

7.5.2 从晶体到"共振"超材料

1. 一些误解

对于共振超材料与晶体材料来说,一般认为它们之间的区别主要体现在谱带隙以及相关的负折射能带所对应的波长范围上。在超材料方面,人们经常认为是组分单元的共振响应决定了材料的行为,因而精确的布置方式(即晶格类型)是不重要的,这在一定程度上与对等效介质方法[40](也常称为局域近似)的错误理解是有关的。典型的超材料形式非常类似于一个力学弹簧模型,通常由3种材料组分组成,可以起到质量和弹簧的作用。此类情况具有典型的色散关系特征,即在共振模式和"等效介质"模式之间会存在相互作用,从而生成一个深度亚波长谱带隙。该带隙的准确位置取决于材料特性,可以通过弹簧模型来理解(如共振频率与静态质量成反比)。这里需要注意几点,首先,人们往往认为谱带隙的形成是源自于两个模式间避免交叉行为的,因而相关特性是与组分单元关联起来的,而与晶格类型的关系不大。这是不正确的,一定程度上是由组分单元的选择所导致的误解。在 Liu 等的先驱性工作[31]中,他们选择了具有很大弹性差异(比率大约相差10^5)的力学弹簧,且其阻抗要比作为连接介质的橡胶材料(较为坚硬)大得多。因此,导致各力学弹簧间的共振只是通过晶格产生弱耦合作用。事实上,在前面讨论能带结构中离域性的影响时,也曾经给出过一个与此类似的二维系统。显然,这种情况下的响应将具有非常弱的非局域性,或者说局域性只是材料参数选择的结果而不应误解为一个一般性机制。其次,避免交叉发生在较小的但是仍然是有限的波矢处,这自然就意味着非局域性,这一点也可从避免交叉的定义中得到佐证,即它发生在两个具有类似对称性的模式之间。我们知道，本征模式只能通过属于特定波矢的迷向群来表示，这就直接表明了本征模式已经将晶格相关信息包含在内了。显然，这意味着在共振超材料中，色散关系一般是非局域性的[40]，而人们所想象的局域性只是材料组分的特定选择所造成的。在各种一般性情况下我们都不应理解为局域性，包括电磁超材料和声学超材料情况[42]。实际上，在3.4节中这一点已经阐述得十分清楚了，在那里我们考虑了一个常见的经典结构（二维共振超材料）并绘制出各种材料参数情况下穿过避免交叉点的本征模式。可以非常清晰地观察到，所有位移场都表现出了迷向群的对称性而不是孤立的共振态。于是，可以给出谱带隙生成的必要条件，无论是超材料还是传统晶体的设计分析中，应当要求每个避免交叉都具有与之对应的正确的对称性。进一步，针对传统的认识，即超材料与晶体之间的关键区别在于避免交叉所发生的波长这一点，我们认为，虽然这是比较常见的现象，但并不总是如此。不应认为晶体的谱带隙生成是由于离散平移对称性导致的，实际上大量实例已经表明了很多谱带隙的边界并不是位于布里渊区边界上的[43]，因而可以将其周期性归为平移布洛赫对称性，它只是一种能够导致避免交叉的对称性。

总的来说，当前的研究还是存在一些令人迷惑的问题，而且大多是属于基本层面上的，包括：① 在构建谱带隙时常用而有效的约束条件应当是什么；② 是什么真正控制了响应的对称性；③ 实现负参数究竟需要满足什么条件等。此外，最优空间和平面群对称性的选择这一问题，还要求不能只简单地考虑如何减小不可约布里渊区的尺寸。最后应当注意的是，人工结构响应的空间离域性或波矢依赖性是介观尺度上的固有属性，它总是包含了所有相关的长度尺度（通过特定能带的不可约表示）。

2. 正确地理解避免交叉

为了消除共振超材料和经典声子晶体这种人为的分类，需要修正谱带隙形成这一概念并将其纳入一般设计框架中，它应当是尺度无关的，即不需要从长度尺度角度去理解。在这个意义上，应当将声子晶体视为这样一种结构，其谱带隙主要是基于避免交叉而生成的（由于布洛赫对称性），而对于声子超材料来说，其谱带隙的出现是由低阶共振模式和较长离域上的线性色散能带之间的避免交叉导致的。由此也就消除了晶体和超材料之间的界限，而将它们同时纳入同一个超材料类型中。在这一方法基础上，就应当把产生低阶共振的需求归结为对材料几何构型的要求，使得该构型的低阶共振模式与长波长线性模式具有相同的不可约表示，从而可以构造出亚波长的避免交叉行为，而不再需要作力学弹簧层面的类比了。此外，通过控制这些共振的类型，还能够有选择性地诱发不同的动态质量密度、体积模量甚至剪切模量。实际上在前面的讨论中可以注意到，由于在非点式对称群中可以对无限平面群进行因子群分解，因而可以只考察相关的 k

的迷向群的，它是我们感兴趣的正规子群。于是，点群对称性的降低并不像人们所想象的那样难以处理。

至此已经构造了一个超材料结构，它具有两种尺度的完全带隙，即一个亚波长带隙和一个晶体型带隙，是采用单一弹性材料构建而成的。通过对其几何构型进行调节，改变了介质的"连通性"，根据7.4节所述的整体和局部变分原理降低了其对称性。这一实例事实上拓展了形成亚波长带隙（对应于超材料）所需满足的条件，并且通过构造两种类型的面内完全带隙，揭示了超材料与声子晶体的划分是人为的和不必要的，这种分类对于一些应用设计来说可能会适得其反。这里需要重申的是，在设计此类材料时，务必要清醒地认识到带隙的形成过程是取决于非局域性的。实际上，在这个实例中，就利用了能带的非局域性而不是其色散关系，最终构造出了能带结构。显然这与经典方法明显不同，后者主要建立在局域近似基础之上，参见7.4节中的讨论。最后，还要注意的是，在构建负折射能带方面，弹性超材料方面的负折射设计要比声学超材料复杂得多，从数学层面来说，这实际上可以看成更一般意义上的诱导透明性研究，不过这里只是关注诱导出色散关系或者说具有期望的色散行为的能带。

7.5.3 介观尺度上的声子超晶体——具有指定偏振态的谱带隙

本节通过一个具有方形晶格和p4mm对称性的结构来介绍相关的设计过程。这一内容是对7.5.2小节的一个补充，在那里是通过降低平面群对称性来产生避免交叉行为的。在这里给出的方法主要利用了连通性（进而变分原理）来控制避免交叉的位置。在这一研究工作中，首先需要进行的是选择一个具有晶格尺度的完全谱带隙，然后通过把结构中的子单元连接起来以构建出超材料结构，它在晶格尺度和亚波长尺度上同时具有特定偏振态的谱带隙。这种拓扑上的改变涉及方向上的一些变化，体积百分比从39%变到51.5%，这些改变仍然保留了4mm的点对称性，同时还会得到增强的通道，这对于形成完全谱带隙是有利的。

在这里，原始结构（父结构），是具有完全的面内带隙的，其归一化宽度约为80%，这个较大的带隙源自结构中的组成单元，其尺寸已经针对布洛赫型的避免交叉进行了优化，类似于7.3节所描述的情形。

通过几何上有选择性的摄动处理，借助能带的非局域性来控制若干能带的位置，从而迫使避免交叉形成，进而在所期望的频带内构造出谱带隙。在第一个例子中，通过降低对称性这一方式来激发出避免交叉行为，采用了一种变形的蜂窝晶格构造了两种尺度的完全谱带隙，其关键点在于，由于引入了几何上的摄动，使得准横波模式和准纵波模式发生了交换，这对于在期望的频带内实现避免交叉是至关重要的。在第二个例子中，保留了系统的平面和点群对称性，不过对连通性进行了增强，目的是促使准横波模式具有更高的速度，这将使得避免交叉可以出现在亚波长频率范围内（除了基本的晶体型带隙外），于是也就易于产生介观尺度的具有局域特定偏振态的谱带隙了。这里做一总结，上述对能带结构的调控都是建立在纯粹的几何结构调整上的，由此不必依赖特定的材料特性就可以实现一系列独特的能带结构。在周期结构（而不限于声子结构）的能带调控方面，该一般性机制可以说是首次给出的。

7.6 声子超材料色散关系设计之二 —— 一个多色的非点式声子晶体

7.6.1 概述

本节是与声子超材料色散关系的设计有关的第二部分内容，采用了以往没有用过的不同方法，目的是构造出具有多个完全谱带隙的非点式声子晶体。这里不再采用避免交叉的方式（它是谱带隙和负折射能带的内在机制），而是借助变分层面的方法。值得注意的是，此处将构造出多个面内高频的完全带隙。实际上，主要利用了全局性和局部性原理来设计这样的人工结构。在认识到声子的相关模式应当满足与迷向群对应的不可约表示之后，就能够像以前那样只需考虑整体平面群对称性就可以调控声子的矢量特性了。然而应当注意，这里除了不采用避免交叉方法外，还利用局部变分原理，通过改变人工结构组成单元的形状来控制 Γ 点的本征频率。当选择了特定的 TBL 晶格类型之后，就能够在 k 空间中对能带进行控制，迫使它们变成准平直形式，这就导致在 Γ 点处本征频率会自然地发生分裂。这种分裂首先是由一个镜像面（它平行于所考察的 k 矢量）的（反）对称性导致的；其次是由 C4 旋转操作的（反）对称性带来的。在选择晶格类型（决定整体平面群对称性）后，就能够同时控制本征频率值及其在 k 空间中的变化了。借助 7.4 节中给出的一整套工具，不难设计出具有多个面内完全带隙的声子结构，其总的归一化带隙宽度（参见下式）可以超过 100；

$$\Delta\omega = \sum_n \frac{\omega_{\text{upp}} - \omega_{\text{low}}}{\omega_{\text{mid}}} \tag{7.24}$$

这种带有多个完全谱带隙的声子超材料是非常有意义的，无论是在基础研究还是在应用研究方面都是如此，它可以帮助我们进一步考察非线性声子 - 声子相互作用过程[44]，以及研发可用于调控非线性波（如孤立子和冲击波）的结构材料[32]等。

7.6.2 整体对称性——非点式和能带交叠

除了前面已经阐述过的一般性避免交叉方法外,与我们的统一框架相关的另一个控制思想是将整体约束和前两节给出的局部设计原理相互结合起来使用。简单地说,这是一种波矢空间中的绝热微扰理论,它源自群论中的兼容性关系。在电子能带计算领域中,人们常常据此来识别各条能带中的不可约表示。当沿着 k 空间中一条特定轨迹前进时,如从伽马点开始沿着 GX 方向移动到另一个点,这里的扰动就可以与不可约表示的子群分解关联起来。应当注意的是,整条能带以这种方式来处理这一点可能是不够明显的[45],但是在 k 空间中沿着某个方向改变波矢时,实际上是可以将其视为一系列等效变换的。这种微扰理论的优点在于它是与尺度无关的,而是建立在能带非局域性这一本质层面上,与 k 空间中的轨迹所需要满足的对称性保持了内在的一致性。我们所观察到的事实是,这种能带的"可分析性"只是将 k 空间中可能的行为以对称性要求的形式联系到一起,不过它仍然可以使我们能够完全自由地去选择倒易空间中的能带演变形式,这在很大程度上决定了带隙的尺度。

不难看出,这为设计谱带隙提供了一种新的可行途径。例如,可以据此控制伽马点的本征频率位置,进而调控能带在剩下的倒易空间中的行为(如构造出多色的完全谱带隙)。为了实现这一目的,需要控制能带所允许的色散行为及其能量,通过对这两个特征的控制也就最终控制了色散能带的频率位置及其曲率。更一般地,为了在单个结构中生成多个完全带隙,总是希望在构建大带隙时尽量减少能带的色散,这就要求对多个能带的位置及其曲率甚至在整个倒易空间中的演变过程进行控制。为此可以将全局性约束和局部设计原理结合起来进行分析和设计。全局性约束借助的是群理论基本原理[36],它将这些基本的数学结构特征转换成了线性化的弹性波动方程,从而给出了一个能够用于调控能带结构的框架。局部设计原理则将经典声子的传播行为考虑进来,识别出所需要的声子晶体的几何结构类型,从而实现对色散能带能量本征值相对位置的控制。这里不妨以面内二维线性化弹性波方程来加以解释,该方程为

$$\rho \frac{\partial^2}{\partial t^2} u_i = \frac{\partial}{\partial x_i}\left[\lambda\left(\frac{\partial u_l}{\partial x_l}\right)\right] + \frac{\partial}{\partial x_k}\left[\mu\left(\frac{\partial u_i}{\partial x_k} + \frac{\partial u_k}{\partial x_i}\right)\right] \quad (7.25)$$

式中:ρ 为密度;λ 和 μ 为拉梅常数;u_i 为位移分量。

弹性波或声子一般具有 3 个自由度,包括面内两个(耦合的)和面外一个(解耦的),这里考虑的是前者。如果已经正确判断出面内波场的性质(即矢量场或者标量场),那么在全局约束方面实际上并不会显得更为复杂。在非均匀

介质情况下,常见的横向和纵向声子已经失去了原有的含义,此时声子本征模式所具有的位移场一般表现为混杂的偏振态,其中既包括横向特征也包括纵向特征。虽然这个位移场的细节可能有诸多不同情况(依赖于介质非均匀性相对于所考察的波长的归一化长度尺度),但是存在一个一般性的规律,即本征模式应具有相关的系统对称性[37],无论这种对称性是动态的、静态的还是时变的,这一规律或原理都是成立的。因此,在声子晶体中,本征模式必须遵循系统的空间/平面群对称性(离散的)。由于群论的一些基本原理已经是强有力的分析工具[36],所以这里将其作为一个全局性约束原理来使用。尽管群论自身并不能用于设计特定的结构,然而其强大的能力却能够帮助我们将一个物理问题的控制方程转换成对应的数学结构,进而阐明了可行解的情况(即不变性)。在这种情况下,群论可以告诉我们哪些能带结构是可行的,或者说怎样选择声子晶体的对称群才能从物理上加以实现。众所周知,在声子晶体的设计中,一个主要的困难就在于如何沿着一般方向(即低对称方向)来调节能带色散行为,当我们希望对完全谱带隙进行优化时这一点是特别重要的。于是,为了构建出多个完全谱带隙,就需要一种能够控制或减小能带曲率(沿着低对称方向)的手段,这里可以选择7.4节曾经提及的能带交叠方法,它能够迫使能带沿着整个布里渊区边界面(三维)或边界线(二维)这些局域低对称性的方向呈现出至少双重简并的行为。特别地,能带交叠还可以出现在具有非点式平面/空间群的结构中(沿着特定的布里渊区边界面或边界线)。

　　这里需要注意的是,并不是所有的非点式平面群都能具有交叠能带,而必须要求沿着特定的布里渊区边界存在两个不变轴互相垂直的对称面或对称轴,对于 p4mg 平面群来说,这些也就是滑移面和二度对称轴,它们恰好位于布里渊区的 XM 面上,也是需要控制的对象。虽然早先是针对电子系统进行研究的,但是能带交叠概念是具有一般性的,对于矢量场也是适用的,这是因为它仅仅依赖于结构的对称性。群论的一些基本原理之所以能够提供强有力的全局性约束,主要在于它们与场的本性及其维度无关。一般来说,由于色散能带都需要具备 p4gm 对称性,因而它们只能作为(在所有填充比条件下)沿着布里渊区 XM 边界的简并集存在,这也表明了这些交叠能带是平面群对称性的一个明显特征。因此,借助全局性约束也就能够帮助我们构建出一个数学上的波动方程,并且应当记住所有允许的本征模式都必须遵守相关波矢的小群对称性。

　　值得特别注意的是,填充比参数在实际设计声子晶体或其他周期结构时不是非常有用的,尽管该参数从制备的角度来说是一个可供调节的有用参数。之所以如此,是因为如果将其作为一个设计参数,那么在考虑何种结构才能具备所期望的特性时往往会误导我们。事实上,在考虑组分单元的填充比之前,关键的设计参数应当是晶格结构的几何类型,只有在正确类型的基础上才能进一步去考察填充比。这也就使得我们必须去关注局部设计原理,它主要建立在变分描述基础之上。由于目的是构造出具有多个完全谱带隙的结构,因此如果可能,一般是希望减小能带的曲率或者使得它们尽可能地保持平直形态(在布里渊区的 XM 边界上)。此外,还需要对能带色散进行控制,以使完全谱带隙变得最大,而这一般是通过类比 TBL 这种极限类型来实现的。如果选择具有特定各向异性本征模式的固体组分单元,然后将它们以弱"力学键"连接起来,就可以构造出曲率非常小的能带,它们几乎是平直的(在 XM 边界上)。显然,这就有效地设计出一种晶格结构,其本征值在 X 和 M 点处近乎简并,它们属于两个不同的迷向群。实际上可以说,上面的 TBL 对允许的频率及其在 k 空间中的变化施加了一系列约束。

设计过程中最后应当考虑的是如何控制能带的位置。为了获得多个大尺寸谱带隙,需要控制剩余能带从 Γ 点开始到每个交叠点之间(在 X 和 M 点上)的变化过程,从而使得能带族(从 Γ 到 X 或 M)被较小的谱宽分隔开来,特别是相邻能带。这里正是需要利用声子矢量本性的地方,于是原来的两个偏振模式将被对应到迷向群的不可约表示上。根据从 Γ 到 X 或 M(C4v 到 C2v)的群兼容关系,知道合并到交叠点的能带在 Γ 点上不需要是对称(A1,B1)或反对称(A2,B2)的。这自然也就针对如何设置本征模式在每个波矢 k 处的对称性建立了相关的准则。在 TBL 中这一点很容易通过选择强各向异性的组分单元来实现,其中由于矢量本性会具有两个偏振模式,也就构造出 Γ 点处的能量本征值的二级分裂。这也就自动地使得(A1,B2)和(A2,B1)类型的能带处于相邻状态,进而最终可以实现所期望的成对合并(从 Γ 到 X 和 M)。要注意的是,这个双能级分裂方法仅适用于 TBL 类型的几何结构,它对于获得最终的能带结构是一个关键,如果不是此类结构,也就没有什么价值了。最后需要建立的准则是要求能带在 XM 边界面上保持基本平直形态,这一准则也是使得多个谱带隙尺度最大化的相关设计准则的一部分,可以通过综合选择整体平面群对称性(p4gm)、TBL 晶格及组分单元来实现。选择 p4gm 这种最高的对称非点式群,确保只需对 X 点和 M 点的能量本征值进行匹配,因为能带仅沿着 XM 成对简并出现。为了保证带隙的一致存在,还需要确保这些能带从 X 点到 M 点保持平直,也就是说,在 XM 区域内不能发生交叉。这与能带交叠是不同的,因为非点式仅仅保证了 X 和 M 点处是双重简并的,而不能防止能带在 XM 上彼此发生交叉。为此,一般必须在对应的 X 和 M 点处设计出简并的本征模式。对于 p4gm 群,X 和 M 点处的迷向群是 C2v,于是利用 TBL 就可以通过单胞几何来确定本征频率值,进而设计出组分单元。这里应当注意一点,该晶格的紧束缚性质保证了奇偶能带对的合并,因为在紧束缚机制中这两个宇称间的位移场切换只需要较低的能量。

在上述两个一般性设计原理中,一个是控制全局特性的,另一个则控制的是声子的局域相互作用,这些原理揭示了合理调控谱带隙甚至能带曲率的可能性。通过考察晶体的平面群对称性是怎样体现出对色散关系的全局性约束的,描述了相关设计原理,可用于控制声子晶体本征模式所允许的变化过程,从而使得选择 p4gm 平面群作为初始结构方案,这保证了沿着低对称的布里渊区边界能够出现能带交叠行为。这一全局性原理决定了每个本征模式的不可约表示,从而给出了非常有用的也更容易处理的能带色散调控手段。这也提供了一种有效的方法,使得我们可以从变分视角来对本征频率进行设计,即局部设计原理。最后,在以往工作的基础上(7.4 节),我们认识到了能带的实际动力学特性,即色散关系和曲率等,是与结构晶格类型紧密相关的,在此基础上选择了 TBL 类型完成设计过程,并得到一个具有多色谱带隙的声子晶体结构(采用的是相当简单的几何结构形式)。

除了可以作为一个非常重要的分析工具用于理解散射过程选择规则和检查自旋-轨道耦合过程[36]外,系统的对称性对本征模式的影响还为声子晶体、空腔和波导等的设计提供了一种强有力的工具。在这里的研究中,比较重要的一点是,利用对称性可以帮助我们更好地认识到怎样去处理面内弹性波/声子的矢量本性(借助局部设计原理),从而获得所需的声子结构。虽然整个设计过程显得有些复杂,但可以注意到一个突出的优点是,整体对称性原理主导了整个设计框架,同时还提供了一种清晰的设计语言,从而能够帮助我们从"微观"层面或局域层面来修改色散关系,且具有一致性和可控性。在这里,对称性已经进一步表现出了它的强大(作为一种设计语言或工具),这不仅仅在于可据此来分析色散关系,还因为它为进一步应用其他设计原理实现最终的设计奠定了一个坚实的基础。

总的来说,这里给出了一个可用于人工结构设计的一般性框架,能够对声子或弹性波进行控制。所给出的设计过程不同于其他方法,这里主要关注的是声子在结构化材料中传播所需满足的基本物理限制,从而将所需的控制原理简化到最简程度。由于侧重于结构化材料中声子传播的基本机理,相信借助这一框架可以获得有关声子传播的一致性认识,与结构的维度及尺度都没有关系。更为重要的是,认识到了在表面、波导和有限结构等的设计方面,目前还缺乏确定性的设计指导框架,其原因在于人们有时将技术层面的因素误认为是基本的科学原理。一个典型的例子就是将填充比作为设计参数。虽然这是一个实际的制备参数,但是如果将其视为一个主要参数,往往会使得一些偶然出现的色散行为变得令人费解。因此,从简化观点出发,将注意力放到基本的对称性上,从而借助对称性和守恒性相关原理来构建一般性框架就是更为恰当的。在这个纳入了群论的框架中,各种不同的声子结构、晶体、超材料等的设计都建立在同一个基石上。特别提及的是,这一视角还直接阐明了固体结构中声子的矢量本性,在人工结构中的声子传播方面,这一问题曾经使得人们难以透彻理解真正的控制原理。

本书提出的这个框架是非常简单的,主要是因为它仅仅依赖于两个基本原理。一个是整体群对称性,它决定了特定位置处特定方向上所允许的本征频率的简并(借助平面群和点群对称性)。整体对称性进一步赋予了结构第二个原理,即本征模式可以通过一组不可约表示来进行分类。不可约表示提供了重要的物理内涵:它们实际上是对任意结构每个本征模式的偏振态的分类,就像人们非常熟悉的均匀无限介质中的横波模式与纵波模式那样。不仅如此,不可约表示还决定了不同本征模式之间发生相互作用的可能性(如散射、共振、耦合等),从而决定了色散关系的形式,并且控制了谱带隙的生成(源自具有相同不可约表示的能带的避免交叉)。进一步,如果从变分角度看待不可约表示,那么能够更好地理解本征频率的相对位置调控。例如,在设计多色声子超材料时就可以利用这一点来调控本征频率值的位置。这种从变分层面看待声子传播的做法是对传统微观层面方法的一个补充(后者主要是跟踪运动方程的时变过程),它能够自动地将所有能够控制最终传播轨迹的那些相互作用纳入可行解 $\omega(\boldsymbol{k})$ 的集合中。两个对称性原理决定了相互作用的可能性,并为设计色散关系提供了一个设计框架与设计语言。

为实现最终的声子结构设计,我们进一步从守恒原理和连续性原理出发以"对称性"语言给出了动态力学键这一概念,并对声子结构的拓扑进行了晶格分类。从连续性和通量方程的角度(7.3 节)出发,借助非均匀介质中通量流的变分描述,我们揭示了可以通过简单的材料与几何参数对人工结构中声子传播动力学特性的类型进行划分,由此得到了动态力学键概念以及不同结构的分类(不同组合形式归入不同晶格类型,如固体-固体组合、固体-空气组合)。显然,这对于加深人们在声子晶体最优物理拓扑方面的理解是有益的,其关键在于应当将基体相和散射体相的几何定义与每种相的材料选择分离开来。借助这一分类方法使得我们能够以统一的方式来识别在此类结构中所观察到的声子动力学特性,而且还能够将以往研究结果进行归类。最终,实现具有多种新特性的人工声子结构的构造,包括具有特定偏振态的面内完全带隙、多色带隙以及大的单一带隙(宽度远超以往结果)等,这些都是在上述基本控制原理基础上设计得到的。

值得指出的是,与以往研究相比,这里的很多设计结果都是更为新颖的,其中一些(如多色能带结构)在以往没有获得过,甚至被人们认为是不大可能实现的,因而这些设计也为声子－声子相互作用的控制研究(甚至非线性弹性波的调控)提供了一个非常有趣的参考。借助这种全新的人工结构设计思想,能够通过声子传播过程的控制来获得一些新的有用的技术特性,当然,在这些具有新颖行为特性的独特结构装置的实现中,一般还需要引入具体的技术要求和评价指标来作为设计约束或输入。

7.7 热电性与热导率的设计

近年来在有关可再生和可持续能源研究方面,对能量收集新技术的需求显得越来越突出。相比而言,热电(TE)装置在当前的地位是呈下降趋势的,绝大多数热电装置主要用于便携式制冷设备或者作为电子设备的冷却器,不过随着研究和开发的进一步发展,它们在能源实用技术方面仍将具有较大的潜力,这是因为在几乎所有的技术过程中都存在着废弃热能,而热电装置能够从中提取出能量,从而可以视为一种几乎"零成本"的发电或制冷设备。事实上,人们早已认识到控制热流或声子流是一个非常困难的问题,热电材料性能的发展在大约40年间几乎没有什么实质性的改变,只是到了近10年才有了品质因数上的显著进步(优值系数 ZT,参见式(7.26))。这种显著的进步主要归功于纳米尺度材料制备技术的发展。一般地,热电装置的效率可以表示成以下品质因数(FOM)形式,即

$$ZT = \frac{S(T)^2}{\rho(\kappa_e + \kappa_1)} \tag{7.26}$$

式中:T 为温度;$S(T)$ 为塞贝克系数;ρ 为电阻率;κ_e 为电子热导率;κ_1 为晶格热导率。热电发电和热电制冷这两种情况的效率均依赖于 ZT,因此 FOM 越大,热电装置的效率也就越高,进而也就更适于作为替代能源。目前主要的改善途径是增大塞贝克系数,同时减小材料的电阻率和热导率。塞贝克系数对应于装置上单位温度差所产生的电压,可以通过控制材料的电子结构来提高,一般是改变其电子态密度或电子传输特性[39,47]。对于热导率(或者更具体地,晶格对热导率的贡献),可以通过阻止材料中的声子传输来加以减小。目前已经存在很多种减小热导率的方法,大致可以划分为:①改变材料组分方法[47];②人工制备结构化材料[48],这里关注的是后者。在这一方面,一般包括采用纳米复合材料[5]、超晶格[49]及纳米线等手段来实现。所有这些手段都致力于增强声子散射,这主要是通过提高声子散射面的密度来实现的,一般需

要借助几何约束(如纳米线,超晶格(面内传播))或引入非均匀性(纳米颗粒尺度的复合材料,超晶格(面外传播))。实际上,这些途径是可以统一到材料制备这一层面的,也就是制备合理的具有合适的长度尺度的复合材料结构,从而使得电子和声子能够在材料中发生相互作用(在各自的长度尺度上),进而产生所需的热电发电或制冷效应。这里所说的恰当的长度尺度跨越了次纳米到次微米这个范畴,因而是不容易制备的,只是随着近年来纳米制备装置的发展才得以成功实现,这事实上也就说明了为什么直到近10年才出现了FOM的显著提升。

值得指出的是,目前人们暂时还没有关注热电材料最优设计策略这一问题,相关的理论分析只是针对一些易于制备的材料结构,或者仅关注于一些已经制备出的简单结构的计算。所考虑的结构大多局限于超晶格形式,只是到了近期热电研究才被拓展到了纳米结构,如纳米线和纳米复合材料等。从更为基本的层面来说,当前的理论方法还不能对纳米结构形式的热电材料的热导率作出定量预测。因此,尽管人们已经采用了一些实验手段去定量考察此类纳米尺度结构,然而在热传输和热电效率等若干基本概念方面仍然没有得到全面深入的理解。需要注意的是,热导率预测方面的定量方法是重要的,它不仅能够为最优设计提供更为有效的途径,而且还有助于最终实现介观尺度上的结构与材料的热管理和控制,这对于相关设备的性能和可靠性来说无疑是非常关键的。例如,具有高热导率的介电结构就是人们所期望的,它们可以通过紧凑的电子装置来快速耗散热能,而具有较低热导率的结构在提升热电效率方面也是人们所期望的。在新颖的电子和热电设备研发中,人们已经意识到,能够定量计算和预测小尺度上的热传导特性的理论方法具有重要的应用意义。

虽然目前已经出现了很多种与纳米复合材料制备相关的策略和方法,然而当前仍然缺乏一整套合理化设计原理来指导最优结构的设计实现。如果以声子晶体的形式来构造结构化的热电装置,那么有可能会有效地降低材料的热导率,同时还可以保留较好的电导率。这一思路是可行的,原因在于声子和电子的德布罗意波长是不同的,于是通过在合适的长度尺度上对材料进行结构化设计,就可以有选择性地控制声子的行为,如可以据此来降低热导率(电阻率基本不受影响),从而提升FOM。比方,通过引入散射体(如空腔)可以同时降低电导率与热导率(因为减小了有效截面,属于纯几何效应),更重要的是通过对散射体特征尺寸和间距的设计,使之与平均的声子波长(针对材料的温度情况)同阶,还能够显著地改变声子的散射行为,进而实现热导率的降低。

热传递一般是非线性的,它与材料本征参数(表面和界面粗糙度、组分纯度等)之间存在内在的关联,这些参数实际上会显著影响到声子的平均自由程和相干性。可以说,我们所构建的统一设计框架为考察声子-声子相互作用的动力学特性提供了一个一致性的平台,这是因为在该框架下可以正确地区分不同声子本征模式的偏振态。显然这就令我们能够针对矢量形式的声子-声子相互作用确定合适的选择规则,这一点在以往的研究中考虑得是不够深入的[43]。由此不难体会到,针对线性色散和偏振态的调控将为人们提供一条非常有前景的设计途径,据此就能够研发出相关的人工结构,以可控的方式在特定频率范围内设计出所期望的多体动力学行为。

7.8 声子超材料网络和信息处理

构建一个完整的理论分析工具箱,使得我们可以针对应用需求,基于一组统一的设计原理来进行结构装置的设计,这一工作无疑能够显著地促进相关技术应用,并能够加快详细设计和后续实验分析之前的结构方案选型过程。正如前面曾经指出的,在这一工作基础上,能够期望借助形状尺寸更为紧凑的结构来控制其中的波传播特性,这也是超材料研究的一个基本思想,尽管当前的发展还不够成熟。从实际应用层面来看,在此类结构装置的研发中应当将形状尺寸方面的要求纳入进来,由此也产生了一些需要回答的问题。例如,应当怎样基于理论上的无限系统来设计一个实际的有限结构,才能获得最优性能(在形状尺寸的限制下);再如,应当怎样确定能够完成声子或光子流的控制(在一个较宽的频带或波长范围内)的结构类型,且具有紧凑的形状尺寸(比感兴趣的波长小1~2个数量级)。如果已经构造出具有不同色散关系的结构(采用单一材料),就可以据此设计出一个完整的结构网络,在一系列应用场合中实现对(非)线性弹性波或声波的有效操控,如吸收弹性波(声波)及信息处理等。

进一步,这里的设计框架还可以从声子拓展到光子、自旋波以及非弹性过程中的耦合作用等领域,当然,这需要正确理解不同类型的波,并将它们与结构的晶格类型关联起来。

7.9 未来工作展望

对称性破缺这一概念是具有一般性的,适用于内部分界面或自由表面处,事实上人们已经发现了著名的 Stoneley 模式和 Rayleigh 模式[4]。在半无限介质情况下,自由表面上的对称性破缺导致了 Rayleigh 模式的生成。这种 Rayleigh 模式是一种边界或表面模式,类似于表面波。与此不同的是,当我们考虑一块有限板时,与经典 Lamb 板类似,它所具有的镜像对称性和两个对称边界将使得两个空间位置上也会存在对称性的破缺,从而导致两个对称性破缺模式。这种情况下,镜像面使得 Rayleigh 模式在两个边界面上产生耦合,从而形成对称和反对称的不可约表示(关于镜像面)。

上述这个简单的问题与声子超材料的表面模式情况非常相似,不过现有研究工作中人们却缺乏有效的控制原理去设计声子或光子超材料表面。这些表面的设计对于相关装置来说是极为重要的,因为装置和外部环境之间的分界面情况直接决定了超材料内的波传播特性(进而影响到波场的分布)。这种表面、界面或边界模式的存在与对称性破缺之间的关联性再一次体现在行波的长度尺度和人工结构的非均匀性上。再次重申一点,对称性破缺这一分析方法的最终目标是根据一组简单的原理来认识和理解此类结构设计的复杂性。实际上我们已经采用类似的方法,仅仅借助系统的基本对称性导出了可能的声子本征模式。进一步需要指出的是,这一分析框架不限于声子问题,它对于所有的标量场和矢量场都是适用的,唯一的前提是必须正确识别出相关的长度尺度。显然,这也意味着这一分析方法能够用于设计有效的多功能声-光-磁网络,其中各种类型的波可以在特定空间位置发生相互作用,之所以如此,是因为我们的设计原理不是建立在无限周期性上,而可以处理分界面和边界。

实际上我们也可以思考一下自然界中存在着的各种声子网络,如生物的听觉系统。从昆虫所具有的介观尺度多重复杂听觉系统到人类所具有的紧凑而宽带的听觉系统,自然界是不是利用了对称性来构建的呢,这显然是一个非常有趣的问题。我们认为,一个"复杂"系统是可以通过一些"简单"的基本原理来描述的,就像一个复杂的声子能带结构可以通过一组控制规则来刻画一样。为了能够真正实现多功能声-光-磁超材料网络,可以借助与之相关的一组基本而简单的原理,这无疑会更加易于处理,从而有助于更好地构建出完整的功能集成的材料设计平台,进而极大地拓展材料性能空间。

参 考 文 献

[1] Bloch, F.: Uber die Quantemechanikder Electroneninkristallgittern. Z. Phys. 52,555(1928)

[2] For a review, see El Boudouti, E. H., Djafari Rouhani, B., Akjouj, A., Dobrzynski, L.: Acoustic waves in solids and fluid layered materials. Surf. Sci. Rep. 64,471(2009)

[3] Rytov, S. M.: Acoustical properties of a thinly laminated medium. Sov. Phys. Acoust. 2,6880(1956)

[4] Sigalas, M. M., Economou, E. N.: Band structure of elastic waves in two dimensional systems. Solid State Commun. 86,141(1993)

[5] Kushwaha, M. S., Halevi, P., Dobrzynski, L., Djafari – Rouhani, B.: Acoustic band structure of periodic elastic composites. Phys. Rev. Lett. 71, 2022 (1993)

[6] Kushwaha, M. S., Halevi, P., Dobrzynski, L., Djafari – Rouhani, B.: Theory of acoustic band structure of periodic elastic composites. Phys. Rev. B 49, 2313 (1994)

[7] Sigalas, M. M., conomou, E. N.: Elastic and acoustic wave band structure. J. Sound Vib. 158, 377 (1992)

[8] Vasseur, J. O., Djafari – Rouhani, B., Dobrzynski, L., Kushwaha, M. S., Halevi, P.: Complete acoustic band gaps in periodic fibre reinforced composite materials: the carbon/epoxy and some metallic systems. J. Phys.: Condens. Matter 7, 8759 – 8770 (1994)

[9] For a review, see Sigalas, M. M., Kushwaha, M. S., Economou, E. N., Kafesaki, M., Psarobas, I. E., Steurer, W.: Classical vibrational modes in phononic lattices: theory and experiment. Z. Kristallogr. 220, 765 – 809 (2005)

[10] For a recent review, see Pennec, Y., Vasseur, J., Djafari Rouhani, B., Dobrzynski, L., Deymier, P. A.: Two – dimensional phononic crystals: examples and applications. Surf. Sci. Rep. 65, 229 (2010)

[11] Yablonovitch, E.: Inhibited spontaneous emission in solid – state physics and electronics. Phys. Rev. Lett. 58, 2059 – 2062 (1987)

[12] Joannopoulos, J. D., Meade, R. D., Winn, J. N.: Molding the Flow of Light, vol. 47. Princeton University Press, Princeton, 1995. 2 Fundamental Properties of Phononic Crystal

[13] Psarobas, I. E., Modinos, A., Sainidou, R., Stefanou, N.: Acoustic properties of colloidal crystals. Phys. Rev. B 65, 064307 (2002)

[14] Sainidou, R., Stefanou, N., Modinos, A.: Formation of absolute frequency gaps in threedimensional solid phononic crystals. Phys. Rev. B 66, 212301 (2002)

[15] Still, T., Cheng, W., Retsch, M., Sainidou, R., Wang, J., Jonas, U., Fytas, G.: Simultaneous occurrence of structure – directed and particle – resonance – induced phononic gaps in colloidal films. Phys. Rev. Lett. 100, 194301 (2008)

[16] Croënne, C., Lee, E. J. S., Hu, H., Page, J. H.: Band gaps in phononic crystals: generation mechanisms and interaction effects. AIP Adv. 1, 041401 (2011)

[17] Liu, Z., Zhang, Y., Mao, Zhu, Y. Y., Yang, Z., Chan, C. T., Sheng, P.: Locally resonant sonic materials. Science 289, 1734 – 1736 (2000)

[18] Torres, M., Montero de Espinosa, F. R., Garcia – Pablos, D., Garcia, N.: Sonic band gaps in finite elastic media: surface states and localization phenomena in linear and point defects. Phys. Rev. Lett. 82, 3054 (1999)

[19] Kafesaki, M., Sigalas, M. M., Garcia, N.: Frequency modulation in the transmittivity of wave guides in elastic – wave band – gap materials. Phys. Rev. Lett. 85, 4044 (2000)

[20] Khelif, A., Djafari – Rouhani, B., Vasseur J. O., Deymier, P. A., Lambin, P., Dobrzynski, L.: Transmittivity through straight and stublike waveguides in a two – dimensional phononic crystal. Phys. Rev. B 65, 174308 (2002)

[21] Khelif, A., Djafari – Rouhani, B., Vasseur, J. O., Deymier, P. A.: Transmission and dispersion relations of perfect and defect – contained waveguide structures in phononic band gap materials. Phys. Rev. B 68, 024302 (2003)

[22] Khelif, A., Djafari – Rouhani, B., Laude, V., Solal, M.: Coupling characteristics of localized phonons in

photonic crystal fibers. J. Appl. Phys. 94,7944 −7946(2003)

[23] Khelif,A. ,Chouja,A. ,Djafari − Rouhani,B. ,Wilm,M. ,Ballandras,S. ,Laude,V. :Trapping and guiding of acoustic waves by defect modes in a full band − gap ultrasonic crystal. Phys. Rev. B 68,214301(2003)

[24] Khelif,A. ,Choujaa,A. ,Benchabane,S. ,Djafari − Rouhani,B. ,Laude,V. :Guiding and bending of acoustic waves in highly confined phononic crystal waveguides. Appl. Phys. Lett. 84,4400(2004)

[25] Benchabane,S. ,Khelif,A. ,Choujaa,A. ,Djafari − Rouhani,B. ,Laude,V. :Interaction of waveguide and localized modes in a phononic crystal. Europhys. Lett. 71,570(2005)

[26] Pennec,Y. ,Djafari − Rouhani,B. ,Vasseur,J. O. ,Larabi,H. ,Khelif,A. ,Choujaa,A. ,Benchabane,S. ,Laude,V. :Acoustic channel drop tunneling in a phononic crystal. Appl. Phys. Lett. 87,261912(2005)

[27] Esposito,G. ,Marmo,G. ,Sudarshan,G. :From Classical to Quantum Mechanics:An Introduction to the Formalism Foundations and Applications. Cambridge University Press,UK(2010)

[28] Seol,J. H. ,Jo,I. ,Moore,A. L. :Two dimensional phonon transport in supported graphene. Science 328, 213 −216(2010)

[29] Balandin,A. ,Wang,K. L. :Significant decrease of the lattice thermal conductivity due to phonon confinement in a free − standing semiconductor quantum well. Phys. Rev. B. 58(3),1544(1998)

[30] Economou, E. N. ,Zdetsis, A. :Classical wave propagation in periodic structures. Phys. Rev. B 40, 1334 (1989)

[31] Liu,Z. Y. ,Zhang,X. X. ,Mao,Y. W. ,et al. :Locally resonant sonic materials. Science. 289,(5485),1734 (2000)

[32] Whitham,G. B. :Linear and Nonlinear Waves. Wiley − Interscience,USA(1970)

[33] Goldstone,J. ,Salam,A. ,Weinberg,S. :Broken symmetries. Phys. Rev. 127,965(1962)

[34] Miklowitz,J. :The Theory of Elastic Waves and Waveguides. North Holland Publishing Company,Netherlands,p. 215(1978)

[35] Nye,J. F. :Physical Properties of Crystals:Their Representations by Tensors and Matrices. Oxford University Press,UK(1957)

[36] Lax,M. J. :Symmetry Principles in Solid State and Molecular Physics. Wiley,USA(1974)

[37] Wigner,E. P. :The Theory of Groups and Quantum mechanics. Methuen and Company,London(1931)

[38] Sternberg,S. :Group Theory and Physics. Cambridge University Press,UK(1995)

[39] Poudel,B. ,Hao,Q. ,Ma,Y. et al. :High − thermoelectric performance of nanostructured bismuth antimony telluride bulk alloys. Science. 320(5876),634(2008)

[40] Simovski,C. R. :Material parameters of metamaterials. Opt. Spectrosc. 107,726(2009)

[41] Kafesaki,M. ,Economou,E. N. :Intepretation of the band structure results for elastic and acousticwaves by analogy with the LCAO Approach. Phys. Rev. N. 52(18),13317(1995)

[42] Mei,J. ,Liu,Z. ,Wen,W. ,Sheng,P. :Effective dynamic mass density of composites. Phys. Rev. B. 76, 134205(2007)

[43] Still,T. ,Cheng,W. ,Retsch,M. ,Sainidou,R. ,et al. :Simultaneous occurrence of structure − directed and particle − resonance − induced phononic gaps in colloid films. Phys. Rev. Lett. 100,194301(2008)

[44] Ziman,J. :Electrons and Phonons. Clarendon Press,UK(1962)

[45] Cloizeaux,J. D. :Analytical properties of n − dimensional energy bands and Wannier functions. Phys. Rev. 129,554(1963)

[46] Anderson, P. W. : More Is different. Science 177, 4047 (1972)
[47] Nolas, G. S. , Sharp, J. , Goldsmid, H. J. : Thermoelectrics: Basic Principles and New Materials Development. Springer Press, Berlin (2001)
[48] Harmann, T. C. , et al. : Quantum dot superlattice thermoelectric materials and devices. Science 297, 2229 (2002)
[49] Venkatasubramaniam, R. , Silvola, E. , Colpitts, T. , et al. : Thin-film thermoelectric devices with high room-termperature figures of merit. Nature 413 (6856), 597 (2001)

第8章 局域共振结构

本章摘要：材料中的局域共振现象是2000年发现的,自那时起,人们开始进行了声学超材料方面的研究。局域共振现象能够导致负质量密度和负体积模量的形成,本章将对局域共振行为的物理机制做详尽的分析,然后通过若干应用实例加以讨论,并针对当前还处于早期阶段的研究工作做一展望。

8.1 引　　言

声学超材料的研究起源于20世纪90年代的声子晶体研究,超材料是一类人工材料,具有自然界材料所不具备的诸多特性和功能。

事实上,早在20世纪80年代人们就提出了光子晶体概念[1-4],在20世纪90年代又出现了声子晶体概念[1-4],这两种结构材料后来都在实验中得以实现[5-7],它们都涉及带隙这一概念。这里的带隙概念与量子力学中固体能带理论所给出的内涵是相同的,也即电子波与周期性原子晶格发生相互作用从而形成由能量带隙分隔开来的能带结构,只有当晶格常数与波长同阶时,带隙才能够形成。由于听觉范围内的声波波长较大,因而声子晶体往往是在超声频带内实现的。不过,声学超材料的出现使得这一结构尺寸问题得到解决,同时还引入一些新的功能特性。

为了便于认识和理解声学超材料的基本思想,下面首先从声子晶体角度来进行介绍。

8.2 声子晶体的背景

声子晶体与光子晶体一样都属于超材料,或者说带隙超材料,这种类型的超材料与双负超材料(DNG)是同样重要的。

在20世纪80年代,人们对由两种或更多种具有不同特性的材料构成的人工结构所体现出的物理特性产生了极大的研究兴趣。在20世纪80年代初期,这些兴趣主要集中于低维微观结构,如量子异质结构、量子线和量子点等,而在后期人们开始对光子晶体[1]这种宏观结构产生了越来越浓厚的兴趣。一般来说，它们是由两种透明电介质组成的周期阵列结构。在理解微观结构和宏观结构的物理特性时，周期性扮演了非常重要的角色。在光子晶体中，一个重要方面就是频率禁带的形成问题，在这些禁带中电磁模式的自发辐射和零点涨落均不会出现[9]。本章将主要考察声子晶体，它们是由具有不同弹性特性的两种材料构成的复合物。类似于光子晶体的研究，我们也将着重讨论完全声子带隙的存在性及其实际应用等问题。关于声子晶体的最早的理论研究文章，读者可以参阅文献[3-4,10-12]。例如，在文献[10]中，考虑了一种平行圆杆在另一基体介质中作周期阵列的结构，这些杆与轴线的垂面相交后就构成了一个二维晶格。Sigalas 和 Economou[10]分析了横向偏振模式，其位移场平行于杆的轴线（垂直于布洛赫波矢）。通过对 Ni(Al)合金杆与 Al(Ni)合金基体的计算，结果表明在整个布里渊区内存在着绝对带隙。这些研究人员还考察了混合偏振模式（位移场和布洛赫波矢均处于杆的垂面内），他们发现在 Au 杆和 Be 基体中会展现出较窄的完全带隙。此外，文献[4]还针对任意维度的周期复合介质，详尽地给出了相关的声学能带理论。

类似于光子晶体，在声子带隙对应的频率范围内，振动、声或声子的传播都会受到抑制。从实用的角度来说，可以设计出完全的声子带隙，从而在一定的频率范围内为各类高精度机械设备提供一个无振动的环境。目前，人们还构造出压电复合和热电复合形式的声子晶体结构，它们可以作为换能器，在脉冲回波医用超声成像和水下信号传输与接收等场合使用[6,11-14]。

要想把声子晶体复合结构用于换能器设计，需要对周期结构中的弹性波传播有详尽的认识和理解，这样才能正确地选择好换能器的特征尺寸。当然，能否获得所需的能带结构是最基本的问题。

对基于周期复合材料的声学装置来说，带隙宽度和中心频率是重要指标。带隙的这些特征主要取决于这些弹性复合结构物的晶格类型、弹性常数差异、密度差异、组分比及晶格常数等多种因素。显然，对这么复杂的情况进行详细分析是一项比较困难的工作。

在声子晶体的实验研究方面，文献[6-15]已经介绍了相关工作，它们揭示了声波在非均匀介质或随机介质中的一般传播特征。

8.3 声子晶体理论——多散射理论

声子晶体理论主要涉及声波在周期结构中的传播计算，最终的目标是在周期结构中确定带隙的存在性，这与光子晶体的带隙研究是类似的。人们已经采用平面波展开法进行了大量的计算分析,该方法主要建立在对波动方程中的周期系数作傅里叶展开这一基础上。借助平面波展开法,已有研究表明带隙能够在一些特殊的条件下存在,这些条件主要涉及组分材料的弹性参数(密度、波速)、组分的体积分数及结构拓扑情况。应当指出的是,平面波展开方法是不能用于求解固体散射体置入流体基体这一情况的。

本节采用 Kafesaki 和 Economou[16] 所给出的多散射(MS)方法来进行讨论,这一方法是建立在著名的 Korringa – Kohn – Rostoker(KKR)理论[17-18] 基础上的。

Kafesaki 和 Economou[16] 所考虑的是球状散射体置入流体基体中的情形,他们是从周期介质中的声波方程开始分析的,即

$$\lambda(r) \nabla \left[\frac{1}{\rho(r)} \nabla P(r) \right] + \omega^2 P(r) = 0 \tag{8.1}$$

式中:P 为声压;$\rho(r)$ 为质量密度;ω 为角频率;λ 为介质的拉梅常数,$\lambda = \rho(c_l^2 - c_t^2)$;$c_l$ 与 c_t 分别为纵波速度和横波速度。

式 8.1 还可以改写为

$$\nabla^2 P(r) + \frac{\omega^2}{c_0^2} P(r) + \omega^2 \left[\frac{1}{c^2(r)} - \frac{1}{c_0^2} \right] P(r) + \rho(r) \left[\nabla \frac{1}{\rho(r)} \right] \nabla P(r) = 0 \tag{8.2}$$

进而可以表示为

$$H_0(r) P(r) + U(r) P(r) = 0 \tag{8.3}$$

式中:$H_0(r) = \nabla^2 + \frac{\omega^2}{c_0^2}$;$c_0$ 为基体介质中的波速。$H_0(r) P(r) = 0$ 代表没有散射体情况下的波动方程。

方程式(8.3)与电子波的薛定谔方程具有相同的形式,这一相似性表明了可以将 KKR 理论拓展到声学的分析中。不过,必须注意电子波和声波之间的重要区别,即声波中的势在散射体表面处是奇异的(δ 函数),这是由于因子 ∇P^{-1} 导致的。因此,表面散射对体积分的贡献是不可忽略的,这与电子波[18]是不同的。

根据文献[19]可以发现,在周期系统中方程式(8.2)等价于以下积分方程,即

$$P(r) = \int_U G(r - r') V(r) P(r') dr' \tag{8.4}$$

式中:U 为单胞域;$V(r)$ 为局域势。

格林函数 $G(r - r')$ 由下式给出,即

$$G(r - r') = \sum_n e^{ik \cdot R_n} G_0(r - r' - R_n) \tag{8.5}$$

式中:G_0 为与齐次方程 $H_0(\mathbf{r})P(\mathbf{r})=0$ 对应的格林函数[20],即

$$G_0(\mathbf{r}-\mathbf{r}') = -\frac{1}{4\pi}\frac{\mathrm{e}^{\mathrm{i}K_0|\mathbf{r}-\mathbf{r}'|}}{|\mathbf{r}-\mathbf{r}'|}, K_0 = \frac{\omega}{c_0} \qquad (8.6)$$

此外,在单胞(中心位于坐标系的原点)的外部域中 $V(\mathbf{r})$ 为零,且与 U 之间的关系为 $U(\mathbf{r}) = \sum_n V(\mathbf{r}'-\mathbf{R}_n)$,声压场 $P(\mathbf{r})$ 满足布洛赫条件,即 $P(\mathbf{r}+\mathbf{R}_n) = \mathrm{e}^{\mathrm{i}\mathbf{k}\cdot\mathbf{R}_n}P(\mathbf{r})$。

考虑到声波局域势仅在散射体内部和表面处不为零,因此式(8.4)中的单胞域上的积分就可以简化为对散射体域($r' \leq r_s$,r_s 为散射体的半径)的积分,即

$$\int_V \mathrm{d}\mathbf{r}' = \lim_{\epsilon \to 0^+} \int_{r' \leq r_s + \epsilon} \mathrm{d}\mathbf{r}' \qquad (8.7)$$

式(8.7)中的极限处理保证了从球散射体的内部趋近于表面,包括表面的奇异性。

注意到各个球散射体是无交叠的,且单胞内的 $\mathbf{r}$ 和 $\mathbf{r}'$ 均从坐标原点发出,因此函数 G 应满足以下方程,即

$$\nabla^2 G(\mathbf{r}-\mathbf{r}') + K_0^2 G(\mathbf{r}-\mathbf{r}') = \delta G(\mathbf{r}-\mathbf{r}') \qquad (8.8)$$

进一步,根据波动方程和高斯定理可知,式(8.7)中的体积分还可以转化为一个表面积分。根据这一点,经过一些数学处理后,就得到以下关系式,即

$$\lim_{r' \to r_s^+}\int_{s'}[P(\mathbf{r}')\nabla_{r'}G(\mathbf{r}-\mathbf{r}') - G(\mathbf{r}-\mathbf{r}')\nabla_{r'}P(\mathbf{r}')]\mathrm{d}s' = \begin{cases} P(\mathbf{r}') & r > r_s \\ 0 & r < r_s \end{cases} \qquad (8.9)$$

式中:s' 为半径为 r' 的球面(中心位于坐标原点);$r' \to r_s^+$ 代表了是从外部接近球面的。这是由式(8.7)产生的一个直接结果,对于声学情况来说是非常重要的,因为被积函数在表面处不是连续的。声压虽然是连续的,但是其导数却表现为阶梯函数形式的不连续性。因此,两个单侧极限是不一致的。$r < r_s$ 时式(8.9)的解实际上给出了该周期系统每个布洛赫矢量 $\mathbf{k}$ 所对应的本征频率值。为了得到这个解,可以利用以下关系式,即将函数 $G(\mathbf{r}-\mathbf{r}')$ 和 $P(\mathbf{r}')$ 展开为关于 $\mathbf{r}$ 和 $\mathbf{r}'$ 的球函数形式,即

$$G(\mathbf{r}-\mathbf{r}') = \sum_{\ell m}\sum_{\ell' m'}[A_{\ell m \ell' m'}j_\ell(K_0 r)j_{\ell'}(K_0 r') + K_0 j_\ell(K_0 r)y_{\ell'}(K_0 r')\delta_{\ell\ell'}\delta_{mm'}] \times$$
$$Y_{\ell m}(\mathbf{r})Y^*_{\ell' m'}(\mathbf{r}') \quad r < r' \qquad (8.10)$$

$$P(\mathbf{r}')|_{r' \geq r_s} = P^{\mathrm{out}}(\mathbf{r}') = \sum_{\ell m}a_{\ell m}[j_\ell(K_0 r') + t_\ell h_\ell(K_0 r')]Y_{\ell m}(\mathbf{r}') \qquad (8.11)$$

式(8.11)中包括了第二类球贝塞尔函数(ℓ 阶),且有 $h_\ell = j_\ell + \mathrm{i}y_\ell$。

将式(8.10)和式(8.11)代入式(8.9)中,可以得到最终的多散射方程,即

$$\sum_{\ell'm'} [A_{\ell m\ell'm'} - K_0 I_m(t_{\ell'}^{-1})\delta_{\ell\ell'}\delta_{mm'}] a_{\ell'm'} = 0 \qquad (8.12)$$

上面这个方程中的系数 $A_{\ell m\ell'm'}$ 一般称为结构常数，它们依赖于 K、ω 和晶格常数的实际情况。系数 t_ℓ 将每个散射体的入射场与散射场联系起来，可以通过求解单个散射问题来获得。

方程式(8.12)也可以改写为

$$\sum_{\ell'm'} \Lambda_{\ell m\ell'm'} a_{\ell'm'} = 0 \Leftrightarrow \sum_{L'} \Lambda_{LL'} a_{L'} = 0, \quad L \equiv (\ell, m) \qquad (8.13)$$

显然，这就对应一个线性齐次代数方程了。要想存在非零解，必须满足 $\det(\Lambda) = 0$，由此给出这个周期复合结构的本征频率。

通过对上述方程的详细分析可以发现，散射体材料的弹性参数仅仅通过散射系数 t_ℓ 产生影响。对于固体或流体形式的散射体来说，这个散射系数都是很容易进行准确计算的。因此，这里的方法对于固体散射体或流体散射体来说都是适用的，仅仅只是单个散射问题的形式有所区别而已。不过，这一点并不是多散射方法的唯一优势，该方法最重要的优点在于能够适用于失谐系统的分析，如可以处理带有位置失谐或替位失谐的情况。

8.3.1 计算过程中需注意的若干细节

如前所述，一个周期系统的本征模式是通过要求线性齐次方程式(8.13)具有非零解得到的。于是，必须计算该方程的系数矩阵行列式，并令其为零。这个矩阵 Λ 的阶次主要取决于(Kafesaki 和 Economou[16]的计算中)场函数式(8.11)中所采用的角动量项个数。人们在研究中选择了 $\ell = \ell_{max} = 3$ 或 4，得到了很好的收敛结果，而在较低频带只需小于 3 即可获得不错的收敛性。

这一问题中的另一参数是周期系统的尺度，Kohn 和 Rostoker[18]曾经考察过包含 400~500 个晶格矢量(正晶格和倒晶格)的系统，仍然得到了很好的收敛性。

在多散射方法的计算中，还有一个值得提及的问题就是虚根问题，它一般是因为行列式符号发生了改变，因而不具有与之对应的实际本征频率。

8.3.2 结果讨论

图 8.1 中针对 FCC 晶格形式的周期复合结构(固体球散射体置入水基体)，给出了 $L\Gamma$ 和 ΓX 方向上的能带结构。该周期结构中球散射体的体积分数为 $f_s = 50\%$。在图 8.1(b)中，进一步针对由流体球散射体(与固体球散射体具有相同的 λ 和 ρ)以相同周期排列形式置入水基体中构成的周期复合结构，给出了对应的能带结构，是借助平面波展开法计算得到的。可以看出这二者的结果是显著不同的，表明固体散射体与流体散射体的能带结构会发生剧烈变化。

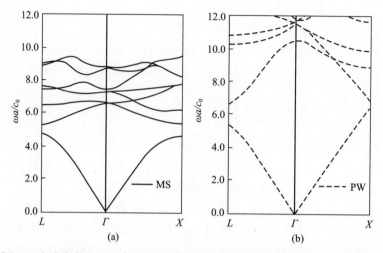

图 8.1 由球散射体和水基体构成的 FCC 周期复合结构的色散曲线($L\Gamma$ 和 ΓX 方向)(参数为 $\rho_0/\rho_n = 1/2$, $c_0/c_{\ell i} = 1/2$, $\lambda_0/\lambda_i = 1/4$, $c_{ti}/c_{\ell i} = 1/2$, 球体的体积分数为 $f = 50\%$, c_0 是基体中的波速, a 为晶格常数)
(a)多散射方法的结果;(b)平面波展开法的结果[16]。

图 8.2 中针对由另一散射体材料(玻璃球)构成的情况给出了计算结果,这里的周期结构是 SC 晶格形式的,玻璃球的体积分数为 $f = 45\%$。左图是多散射

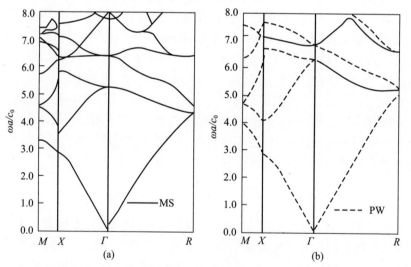

图 8.2 由玻璃球体和水基体构成的 SC 周期复合结构的色散曲线($MX\Gamma R$ 方向)(玻璃球体的体积分数为 $f = 45\%$, c_0 为基体中的波速, a 为晶格常数)[16]
(a)多散射方法的结果;(b)平面波展开法的结果。

方法的计算结果,而右图为平面波展开法的计算结果。与图 8.1 相比,多散射方法与平面波方法计算结果之间的差异更小。这就意味着,散射体刚度影响的降低可以归因于散射体与基体介质之间具有更大的波速和密度差异。事实上,散射体与基体之间的波速比和密度比是影响散射的最主要参数,进而也是影响此类复合结构中声波传播特性的关键。当这些材料特性差异增大后,其他参数如散射体刚度的影响将变得不再重要[21-22]。

8.4 基于多散射方法的理想声透镜分析

多散射理论(MST)一般也称为 KKR(Korringa,Kohn,Rostoker)方法[17-18],后者主要是针对电子能带计算的需要而提出的。Liu 等[23]在经典波(包括声波)的研究中采用了多散射理论对周期结构(如声子晶体)中的声波传播问题进行计算研究。他们所考察的声子晶体是由不锈钢珠置入水基体中构成的,在超声实验中观测到了在(001)传播方向上存在着较大的方向带隙(以 0.65 个频率单位为中心),这一结果验证了他们的理论预测(即能带结构中的 ΓX 方向上存在方向带隙)。此外,沿着(111)传播方向上,他们还观察到一个窄带隙(在大约 0.65 个频率单位处),它对应于能带结构中同一频率下 L 点处的小带隙。

有关声子带隙的存在性及其特征方面的研究还有很多,如可以参阅文献[4,10]。这些研究工作主要讨论的是布拉格散射机制,其声波波长与晶格常数是同阶的,由此能够形成声波无法通过的频率禁带。借助这一机制,能够更好地理解怎样借助物理上可实现的材料来获得较大的完全带隙,以及认识到由隧穿导致的波传播过程[22]。应当指出的是,当前人们在周期性是如何影响波的传播行为(在带隙以外的较宽频率范围内)方面关注得还较少,事实上在这一较宽频率范围内可能存在着一些新颖的折射、衍射和聚焦等效应。

在较低的声波频率处,人们已经引入了等效连续介质近似方法来考察波的传播特性并准确预测了其波速。在这一频率范围内,声波在周期结构中的传播非常类似于低频声子在原子晶体中的传播,在后者中声子聚焦现象就已经得到了较为系统的研究[24]。不过,在较高的频率处,波长要远小于晶格常数,人们对于频率通带内的行为认识得还很有限。Yang 等曾经就这一问题做过理论和实验分析,针对一个三维声子晶体考察了声波在首个完全带隙上方频率处的传播特性。他们揭示了声波频率和传播方向的改变是如何导致新颖的聚焦行为的(与较大的负折射有关),所采用的针对负折射行为的研究方法与 Veselago 的工作(针对电磁波,基于负的磁导率和负的介电常数)是有所区别的。研究人员从实验角度证实了负折射效应,借助超声技术对透射波场做了成像处理,并展示了一块平直晶体是能够将发散的入射波束聚焦成焦点的,该焦点可以在远离晶体的位置处清晰地观察到。他们还从理论角度计算了场的模式,采用的是傅里叶成像技术,将晶体中的波传播行为通过三维等频面(由多散射理论预测得到)准确地进行了描述[25]。最终的实验结果与理论分析结果取得了相当好的一致性。可以说,这一工作阐明了如何准确地对声子晶体中的波传播问题进行建模,以及如何借助等频面来进行应用设计。

Zhang 和 Liu[26] 最先讨论了声子晶体中的声波负折射问题。他们在实验中重复观测到了声波的负折射现象,所发生的频率对应于 $S·k>0$ 区域,其中的 S 代表坡印廷矢量。所分析的是一个由无限长"刚性"或液体圆柱散射体置入基体介质中构成的二维声子晶体结构,该结构在文献[19-21]中也被人们研究过。他们考虑了两种声子晶体形式,一种是钢制圆柱置入空气基体中,另一种是水柱置入水银基体中。这两种类型的能带结构分别如图 8.3(a) 和图 8.3(b) 所示,都是通过多散射方法(或者说文献[17-18]中给出的 KKR 方法)计算得到的。

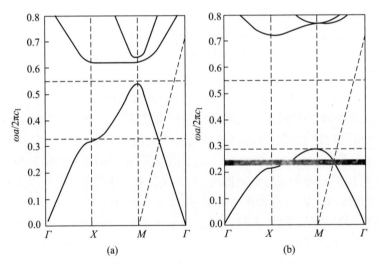

图 8.3　两种能带结构(点虚线标出了负折射区域,阴影标出了 AANR 区域。
(源自于文献[26]))
(a)声学能带结构:半径为 $R=0.36a$ 的钢柱以方形晶格形式阵列于空气基体中;
(b)声学能带结构:半径为 $R=0.4a$ 的水柱以方形晶格形式阵列于水银基体中。

为了清晰地观察和分析声波在上述声子晶体界面处的折射行为,Zhang 和 Liu[26] 详细研究了能带结构的等频面(EFS),其做法类似于光子晶体中的电磁波情况,k 空间中的常数等频面能够给出声子模式的群速度,据此可以获得声波的能量传播方向。这些等频面可以采用多散射方法计算得到。对于上述两种声子晶体,研究表明它们的等频面特征(针对第一能带)是相似的,因此在图 8.4 中仅给出了水/水银结构($R=0.4a$)的分析结果,其中针对若干相关的频率点(0.05,0.1,0.2,0.235,0.27)展示了等频面情况。很明显,最低阶能带在第一布里渊区中处处都满足 $S\cdot k>0$,这就意味着群速度不会与相速度方向相反。频率点 0.05 和 0.1 处的等频面非常接近于一个理想的圆形,其上任意点处的群速度都是与 k 矢量一致的,因而表明在这两个长波长条件下晶体的行为将类似于一种等效的均匀介质。频率点 0.2 处的等频面相对于圆形来说有所扭曲,而 0.235 处的等频面则在 M 点附近形成凸起,这是由负的声子"等效能带"所导致的。在某些频率区域内,由于沿着折射面的分量是守恒的,因此将会导致出现负折射效应,参见图 8.4 中的点线所示。

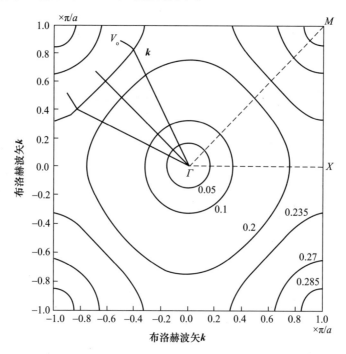

图 8.4 二维声子晶体第一能带的等频线(该声子晶体是由水柱以方形晶格形式阵列于水银基体中而构成的,水柱半径为 $R=0.4a$,图中的数字代表的是频率(单位为 $2\pi c_l/a$))[26]

进一步,根据文献[26-27]给出的分析过程,还可以获得某些情况下全向负折射(AANR)效应所需满足的条件。在满足这些条件后,以各种角度入射到 ΓM 面上的声束都将耦合形成一个单一的布洛赫模式,它将在边界法线的负侧传入晶体中。利用这些条件,就可以确定出 AANR 所存在的频率区域了。

如图 8.3(a)所示,在钢/空气声子晶体中是不存在 AANR 区域的,尽管负折射区域非常大。然而,在水/水银声子晶体中,AANR 区域却是存在的,它位于 $\omega=0.24(2\pi c_1/a)$ 附近,参见图 8.3(b)中的阴影区域。显然,对于这两种声子晶体来说,在 AANR 效应上是有所不同的,这一差异对基于声子晶体的声波超透镜和聚焦来说是极为重要的。

为了验证其理论分析结果,Zhang 和 Liu[26]还对上述两种声子晶体情况进行了数值仿真分析,采用的是多散射理论[28]。分析中他们采用了一个 30°楔形样件,其中包含 238 个水柱($R=0.4a$),这些水柱是以方形阵列形式置入水银基体中的。图 8.5 中已经给出了样件的形状以及相关的折射过程。黑框标出的是样件的尺寸范围,楔形表面是(11)面,一道频率为 $\omega=0.235(2\pi c_1/a)$、半宽度 $wl=2a$ 的波束沿法向入射到样件的左侧表面,然后沿着入射方向传播直至到达楔形面,随后一部分波束将折射出样件,而另一部分则被反射回去。对于这里的折射波来说存在两种可能,它可以沿着表面法线的右侧(正折射)或者沿着左侧(负折射)离开样件。仿真分析结果参见图 8.5,其中示出了入射场和折射场的能量分布情况,并用箭头和文字对各个波束方向做了说明。可以非常清晰地观察到,折射波是从表面法线的负折射一侧离开样件的,其折射角与图 8.6 中根据波矢空间得到的预测值也是一致的。因此,这里的仿真结果明确地指出了在满足 $S\cdot k>0$ 的第一能带内是存在声波负折射行为的。顺便提及的是,在钢/空气声子晶体中也观察到了与此类似的现象。

借助负折射行为,人们已经提出了理想透镜(或超透镜)概念[29-30],并采用二维声子晶体进行制备[27]。这种超透镜能够将一侧的点源聚焦成另一侧的一个真实像点,即便采用平板结构也是如此。此类装置的好处在于它们具有打破衍射极限(或瑞利分辨率准则,即分辨率不能超过波长的一半)的能力,而且还可借助平板结构而不是曲面板结构来实现,这使得结构的制备更加方便。

Zhang 和 Liu[26]已经针对声波给出了一个这样的设计,并展现出与光学情况中相同的优势。他们采用上述声子晶体样件(水柱/水银基体)构造了一块宽度为 $40a$ 的平板结构(包含 6 层),将连续波源(点源)放置在距离板的左侧面为 $1.0a$ 的位置上,设定了点源发出的入射波的频率为 $\omega=0.24(2\pi c_1/a)$(恰好位于 AANR 区域,参见图 8.3(b))。他们通过多散射理论计算了这一系统中声波的传播情况,图 8.6 给出了声波场模式及其成像结果,同时也示出了该声子晶体的几何情况。不难发现,在平板相反一侧出现了一个非常清晰的高品质像点。进一步仔细观察相关数据之后,还能够发现该像点的横向尺寸为 $0.6a$(或 0.14λ),其位置距离板的右侧面大约为 $1.0a$。这个像点的聚焦尺寸主要取决于

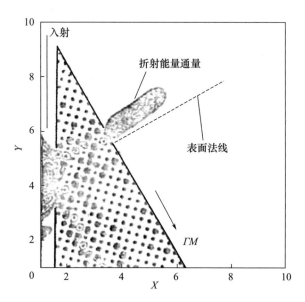

图 8.5 负折射仿真(黑框代表样件的边界,不同的阴影部分代表了入射和折射声场的声压强度,此处的样件是楔形的,由水柱散射体和水银基体组成,水柱半径为 $R=0.4a$,入射波的频率为 $\omega=0.235(2\pi c_1/a)$)[26]

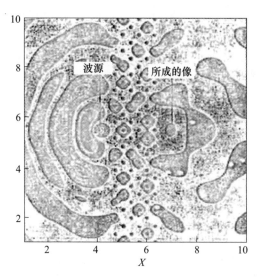

图 8.6 点源的波场分布和通过 6 层板之后的像点(频率为 $\omega=0.24(2\pi c_1/a)$,该板是由水柱散射体和水银基体组成,水柱半径为 $R=0.4a$,暗区域和亮区域分别对应于负值和正值)[26]

一些特定参数,如板的厚度以及板到点源的距离,这与光学情况中是类似的。通过调节这些参数,不难获得更为清晰的声学像点。

此外,上述研究人员还考察了当声波频率离开 AANR 区域后以及采用无 AANR 区域的系统(如钢/空气声子晶体)时,像点品质的变化。在这些情况下,研究结果表明聚焦现象变差了,这就说明了 AANR 效应对于像点的形成是非常重要的。

总之,上述研究工作揭示了二维声子晶体中的声波负折射效应是存在的,且其行为与光学情况中也是相似的。

8.5 超越声子晶体的声学超材料[31]

超材料是一类复合材料,它们所具有的波调控功能主要源自于所包含的局域共振组分单元。需要引起注意的是,局域共振单元的共振频率对应的波长要比单元的物理尺寸高出若干个数量级,这是因为这些共振频率只取决于单元中的弹簧恢复力和质量的惯性。这就是人们所熟知的亚波长特征,也是所有超材料的共同特征,由此可以展现出自然界现有材料所不具备的多种功能特性。

声学超材料可以用于操控声波的传播,声波的传播则可以通过声波方程来刻画。这里只限于讨论线性情况,针对的只是无限小幅值的声波,因此只需采用线性声波方程即可。线性声波方程是根据牛顿运动定律、连续性方程以及热动力学状态方程(绝热过程)推导建立的,即

$$\nabla^2 P - \frac{\rho}{\kappa}\frac{\partial^2}{\partial t^2}P = 0 \tag{8.14}$$

式中:P 为声压;ρ 为质量密度;κ 为体积模量或压缩率。后二者属于本构参数,速度可以表示为 $v = \sqrt{\frac{\kappa}{\rho}}$。

在声学超材料场合中,上面这两个本构参数可以有非同寻常的数值,这主要是从等效介质这个层面而言的,如它们可以接近无穷大、为零或为负值。这些取值隐含了一些非同寻常的声波特性,在普通复合材料中是不存在的。在声学超材料中,这些异常特征的出现主要是由组成单元的局域共振所导致的,它们一般是"窄带"型的,仅在共振频率附近才会表现出这些异常取值。

流体中的声波属于标量纵波,而在固体中声波会存在两种传播模式,分别是标量纵波和矢量横波。与此不同的是,电磁波属于带有两个偏振态的矢量横波。尽管如此,这两种情况仍然存在紧密的相似性,因为二者都属于波动现象,它们的波动方程也具有相同的数学形式。在本构参数上,可以有以下对应关系:

$\rho \rightarrow \varepsilon, \kappa \rightarrow \mu^{-1}$,其中的 ε 和 μ 分别代表介电常数和磁导率。显然,这也反映了两类波虽然具有诸多相似性,不过仍然属于不同的物理现象,也正因如此,声学超材料领域的负折射[32-33]、超透镜[34]和隐身[35-36]等方面的研究与电磁超材料领域中的类似研究始终是平行发展的。

在后续的几节中,首先分析能够导致等效质量密度和等效体积模量表现出负值的局域共振结构;然后通过一类特殊的超材料(称为薄膜共振子,DMR)来阐明本构参数的等效负值现象以及异常的色散行为及其物理机制;最后再对声学超材料的各种应用以及未来的研究方向做一讨论。

8.6 基于弹簧质量模型的局域共振与动态等效质量[31]

复合材料结构不同于刚体的一个特征在于其组成单元能够表现出惯性响应,可以从数学上做以下说明。不妨考虑一个简单的一维耦合振子,且受到外部激励的作用。在这个结构中,质量 M_1 是一个空腔结构,其内部通过弹簧连接了一个质量 M_2 的结构,后者可以无摩擦地滑动,于是作用到质量 M_1 上的合力就可以表示为 $F(\omega) + K(x_2 - x_1)$,其中的第二项代表的是弹簧力,x_1 和 x_2 分别代表了 M_1 和 M_2 的位移。

显然,质量 M_2 和弹簧所构成的简谐振子的运动可以表示为

$$M_2 \ddot{x}_2 = -K(x_2 - x_1) \tag{8.15}$$

利用 $\ddot{x}_{(1,2)} = -\omega^2 x_{(1,2)}$ 这一关系,可以将 x_2 表示为 x_1 的形式,进而也就能够将 F 表示为 x_1 的形式,即

$$F = [M_1 + (\omega_0^2 - \omega^2)] \ddot{x}_1 \tag{8.16}$$

式中:ω_0 为局域共振频率,$\omega_0 = \sqrt{K/M_2}$;K 为弹簧刚度。

进一步,还可以通过系统的视在惯性(或表观惯性)来描述或体现这个系统的内部结构,由此不难导得以下频率色散关系(参见图 8.7(b)),即

$$\bar{M}(\omega) = M_1 + \frac{K}{\omega_0^2 - \omega^2} \tag{8.17}$$

由于复合材料结构(如声学超材料)中组分单元之间存在着相对运动,因而此类结构物所表现出的惯性 $\bar{M}(\omega)$ 与它们的静态值存在着显著的不同,这也是为什么在此类系统中引入动态等效质量概念的原因。显然,对于前述简单实例来说,这种情况下的牛顿第二运动定律就需要重新表述为 $F = \bar{M}(\omega) \ddot{x}_1$,由此可以定义出其动态质量密度,即

$$\bar{\rho} = \frac{\langle f \rangle}{\langle \ddot{x} \rangle} \tag{8.18}$$

式中:f 为激励力密度;x 为所考察的结构单元的位移;尖括号代表的是在所考察的结构单元表面上求平均值。

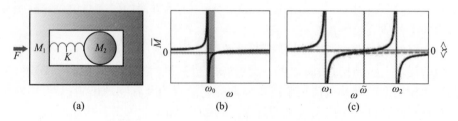

图 8.7 声学中异常本构参数的起源[31]（见彩图）

关于等效质量问题,Milton 和 Willis[37]、Mei 等[38]已经针对与上面类似的弹簧质量系统做过分析,Yao 等[39]还给出了实验验证。

8.6.1 两个共振之间的等效质量的色散行为

质量密度的色散行为是声学超材料的一个重要特征,一般来说,在两个共振频率之间的某个频率点上会存在着反共振状态。如果假设两个共振频率分别为 ω_1 和 ω_2,那么当系统受到处于它们之间的某个频率 ω 的激励作用后,这两个共振模式都会被激发,不过其相位是相反的,因而平均位移将在反共振频率 $\tilde{\omega}$ 处通过零点。进一步,可以将简谐运动表示为 $\langle \ddot{x} \rangle = -\omega^2 \langle x \rangle$,而根据式(8.17)能够获得动态质量密度的频率色散情况,如图 8.7(b)所示。

声学超材料就是一种具有频率色散特性的复合结构(材料)。首先,它们具有局域共振行为,Ma 和 Sheng[31]曾经设计了一种由树脂基体与带有硅胶包覆层的金属球散射体所构成的超材料结构[40],如图 8.8(a)所示,其中给出了基体和单胞的图片。在每个单胞中,组分介质之间存在着相对运动,从而形成了低频共

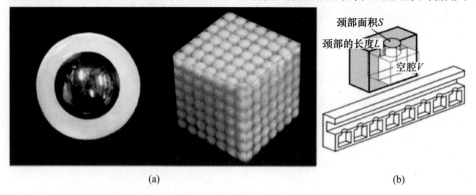

图 8.8 局域共振声学超材料的最初实现[31]（见彩图）

振行为。研究表明,金属球的位移在400Hz处会出现最低阶的局域共振,而硅胶包覆层的位移则会在1350Hz附近表现出二阶局域共振(此时的金属球几乎静止不动)。正是由于这些局域共振行为的存在,动态质量密度$\bar{\rho}$呈现出强烈的频率色散性,进而导致等效动态质量密度可以是非常大的值或者变成负值。在这种情况下,声波在该结构中传播时就会出现显著的衰减,几乎发生全反射。

8.6.2 等效体积模量和共振的空间对称性[31]

下面来考察等效体积模量的频率色散性,亥姆霍兹共振子就是一个很好的实例,变形主要体现为胀缩运动,质心的位置是不动的,显然这与等效密度频率色散情况下的运动状态是有所不同的,后者总是会涉及质心的位移变化。

Fang等[42]已经在实验中证实了负的体积模量是由局域共振带来的色散行为所导致的,他们设计了一个带有一组亥姆霍兹共振腔(起分流作用)的超声波导,如图8.8(b)所示,其中给出了一个亚波长尺度的样件图。由于颈部区域的流体介质在空腔区域中的流体胀缩作用下(提供了恢复力)会发生振荡,因而存在亥姆霍兹共振。

局域共振是具有空间对称性的,等效体积模量和等效质量密度的特性与这些对称性是有关系的。一维简谐运动可以视为对称和反对称运动的加权叠加,进而分别对应偶极和单极共振位移。Li和Chan[43]利用软橡胶球的Mie共振分析了运动的对称性与声学响应之间的关系,他们指出占主导的胀缩运动是由单极对称性产生的,该响应与体积模量相关。与此不同的是,惯性响应是由运动的偶极对称性导致的。此外,人们还对带有高阶角动量的模式进行了研究,得到一些有趣的弹性波响应[44-45]。

8.6.3 双负质量密度和体积模量

目前已经有多种途径可以实现声学上的双负性。一种方式是借助单个具有不同本征模式的共振子,这些本征模式可以分别表现出单极共振和偶极共振行为。通过调节不同本征模式的频率,可以获得等效体积模量与等效质量密度同时为负值这一效应。根据这一思路人们已经设计出多种结构,如文献[46]中采用多孔硅胶球的Mie共振实现了负折射率。另一实现双负性的方法是借助前述的两种对称性来使频率响应发生重叠,也有若干不同的具体设计思路。例如,可以采用具有多个本征模式(对应不同的对称性)的单一共振子,通过精巧的设计就能够对这些本征模式的相对频率进行调节以获得双负性[46];还可以采用耦合型的膜共振子[47]。关于这方面的理论研究工作可以参阅Ding等[48]、Christensen等[49]、Fok和Zhang[50]等的文献。Lee等[51-53]最早从实验角度揭示了声学双负性,他们所构造的样件是一个由弹性膜分隔开的波导结构[53],能够导致等效质量密度的频率色散,如果在该结构中进一步引入一组侧孔(起分流作用),那么还能够产生体积模量的色散行为[54],当这两个色散频率范围存在重叠区域时,就可以获得声学双负性了。最近,人们还发现相同对称性之间的相互作用也可以导致双负性[54]。8.7 节在声学超透镜的介绍中将对此做更细致的讨论。

8.7 薄膜型声学超材料[31]

薄膜型共振子[31]是一种特殊的声学超材料,它们能够在一定频率范围内,特别是听觉频率范围(50~2000Hz)内表现出等效质量密度的频率色散,而且也可以实现声学双负性。这里的薄膜是又轻又薄的,因而具有非常大的应用潜力。图 8.9(a)给出了一个实例,其中的柔性薄膜厚度处于亚毫米级,宽度为厘米级,且周边固定。为了实现弹簧振子形式,在薄膜中部连接了一块刚性板。薄膜是带有均匀预应力的,它为振动提供合适的恢复力。因此,这里的薄膜可以等效为

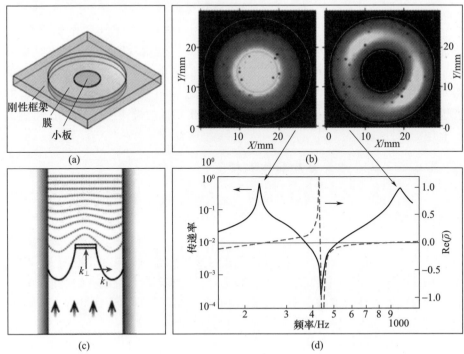

图 8.9 具有负的等效质量密度的膜单元结构[31](见彩图)

弹簧,而中部的小板可以等效为质量[55]。下面考察这个结构的响应,主要关心的是法向位移 $W(x)$。

薄膜共振结构的散射特性可以通过局域共振的偶极对称性进行分析,由此可以获得等效质量密度的频率色散关系。这是由薄膜比较轻薄的特点决定的,只有在高频区域才需要考虑薄膜的压缩性,而偶极对称性属于低频本征模式的特征。对于此处所考察的结构来说,它的两个本征模式频率都是低于 1kHz 的,图 8.9(b) 中已经示出了与之对应的法向位移场的情况。

8.7.1 法向位移分解及其与行波和凋落波模式的关系

分析中可以将法向位移 $W(x)$ 表示成两个分量之和,它们分别是表面平均法向位移和位移波动项,即

$$W(x) = \langle W \rangle + \delta W(x) \tag{8.19}$$

式中:$\langle W \rangle$ 为表面平均法向位移,可由下式给出,即

$$\langle W \rangle \equiv \frac{1}{\pi R^2} \int_0^{2\pi} \int_0^R W(r, \varphi) r \mathrm{d}r \mathrm{d}\varphi \tag{8.20}$$

式中:R 为薄膜的半径;r 和 φ 分别为径向和角向坐标。整体上类似于活塞的运动情况是由 $\langle W \rangle$ 表征的,而 $\delta W(x)$ 仅代表了较高的空间频率部分。借助平行于薄膜的傅里叶波矢 $k_\parallel$ 就可以描述 $\delta W(x)$ 的空间变化情况,该波矢的大小应满足不等式 $|k_\parallel| \geqslant 2\pi/R$ 的要求。

空气中的声波是满足以下色散关系,即

$$k_\parallel^2 + k_\perp^2 = \left(\frac{2\pi}{\lambda}\right)^2 \tag{8.21}$$

式中:$k_\perp$ 为波矢的法向分量;λ 为波长。

法向位移在薄膜与空气的分界面上是连续的,根据式(8.21)可知,在某些频率处若 $\lambda \gg R$,那么 $k_\parallel$ 为虚数(参见图 8.9(c))。这就表明了 $\delta W(x)$ 只会对应于凋落波,而 $\langle W \rangle$ 是常数,因而对应于行波。

凋落波是不能传播的,只能局限在近场区域。在远场中,只需考虑薄膜型共振结构的 $\langle W \rangle$,它描述的是一种类似于活塞的运动[38,47]。

8.7.2 薄膜共振结构的等效质量密度和阻抗

根据 8.7.1 小节对传播机理的描述,可以导出等效质量密度为

$$\bar{\rho} = \left(\frac{1}{\omega^2 \bar{d}}\right) \frac{\langle P \rangle}{\langle W \rangle} \tag{8.22}$$

式中:$\bar{d}$ 为平均厚度;$\langle P \rangle$ 为表面平均化的声压差(薄膜两侧);$\ddot{W}$ 为表面平均加速度,$\ddot{W} = -\omega^2 \langle W \rangle$。

通过将等效质量密度绘制成频率的函数形式,如图 8.9(d)所示,可以观察到一些有趣的结果。首先,在薄膜共振结构的本征频率处等效质量密度为零;其次,在该频率点两侧等效质量密度正负号不同。这也意味着共振点两侧的相位差值是 π,而负的质量密度则意味着系统的加速度方向是与外部激励力的方向相反的。

下面再来考察另一个参数,即阻抗,它可以定义为

$$Z = \frac{\langle P \rangle}{\langle \dot{W} \rangle} = i\frac{\langle P \rangle}{\omega \langle W \rangle} = -i\omega\bar{\rho}\,\bar{d} \tag{8.23}$$

式(8.23)表明,当等效质量密度接近零值时,等效阻抗将非常近似于空气介质的阻抗,显然这将使得薄膜共振结构与入射声波形成最佳的耦合。进一步,如果引入以下定义[56],即

$$G = \frac{\langle W \rangle}{\langle P \rangle} = \frac{i}{\omega Z} = \frac{-1}{(\omega^2 \bar{\rho}\,\bar{d})} \tag{8.24}$$

那么不难看出,$\bar{\rho}$ 趋于零时法向位移会发散(无损耗情况下),因此也就会出现较大的传输峰,参见图 8.9(d)。

等效质量密度接近零值带来的另一个有趣的效应是超耦合现象,它能够产生几乎完美的角度滤波特性,只有那些入射角接近于零的波束才能通过[57-59]。进一步,如果从 $\bar{\rho}$ 与格林函数以及阻抗的关系来分析,那么 $\bar{\rho}$ 的虚部(意味着耗散)将是正值,可以通过它与阻抗的关系来做进一步的验证,后者的实部与耗散有关。

反共振也是一个非常有趣的问题,它一般出现在两个共振峰之间。在反共振频率处,$\langle W \rangle = 0$ 会导致 $\bar{\rho}$ 发散且伴随着符号的改变,阻抗也会发散,因而声波将会被完全反射回去。从图 8.9(d)中可以看出这一点,即 440Hz 附近存在着的传输深谷。利用这一有趣的特性可以设计构造出超薄超轻的反射面板,用于阻断低频噪声的传播[55,60-64]。

$\langle W \rangle \to 0$ 是由薄膜的固定边界条件导致的,这将使得静态极限下 $\bar{\rho}$ 会发散。对于准静态的载荷力来说,这实际上表明系统具有无限大的惯性。负值等效质量密度现象也存在于其他类型的结构中[51,65],如近期人们在液态泡沫的研究中观察到低频极限处 $\bar{\rho}$ 能表现为负值,事实上该结构可以等效成一个柔性薄膜的阵列结构[66]。

8.7.3 两个薄膜耦合的共振结构的等效体积模量与双负性

这里来考察等效体积模量的特性。对于薄膜来说,沿着厚度方向的伸缩振

动一般只会出现在非常高的频段。这些振动属于单极振动形式,能够导致异常的等效体积模量值。降低单极共振频率的一种方法是将两个薄膜耦合起来形成一个新的薄膜共振结构(图8.10(a))。这个耦合薄膜共振结构类似于一个单薄膜共振结构,因为它也具有两个偶极本征模式。因此,该结构也同样具有前述的等效质量密度特性。不过这里需要指出的是,这种新的结构中还存在着第三种模式,即两个薄膜能够发生相对振动。于是,现在总共就存在3种本征模式(图8.10(b))。新模式会导致等效体积模量 $\bar{\kappa}$ 的频率色散行为(图8.10(c)的中图),这是因为该结构会在伸缩运动中出现体积上的有规律波动,而质心则保持不变。在这一单极共振频率处,等效体积模量会趋近于零,而在该单极模式频率的高频一侧则会表现为负值。Kafesaki 和 Economou[22]研究指出,这个单极模式是位于偶极反共振点附近的,而且这个新的薄膜共振结构的单极模式和偶极模式是可以单独进行调节的。由于等效体积模量可以表现为零值,因而耦合薄膜共振子及其内部的空气介质将具有一个特征阻抗 Z,可以表示为 $Z=\sqrt{\bar{\rho}\bar{\kappa}}$,其大小等于空气阻抗(尽管 $\bar{\rho}$ 非常大)。

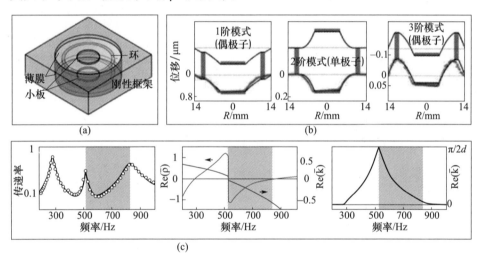

图 8.10 耦合薄膜结构同时产生的质量和模量的色散行为[31](见彩图)

由于 $\bar{\rho}$ 和 $\bar{\kappa}$ 都可以为负值,因而也就会产生一个实数的等效波矢 $\bar{k}=\omega\sqrt{\bar{\rho}/\bar{\kappa}}$,这实际上代表了一个行波。

下面来考察声学双负性是如何导致负折射率的,可以参考图 8.10(c),将指出等效折射率 $\bar{n}=v_0/\sqrt{\bar{\kappa}/\bar{\rho}}$ 的实部为负值,其中的 v_0 为空气中的声速。由于 $P\sim\bar{\kappa}\langle W\rangle$,$\bar{\kappa}\sim1/G'$ 且 $\bar{\rho}=-1/G$(这里的 G 为格林函数,其虚部的符号必须固

定),这就表明 $\bar{\rho}$ 和 $\bar{\kappa}$ 的虚部必须是符号相反的。前面一节中已经指出了 $\bar{\rho}$ 的虚部是正的,因而它必须位于复平面的第二象限中,而 $\bar{\kappa}$ 必须位于第三象限,进而 $\bar{\rho}/\bar{\kappa}$ 必须位于第四象限。如果声波是正向传播的,那么折射率的虚部是正的,因此等效折射率的实部就为负值了。图 8.10(c)(中图)已经采用灰色阴影区域标出了 $\bar{\rho}$ 和 $\bar{\kappa}$ 的负值范围,这也给出了负折射率所对应的有限频率范围。

8.8 超越衍射极限的超分辨率与聚焦[31]

8.8.1 分辨率极限和凋落波

声学上的双负性为声波的操控提供了有力手段,一个重要的应用就是提高声学成像的分辨率极限。分辨率极限是由色散关系 $k^2 = (\omega/v)^2 = (2\pi/\lambda)^2$ 控制的,这一色散关系实际上对波矢实数分量 $k_\parallel$ 的大小设定了一个极限,该分量是波矢在成像平面上的投影分量。

考虑到 $k^2 = k_\parallel^2 + k_\perp^2$,因而对于负的 $k_\perp^2$(或者说 $k_\perp$ 为纯虚数),能够使得 $k_\parallel$ 这个分量比 $2\pi/\lambda$ 大。显然,这将对应于更小的 λ 值,因而也就提高了成像分辨率。需要注意的是,带有纯虚数 $k_\perp$ 的波动成分是凋落波,它们是近场波而非行波,当离开波源时其幅值与距离之间呈指数形式衰减。因此,可以认识到,实际上在近场中是包含源或散射体的一些细节信息的。

8.8.2 衍射极限的突破

下面来阐明如何借助声学超材料突破衍射极限的分辨率。Lemoult 等[67]已经在实验中证实了超衍射聚焦的可能性,他们利用汽水罐(可产生声腔共振效应)构造了一个二维方形晶格形式的结构系统,在空腔共振效应和连续介质场之间的相互作用下,系统中存在着泄漏波模式,如图 8.11(a)所示,形成了类似于极化激元的色散曲线和 Fano 型共振形态。一个有趣的特征是,在带隙的下方存在着一条几乎平直的能带,它反映了系统中存在着具有极大态密度的大波矢,这也是产生超衍射极限聚焦(图 8.11(b))的主要原因。

为了保留近场的凋落波成分,一般可以利用局域共振效应,这是因为这时可以保持频率不变而获得极大的 k 值,也即前面的平直能带。这些 Fabry–Perot 共振是可以通过长度与波长同阶或者长度更大而横截面尺寸远小于波长的波导来实现的。利用这些波导的阵列结构即可构造出一个声学成像系统,这些波导应当放置在声源的近场区域,且每个波导应具有感受高度局域化的扰动并将信息传输到所需位置的能力。通过这种设计方式得到的系统,将具有亚波长分辨率的成像性能(图 8.11(c))[50-51]。

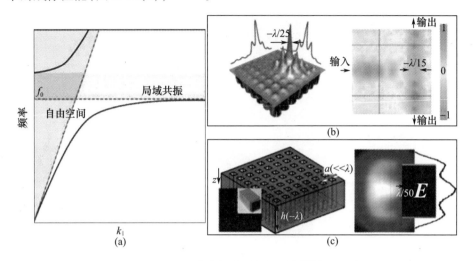

图 8.11 利用局域共振获得超分辨率[31]（见彩图）

8.8.3 声学超透镜

超透镜[69]能够实现理想成像,这一概念最早是由 Pendry 在研究电磁波时提出的,主要建立在双负超材料(负的介电常数和负的磁导率)基础之上。此类材料可以具有负折射率,而根据 Snell 定律可知,在传统介质和负折射率介质的分界面上,从传统介质一侧倾斜入射的波束在折射到另一介质中时,折射波束将与入射波束同时出现在分界面法线的同一侧,即负折射现象。显然,负折射能够使得一束发散波重新会聚。人们已经发现可以将这样的矩形超材料板作为透镜来使用,在点源的"照射"下一般会产生两个焦点,一个在板内,另一个在板外(与点源不同侧)[30](图 8.12(a))。

Zhang 等[7]最先采用超材料对声学负折射效应进行了展示,他们借助正常材料和一种超材料构造了分界面,当波源放置在分界面一侧时,就能够表现出负折射的行为,并得到一个清晰的焦点。利用该声学超材料的双负性,能够增强那些携带有细节信息的凋落波,从而可以实现超透镜这一概念(参见图 8.12(a)中的下图)。

值得注意的是,采用单负超材料也是可以增强凋落波的,这主要是借助超材料与正常材料分界面处的表面等离子型共振行为实现的。Park 等[71]对此作了研究,他们采用一个二维薄膜阵列生成了负的等效质量密度,对凋落波进行放大,从而获得了超分辨率[72]。由于这种界面模式会呈指数衰减(随着到分界面距离的增大),因而这个透镜只能是亚波长厚度的。

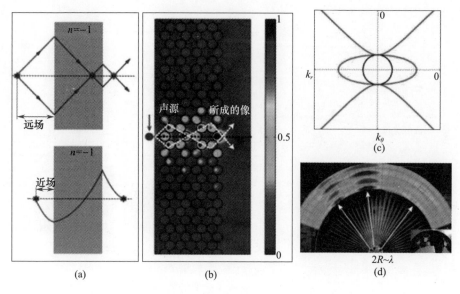

图 8.12 超透镜和特超透镜的声学实现[31]（见彩图）

Kaina 等[54]也曾采用双负声学超材料构造了声学超透镜,其原理可以借助紧束缚模型来理解。这一双负超材料的单胞包含两个耦合的亥姆霍兹型空腔共振子,它们能够形成单极模式和负的等效体积模量。整个超材料结构则是由这些单胞以二维晶格形式组成的。只要相同本征频率处的两个本征态能够发生耦合,就可以产生反交叉行为,具有相反的对称性的两个模式会被它们的工作频率分隔开来。通过引入本征频率上的少量失配或者改变共振点之间的距离,就可以对这种耦合行为进行调节。这实际上等价于调节偶极模式的频率与强度,而偶极模式是由两个反相位的共振子构成的。他们观察到在负等效体积模量对应的带隙内,存在着一个较窄的具有负色散特征的透明能带。

根据上述设计思想,人们已经用实验验证了通过一个双负的平透镜是能够获得两个焦点的,一个在透镜内部,而另一个在外部。不仅如此,人们还发现通过耦合共振子能够增强渦落波,进而获得亚波长的分辨率。实际上所得到的焦点具有很高的清晰度,其半峰全宽为 $\lambda/15$,比波源的尺寸($\lambda/5$)小 3 倍,这主要是因为超透镜的双负能带是相对平坦的色散曲线,具有态密度非常大的波矢。

在离开超透镜时渦落波会发生衰减[73],为了克服这一弊端,人们还构造了一种远场超透镜。在电磁波情况中,这主要是通过增加一个亚波长结构来实现的。例如,褶皱结构或栅格结构[74-75],它们能够产生附加波矢,从而将横波波矢幅值大于 $2\pi/\lambda$ 的渦落波成分带回到真空行波的光锥内。对于声波来说,这方面的工作尚未完成。

8.8.4 声学特超透镜[31]

声学特超透镜为实现超分辨率提供了另一条可行途径[76]，这一概念是建立在以下双曲型色散关系基础之上的，即

$$\frac{k_\theta^2}{\rho_r} + \frac{k_r^2}{\rho_\theta} = \frac{\omega^2}{r} \tag{8.25}$$

上面这个色散关系具有双曲线形状，这是由于等效质量密度在径向($\hat{r}$)上为负值而在周向($\hat{\theta}$)上为正值所导致的，即$\bar{\rho}_\theta \bar{\rho}_r < 0$，参见图8.12(c)。这一色散关系对于声波来说也是成立的[77-79]。根据这一关系可以发现，k_θ和(或)k_r不会再受到限制，可以取任何较大的值。这就意味着，无须要求波矢为虚数，就可以满足这个双曲型色散关系。

Shen等[79]已经从实验层面证实了这种声学特超透镜的概念，他们制备了一个扇形结构，是由沿着$\hat{\theta}$方向交替排列的黄铜板和空腔所构成的(参见图8.12(d))。对于这一结构，其等效质量密度可通过计算黄铜与空气的质量密度在$\hat{\theta}$方向上的数学平均值得到。由于黄铜和空气介质的质量密度具有极高的差异，因而该结构会表现出具有很大偏心度的椭圆形的等频线，显然这就可以生成非常大的波矢分量。这种结构的好处是，能够实现超分辨率，但不需要负的质量密度和负的体积模量。实际上，这些负特性一般是共振的产物，因此不可避免地会受到窄频带的限制。这些研究人员研究指出，借助这一特超透镜能够在结构外部清晰地观察到相邻声源之间的很小间距(1/7~1/4个声波波长)，并且还具有放大效果。在这个特超透镜外部所得到的测试结果也验证了凋落波会向行波转化这一行为。除了上述实验工作外，人们还利用能够生成负等效质量密度的超材料膜结构设计了另一种声学超分辨率透镜，也是基于双曲型色散关系的[79]。

8.9　坐标变换

8.9.1　负折射是坐标变换的特殊情况：负折射与隐身的统一理论

本节考虑隐身和负折射问题，主要借助的是坐标变换理论或者说是坐标变换下方程形式的规范不变性。这实际上是一类共同的本性，适用于所有的物理方程，包括麦克斯韦方程和声学方程。当方向余弦矩阵(或变换矩阵)的行列式等于-1时，就得到了负折射或者说宇称为-1。将原来的介电常数和磁导率乘以-1这一行列式值，将会得到负的介电常数与负的磁导率。显然，这表明了负

折射实际上是坐标变换(隐身问题研究中所进行的)的一种特殊情况,即变换矩阵的行列式为 -1。这一点可以做以下说明,即

$$\begin{pmatrix} v'_x \\ v'_y \\ v'_z \end{pmatrix} = \begin{pmatrix} \alpha_1 & \alpha_2 & \alpha_3 \\ \beta_1 & \beta_2 & \beta_3 \\ \gamma_1 & \gamma_2 & \gamma_3 \end{pmatrix} \begin{pmatrix} v_x \\ v_y \\ v_z \end{pmatrix} \qquad (8.26)$$

当式(8.25)中右端的方向余弦矩阵的行列式等于 -1 时,有

$$v' = -v \qquad (8.27)$$

如果把介电常数和磁导率等代入式(8.26)中的矢量中,就有

$$\begin{aligned} \boldsymbol{\mu}'_{lj} &= -\boldsymbol{\mu}_{lj} \\ \boldsymbol{\varepsilon}'_{il} &= -\boldsymbol{\varepsilon}_{il} \end{aligned} \qquad (8.28)$$

显然,这就表明负折射也是可以导致负的介电常数和负的磁导率的。

由于方程形式的这种规范不变性是所有物理方程的本性,因而它也是适合于声学情况的,只是需要将介电常数和磁导率替换成质量密度和体积模量。

此外,从上述讨论还可看出,在负折射这种特殊情况下,隐身材料实际上就变成了透镜,或者说负折射是隐身(即光波或声波发生弯曲)的一个特例。不仅如此,还可据此认识到,与 Veselago[30] 的色散关系相比,规范不变性显然具有更广泛的内涵和更普遍的应用价值。

进一步,可以引入反射不变性(或者说左右对称性)来解释负折射行为。事实上,$-\mu$ 和 $-\varepsilon$ 可以视为 μ 和 ε 的镜像,而 $-\rho$ 和 $-\kappa$ 可以看成 ρ 和 κ 的镜像。当然,这里也需要再次应用坐标变换这一概念。

必须注意的是,借助规范不变性来考察负折射这一做法消除了基于色散关系所导致的含糊性,因为在后者的分析中,在平方根运算时会同时出现正负两种结果,必须对其做出合理的解释与判定。

8.9.2 声隐身

声隐身题主要考察的是如何根据指定的路径来调控声波的传播方向,一般是使之发生弯曲。这里不关心 Veselago[30] 的基于色散关系的相关理论,而采用坐标变换方法,即规范不变性的一种形式。这种规范不变性实际上是指在坐标变换前后,声场方程的形式是不变的,也可称为声场方程对于坐标变换具有规范不变性。

作为一个示例,此处引述 Cummer 和 Schurig[80] 的研究结果。这些研究人员利用线性声波方程(针对非黏性流体)进行了坐标变换分析,方程为

$$\begin{aligned} j\omega p &= -\kappa \nabla \cdot \boldsymbol{v} \\ j\omega \rho \boldsymbol{v} &= -\nabla p \end{aligned} \qquad (8.29)$$

式中:ω 为角频率;v 为声速。

Cummer 和 Schurig 针对上述方程引入了一组新的曲线坐标(x',y',z'),并令 A 代表从(x,y,z)到(x',y',z')的坐标变换所对应的雅可比矩阵。由此,他们将新坐标系中的梯度算子表示为

$$\nabla p = A^T \nabla' p = A^T \nabla' p' \tag{8.30}$$

而散度算子可表示为

$$\nabla \cdot v = \det(A) \nabla' \cdot \frac{A}{\det(A)} v = \det(A) \nabla' \cdot v' \tag{8.31}$$

利用这些表达式,原方程式(8.28)在新坐标系中就可以重新改写为

$$\begin{cases} j\omega p' = -\kappa \det(A) \nabla' \cdot v' \\ j\omega \det(A) (A^T)^{-1} \rho(A^{-1}) v' = -\nabla' p' \end{cases} \tag{8.32}$$

显然,这一形式与原方程是相同的,只是有一些新的介质参数,即

$$\kappa' = \det(A)\kappa, \quad \bar{\bar{\rho}} = \det(A) (A^T)^{-1} \rho(A^{-1}) \tag{8.33}$$

从物理层面来看,这就意味着如果对方程式(8.28)的解引入一个坐标变换,并将介质特性按照式(8.31)的方式来改变,那么变换之后的物理场就是新介质中的声场方程的解。

声隐身问题可以归类为声学成像问题的一种形式,因为其含义在于,在目标物体周围放置一个超材料隐身斗篷,使得该物体变得不可见(声学意义上)。实际上这一问题也是从电磁隐身研究[81-82]中拓展而来的,在电磁隐身领域中一般采用的是源自广义相对论的规范不变性概念,即在任意坐标变换下,如果将变换后的介电常数与磁导率做相同的缩放处理,那么麦克斯韦方程的形式是保持不变的。电磁隐身研究已经表明,由于超材料的负折射特性,当将一个物体用超材料结构包围起来后,入射光波将会发生弯曲传播,绕过该物体之后还会回到原来的轨迹上。不过应当指出的是,由于光波的色散本性,对应的隐身效应只能是针对单一频率的,而不是宽带的。

在电磁隐身研究的启发下,Milton 和 Willis[37]、Cummer 和 Schurig[80]等进一步提出了声隐身这一概念。Milton 和 Willis[37]研究指出,坐标变换方法不能直接拓展用于固体介质中的弹性波,而且对于流体介质中的压缩波这种特殊情况也是不成立的。不过,Cummer 和 Schurig[80]通过与电磁波情况的类比,借助散射理论分析指出,三维流体介质中的声波隐身解也是存在的。目前人们已经认识到,二维声波情况和三维声波情况都可以具有坐标变换不变性。Greenleaf 等[83]还进一步研究得到实现声学坐标不变性所需的材料参数。

必须注意到,声隐身现象是不能盲目地从电磁隐身直接通过类比移植过来

的。正如前面曾经指出过的,Veselago 的理论[30]并不适用于声波情况,甚至对于电磁波来说,也只适用于各向同性情况,不适合于各向异性的隐身材料(大多数隐身材料都是各向异性的)。不仅如此,声学超材料还必须借助弹性理论来推导构建,而不是根据色散关系(就像 Yablonovitch[1]在推导负的介电常数与负的磁导率时那样)。相比较而言,借助给出的基于规范不变性的分析方法能够更好、更深刻地认识和理解负折射与隐身问题。还需注意,除了负等效质量密度和负等效体积模量这一分析方法外,声学负折射行为也可以从多散射理论中导得,这也证实了负折射本质上就是一种多散射形式的过程。

实际上,我们所指出的不宜直接将声波与电磁波情况进行类比移植这个观点,也得到了 Cummer 和 Schurig[80]的研究支持。这些学者已经指出,通过类比声波和电磁波这一途径来揭示不变性,会掩盖坐标变换分析方法中的某些物理本质,特别是在坐标变换下相关矢量(如粒子速度和声压梯度)是如何改变的这一点。通过考察一般波动情况下功率流和常数相位面应当怎样变换这一问题,Cummer 和 Schurig 指出了声波的速度矢量必须以不同于电磁波中矢量 E 和 H 的变换形式来变换。这也解释了为什么在 Milton Willis 的弹性动力学分析中,如果假定声速矢量以 E 和 H 的变换形式来变换的话,就不会得到声学方程的坐标变换不变性。本书认为,这实际上进一步反映了声波本质上是一种弹性波,因而与电磁波的本性是不同的。其他一些学者也做了类似的研究,如 Lee 等[84]借助弹性理论分析方法也考察了负折射问题,Gan[85]也分析了声场的规范不变性,他们的工作进一步证实了上述认识的正确性。最后顺便提及的是,Cheng 等[86]已经设计并制备了一个声隐身斗篷。

1. 变换声学的推导

这里按照 Cummer 等[87]的分析过程来介绍。流体介质中的线性声场方程可以表示为

$$\nabla p = i\omega \rho(\boldsymbol{r})\rho_0 \boldsymbol{v} \tag{8.34}$$

$$i\omega p = \kappa(\boldsymbol{r})\kappa_0 \nabla \cdot \boldsymbol{v} \tag{8.35}$$

式中:$\rho(\boldsymbol{r})$ 和 $\kappa(\boldsymbol{r})$ 分别为介质的归一化密度和体积模量,它们都具有坐标变换不变性。下面阐明声速 $\boldsymbol{v}$ 应当作怎样的变换,主要是将其放在一个非正交坐标系中进行考察,该坐标系的坐标可记为 q_1、q_2 和 q_3,而单位矢量分别为 $\hat{\boldsymbol{u}}_1$、$\hat{\boldsymbol{u}}_2$ 和 $\hat{\boldsymbol{u}}_3$。根据 Pendry[69]的做法,并令 $i=1,2,3$,有

$$\begin{cases} Q_i^2 = \left(\dfrac{\partial x}{\partial q_i}\right)^2 + \left(\dfrac{\partial y}{\partial q_i}\right)^2 + \left(\dfrac{\partial z}{\partial q_i}\right)^2 \\ \text{面积} = Q_1 \mathrm{d}q_1 Q_2 \mathrm{d}q_2 |\hat{\boldsymbol{u}}_1 \times \hat{\boldsymbol{u}}_2| \end{cases} \tag{8.36}$$

对这个非正交坐标系中的一个无限小体积元运用了散度定理,参见

图 8.13。推导出从这一无限小域中指向外部的 v 的净通量,然后令其等于 v 的散度与该无限小体积的乘积,可以得到

$$(\nabla \cdot v) Q_1 Q_2 Q_3 |\hat{u}_1 \cdot (\hat{u}_2 \times \hat{u}_3)| = \frac{\partial}{\partial q_1}[Q_2 Q_3 v \cdot (\hat{u}_2 \times \hat{u}_3)] +$$
$$\frac{\partial}{\partial q_2}[Q_1 Q_3 v \cdot (\hat{u}_1 \times \hat{u}_3)] + \frac{\partial}{\partial q_3}[Q_1 Q_2 v \cdot (\hat{u}_1 \times \hat{u}_2)] \quad (8.37)$$

不妨令 $V_{\text{frac}} = |\hat{u}_1 \cdot (\hat{u}_2 \times \hat{u}_3)|$,它实际上表示的是非正交坐标系中由各个单位基矢量构成的体积元的大小,另外也采用惯用的上标(下标)符号来描述逆变(协变)矢量分量,例如

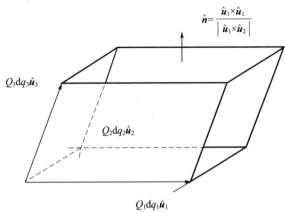

图8.13 变换后的坐标系中用于定义无限小体积元的平行六面体(计算矢量向外的净通量时需要用到每个面的面积和单位法矢)[87]

$$v \cdot (\hat{u}_2 \times \hat{u}_3) = v^1 \hat{u}_1 \times (\hat{u}_2 \times \hat{u}_3) \quad (8.38)$$

那么式(8.36)就可以改写为

$$(\nabla \cdot v) Q_1 Q_2 Q_3 V_{\text{frac}} = \frac{\partial}{\partial q_1}[Q_2 Q_3 V_{\text{frac}} v^1] + \frac{\partial}{\partial q_2}[Q_1 Q_3 V_{\text{frac}} v^2] + \frac{\partial}{\partial q_3}[Q_1 Q_2 V_{\text{frac}} v^3]$$
$$(8.39)$$

注意到在变换后的坐标系中散度的定义为 $\nabla_q \cdot v = \frac{\partial v^1}{\partial q_1} + \frac{\partial v^2}{\partial q_2} + \frac{\partial v^3}{\partial q_3}$,于是有

$$(\nabla \cdot v) Q_1 Q_2 Q_3 V_{\text{frac}} = \nabla_q \cdot (V_{\text{frac}} \overline{\overline{Q}}_{\text{per}} [v^1 v^2 v^3]^T) = \nabla_q \cdot v \quad (8.40)$$

其中,

$$\overline{\overline{Q}}_{\text{per}} = \begin{bmatrix} Q_2 Q_3 & 0 & 0 \\ 0 & Q_1 Q_3 & 0 \\ 0 & 0 & Q_1 Q_2 \end{bmatrix} \quad (8.41)$$

并且变换后的速度矢量 v 可以表示成

$$v = V_{\text{frac}} \overline{\overline{Q}}_{\text{per}} [v^1 v^2 v^3]^{\text{T}} \tag{8.42}$$

在张量 $\overline{\overline{Q}}_{\text{per}}$ 中的下标"per"代表的是,对角元素对每个矢量分量的变换是乘以与其方向相垂直(或者更一般地,对于非正交坐标来说不平行)的坐标缩放因子。在图 8.13 所总结过的定性讨论中,已经指出这正是(压缩波情况)速度矢量所必须进行的变换形式,只有这样才能正常进行变换声学分析。需要注意的是,矢量 $[v^1 v^2 v^3]^{\text{T}}$ 中的元素是非正交坐标系下 v 的逆变分量,而 v 的分量则是原正交坐标系中的分量(图 8.14)。

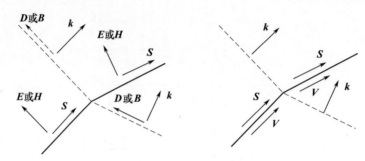

图 8.14 电磁学(左图)和声学(右图)中的矢量变换(白色箭头指出了矢量的哪个分量受到坐标变换的作用)[87]

将式(8.34)乘以 $Q_1 Q_2 Q_3 V_{\text{frac}}$,并利用式(8.41),可以得到变换后的坐标系下的方程,即

$$i\omega p = \kappa(\boldsymbol{q}) \kappa \nabla_q \cdot \boldsymbol{v} \tag{8.43}$$

其中,

$$\kappa(\boldsymbol{q}) = (Q_1 Q_2 Q_3 V_{\text{frac}})^{-1} \tag{8.44}$$

这也就证实了,只要把体积模量按照式(8.42)来修正,而把速度矢量按照式(8.42)修正,那么方程式(8.34)将具有形式不变性。更一般地,这也指出了一个矢量应当怎样进行修正(变换)才能使其梯度算子的基本形式保持不变。

Cummer 等[87]考虑了在坐标变换下,式(8.33)(进而梯度算子)是如何变化的,并进行了分析推导。他们借助梯度定理,并沿着 q_1 坐标方向上的一个较短的长度对 ∇p 进行积分,进而得到以下关系式,即

$$\nabla p \cdot Q_1 \hat{\boldsymbol{u}}_1 = \frac{\partial p}{\partial q_1} = (\nabla_q p)^1 \tag{8.45}$$

式(8.44)中的左端项包含了缩放后 ∇p 的协变分量,这是因为在令该梯度的各个分量等于 $\nabla_q p$(变换后的坐标系中的梯度)的各个分量之前必须将其转换

成协变分量。据此 Cummer 等给出了以下结果,即

$$\nabla_q p = \overline{\overline{Q}}_{\text{par}} \overline{\overline{h}}^{-1} (\nabla p) \tag{8.46}$$

式中:$\overline{\overline{Q}}_{\text{par}}$ 为对角张量,包含平行于矢量分量方向的坐标缩放因子,可以写成

$$\overline{\overline{Q}}_{\text{par}} = \begin{bmatrix} Q_1 & 0 & 0 \\ 0 & Q_2 & 0 \\ 0 & 0 & Q_3 \end{bmatrix} \tag{8.47}$$

而 $\overline{\overline{h}}^{-1}$ 为

$$\overline{\overline{h}}^{-1} = \begin{bmatrix} \hat{u}_1 \cdot \hat{u}_1 & \hat{u}_1 \cdot \hat{u}_2 & \hat{u}_1 \cdot \hat{u}_3 \\ \hat{u}_2 \cdot \hat{u}_1 & \hat{u}_2 \cdot \hat{u}_2 & \hat{u}_2 \cdot \hat{u}_3 \\ \hat{u}_3 \cdot \hat{u}_1 & \hat{u}_3 \cdot \hat{u}_2 & \hat{u}_3 \cdot \hat{u}_3 \end{bmatrix} \tag{8.48}$$

需要注意的是,$\overline{\overline{h}}^{-1}$ 与 Pendry[69]所定义的 $\overline{\overline{g}}^{-1}$ 是相同的。他们之所以对这个张量重新命名,是因为在后续分析中将采用 $\overline{\overline{g}}$ 来表示度量张量,它与 $\overline{\overline{h}}$ 有所不同。

最后,将式(8.33)($\rho(\boldsymbol{r}) = 1$)乘以 $\overline{\overline{Q}}_{\text{par}} \overline{\overline{h}}^{-1}$,可得

$$\nabla_q p = i\omega \overline{\overline{Q}}_{\text{par}} \overline{\overline{h}}^{-1} \rho_0 \boldsymbol{v} = i\omega \overline{\overline{Q}}_{\text{par}} \overline{\overline{h}}^{-1} \overline{\overline{Q}}_{\text{par}}^{-1} V_{\text{frac}}^{-1} \rho_0 \boldsymbol{v} \tag{8.49}$$

由此就得到

$$\nabla_q p = i\omega \overline{\overline{\rho}} \rho_0 \boldsymbol{v} \tag{8.50}$$

其中,

$$\overline{\overline{\rho}} = \overline{\overline{Q}}_{\text{par}} \overline{\overline{h}}^{-1} \overline{\overline{Q}}_{\text{par}}^{-1} V_{\text{frac}}^{-1} \tag{8.51}$$

根据式(8.42)和式(8.49)可以看出,在按照式(8.43)和式(8.50)对材料参数进行修正后,声场方程就完全具有坐标变换不变性了。

这些研究人员进一步指出,上述分析与 Naify 等[63]所给出的过程是等价的,后者纯粹是通过与电磁情况进行类比得到的(借助电导率方程,Greenleaf 等[88]),不仅如此,这一分析同时也与 Greenleaf 等[83]针对一般亥姆霍兹方程的推导过程是等价的。因此不难看出,以往在电磁学领域所设计出的隐身壳等装置显然也是可以在声学领域中实现的,只要体积模量和各向异性等效密度张量能够按照式(8.43)和式(8.50)来制备即可。此外,这里所给出的推导结果还清晰地表明了(式(8.41)),在坐标系统改变时声速矢量应当如何进行变换,其方式与电磁学中的矢量 $\boldsymbol{E}$ 和 $\boldsymbol{H}$ 的变换方式是明显不同的。需要引起注意的是,在坐标变换后,标量声压场是不变的,它只是被坐标变换改变了形状而已,就像相位波前和功率流线那样。

2. 实例应用

这里来考虑一个球状隐身变换[80],可参考图 8.15。该变换为 $r' = a + r(b-a)/b$,其中的 a 和 b 为常数,且 $b > a$。该变换显然是正交的,于是有 $\bar{\bar{h}} = 1$ 和 $V_{\text{frac}} = 1$,可以看出这大大简化了问题的处理。长度缩放因子 Q_i 是可以直接计算出来的,不过要注意此处的方位角和极角与笛卡儿坐标系中的长度是不同的,因而在式(8.35)中要做适当修改。根据该参数(Q_i)的定义(变换后与变换前的无限小长度的比值),不难得到

$$Q_r = \frac{\mathrm{d}r}{\mathrm{d}r'} = \frac{b}{b-a}, \quad Q_\phi = \frac{r\mathrm{d}\phi}{r'\mathrm{d}\phi'} = \frac{b}{b-a}\frac{r'-a}{r'} \quad (8.52)$$

$$Q_\theta = \frac{r\sin\theta}{r'\sin\theta'}\frac{\mathrm{d}\theta}{\mathrm{d}\theta'} = \theta_\phi \quad (8.53)$$

这些结果与 Greenleaf 等[83]以及 Cummer 等[89]通过其他方式得到的结果是完全一致的。

在此基础上,Cummr 等[87]研究指出,在坐标变换过程中,电磁学中的矢量 E 和 H 的变换方式是不同于声学中 v 的变换的。实际上,在任意坐标变换下,只有速度矢量以上述正确的方式来变换,散度算子才能保持形式不变性。

图 8.15 给出了相关的隐身分析结果。

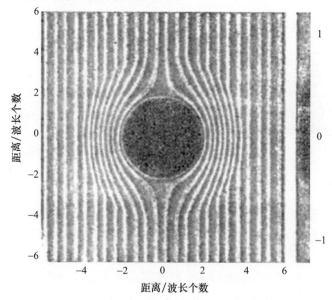

图 8.15 在问题域的 $r-\theta$ 平面内的压力场实部(根据级数解计算得到的)
(平面波从左侧入射)[89]

8.9.3 零折射率介质[31]

零折射率介质(ZIM)[31]是指介质的折射率接近于零,它们可以用于声学隐身问题。由于 $\bar{n} \approx 0$,于是 $\Delta\varphi = \bar{k}d = \bar{n}\omega d/c \approx 0$,意味着波前不会进入介质内部,此处 d 为传播距离,ω 为角频率,$\Delta\varphi$ 为声波的累积相位。从变换声学角度来看,这种类型超材料的面积/体积比实际上代表了一个尺度为零的点可以对应空间中的一个体域[63],因而此类介质内部的波场是不会改变的,这就意味着,如果从外部来观察,若将一个散射体放置在 ZIM 内部,它不会产生任何散射波,从而实现了隐身[90]。

ZIM 还能够表现出很多其他有趣的物理效应。例如,由于一列平面波在通过 ZIM 板(厚度为 d)时不会有相位上的累积,而同一列波在基体介质(折射率为 n)中传播时其相位为 $\Delta\varphi = n\omega d/c$,因而除非 $d = 2m\pi c/n\omega$(m 为整数);否则这两种情况下的外行波之间就会存在相位差。这就意味着,只要 d 不满足上述关系,那么相位差就会破坏隐身效应。

需要注意的是,基于 ZIM 的隐身只限于法向入射情形,这是因为在倾斜入射条件下会产生全内反射。这一有趣的特性也有一些应用。例如,可以利用 ZIM 制备一个棱柱体,并使得两个边界面之间形成一个非零夹角,那么当一列波法向入射到某个边界面上时,就可以获得全透射(通过两个边界面),不过从相反方向入射过来的波却会被全反射回去(由于入射角非零),显然借助这一特殊几何形式的棱柱体实现了不对称传输特性[91]。ZIM 的另一个优点是对缺陷高度敏感,这是由于在声波中 ZIM 特性是依赖于边界的。如果在 ZIM 内部放置一个"软"边界(或 $P=0$)形式的缺陷,那么其内部的波场将处处为零,从而导致入射波的全反射[92-94]。此外,ZIM 的这种边界依赖性还可以用于抑制散射体的纵波 - 横波模式转换[95]。

8.10 空间盘绕与声学超表面[31]

8.10.1 在小空间内产生大相位延迟

声波是一种纵波,在声学超材料设计中这是一个可利用的优点,它使得声波导可以没有截止频率。Liang 和 Li[90]在其设计中已经利用了这一优点,其中涉及了空间盘绕概念,它是一个复杂的通道结构,横截面是亚波长尺度的,声波可以在这些长度远大于其截面尺寸的通道中传播,如图 8.16(a)所示。通道的盘绕会导致非常大的相位延迟 $\Delta\varphi = k_0 L$（k_0 为流体基体中的波数，L 为声波的传播路径长度），通过调节声通道的总长度，可以有效地调节相速度和群速度，进而实现对等效折射率以及色散关系的调节。目前这种类型的结构已经用于低音扬声器或折叠式喇叭中[96]，文献[97-99]还对这一概念做过实验验证。

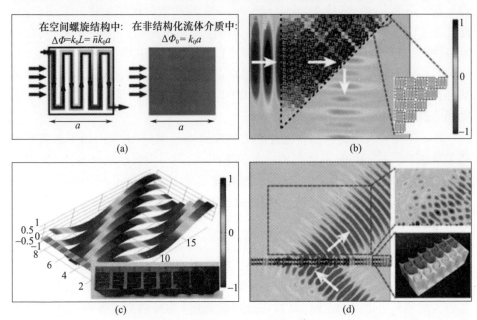

图 8.16　空间螺旋形声学超表面[31]（见彩图）

空间盘绕设计是容易实现的，也是很有效的，正因如此它们已经引起了人们的较多关注，很多不同的功能特征都得到了研究，如高传输率[100-101]、声吸收[102]、单向传输[101]及板聚焦[100,103-105]等。

Cheng 等[106]曾经报道过一种扇形设计的空间盘绕结构，在其圆柱状单元中带有盘绕型的空气通道，能够获得较高的等效折射率。这一设计可以产生多种角动量的 Mie 共振行为，还可以获得质量密度和体积模量的单负性。由于存在着强烈的 Mie 共振，因而能够产生极大的散射截面，借助这一点他们以较稀疏的单元布置形式实现了较高的反射率。

8.10.2　基于声学超表面的相位调制 [31]

对于构造声学超表面来说，空间盘绕结构是非常有价值的。声学超表面一般是亚波长厚度的声学相位阵列结构，它们能够使声波在穿越单个层时产生 2π 的相移。这种相位移动为入射波提供了附加的动量，从而能够导致入射波以异常的角度发生反射或折射。Li 等[107]曾经提出了一种可行的设计方案,其反射几何结构如图 8.16(c)所示,当部分入射波进入盘绕通道内时,由于横向上相位延迟的变化会形成非镜面反射波束,其波前如图 8.16(c)中的红色带所示。后来的实验[108]进一步揭示了负折射、聚焦以及表面波转换等有趣的现象。

空间盘绕结构设计的一个不足在于,入射波和反射波之间存在着很大的阻抗失配。对于声波传输来说,除了相位移动外,往往也需要阻抗匹配以获得最佳的性能。人们已经对此开展了一些理论分析工作[109-110],同时也有人从实验层面研究了如何解决这种阻抗匹配问题。一种方法是利用共振效应来增强耦合[111-112],另一方法则是通过增加一个喇叭状结构来改进阻抗匹配[113-114],如图 8.16(d)所示。在引入喇叭状结构后,借助相位延迟的横向梯度,可以实现负折射现象。不过,这些设计往往不得不牺牲装置的厚度,一般接近于 $\lambda/2$。此外,Li 等[107]还研究得到了一些异常的功能特征。例如,他们在构造自弯曲波束时,通过对超表面产生的相位形状引入空间函数分布,实现了复杂波前的构建。当然,这些功能都依赖于入射波的状态,如入射角、波束形状、位置以及波源的几何结构等[108,111]。

8.11 声 吸 收[31]

声吸收对于噪声抑制和声隔离来说是一条基本途径,一般包括 3 种主要机制,分别是耗散、阻抗匹配与共振。摩擦可以导致耗散,因此吸声材料往往采用了多孔介质,常见的形式是玻璃纤维、矿物棉、海绵及棉花等[115]。阻抗匹配机制一般是通过增强入射声能与吸声结构之间的耦合来实现吸声性能改进的,一个实例就是梯度折射率材料,如填充率渐变的多孔材料就是如此。此外,通过采用楔形块或锥形块结构形式,也可以增强阻抗匹配程度。阻抗匹配改进后,如果能量密度较高,有时还会导致共振的发生,如后方带空腔的微穿孔板结构就是如此[116]。

上述这些方法在相对较宽、较高的频率范围内能够表现出非常好的吸声性能,然而在低频段却不是很有效,这主要是因为声衰减量与频率之间是成平方依赖关系的。增大吸声材料的厚度是一个明显的解决方法,一般需要使之具有若干个波长,对于低频声来说可能会超过 1m 厚,可以看出这是不切实际的。另一方法是借助声学超材料来设计吸声材料。超材料中的亚波长共振单元,能够产生非常高的能量密度。由于在低频段吸声量是与能量密度和吸声系数的乘积成正比例关系的,因此较低的吸声系数这一不足就可以由较大的能量密度来补偿了。Maa[116]已经证实了这一点,他利用亚毫米级的弹性膜(其上点缀了不对称形状的刚性小板),获得了非常好的吸声性能。如图 8.17(a)所示,分析结果表明了在刚性小板外缘附近的很小区域内存在着非常高的能量集中现象,这主要是由横向刚度差异所导致的。这些区域是亚波长尺度的,这就使得高能量密度与传播模式之间形成了解耦,进而只能发生吸收行为。此外,人们还研究揭示了理想的阻抗匹配与高局域能量密度是能够同时发生的[117],这可以通过增加一个密封气体薄层(在薄膜后方,图8.17(b)左图)来实现,此时的两个低频模式会组合起来形成一个新的共振模式(图8.17(b))。由于这一新的共振模式是两个低频本征模式的线性叠加,因而式(8.19)给出的法向位移的两个分量($\langle W \rangle$和$\delta W(x)$)就可以分别加以调节了。正因为如此,就能够对$\langle W \rangle$进行优化,使得该结构与空气之间形成理想匹配,与此同时去调节$\delta W(x)$,使之变得非常大,从而使得入射波能量可以被有效吸收(图8.17(b)右图)。不难看出,借助这一方法,得到了一个低频窄带型全吸声装置。

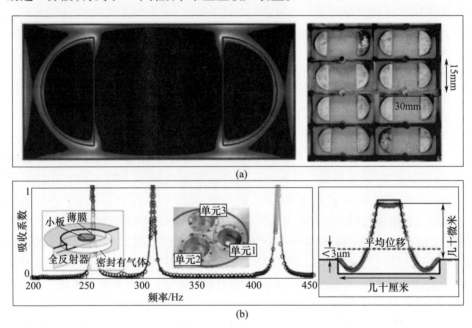

图8.17 DMR产生的声吸收行为[31](见彩图)

还有另外一些形式的空间盘绕结构设计方案,其中之一[102]是迫使声波在一个卷绕状空气通道内传播$\lambda/4$的距离,从而减少反射,这个薄的空气通道类似于穿孔板,起到了吸声介质的功能。Jiang等[118]还提出了一种宽带吸声装置,他们将多个1/4波长的共振结构堆叠起来,借助反向声波的相消干涉特性,从而抵消了正向波,实现了全吸收。此外,人们还将相干完全吸收(CPA)概念应用到声学中,进行了一些理论分析工作[119-120]。一般来说,此类结构都对几何特性和材料特性有较为严格的要求。例如,Leroy 等[120]在软聚合物层中设置了亚波长尺度的共振气泡层,用来覆盖声反射器表面,从而获得了针对水下超声的高吸收性能。

获得全吸收的另一途径是对临界耦合进行简并,这可以借助合适的超材料设计来完成,主要是使两个具有不同对称性的本征模式产生精确的简并[121]。这一方法的一个特别优势在于,可以利用亚毫米厚度的吸声膜(由超材料制备而成)来降低低频噪声,而一般的低频吸声材料往往需要非常大的厚度才能实现令人满意的吸声效果。

8.12 隔声材料——复杂局域共振结构的应用

8.12.1 概述

随着人口密度、交通和建筑活动的不断增加,噪声污染问题也越来越突出。在建筑物内部的隔声方面,目前做得还不够,人们对此的关注也越来越多,因为这直接关系到人们的健康生活。从近期的相关研究[122-124]不难发现,人们对于住所的声学性能是越来越不满意了,这一点体现在逐渐增长的噪声滋扰投诉数量上[124],特别是在中等密度和高密度的聚居区更是如此。声波对人们的滋扰通常体现在 1kHz 以下这个频率范围内,这与人们最为敏感的低音范围是一致的。如果在建筑物内利用传统的方法来隔离这种低频声,往往需要非常厚的吸声材料,因而是笨重和昂贵的。相比之下,声学超材料却能够在亚毫米厚度尺度上通过隔声薄膜结构来吸收这种低频声。为此,本节将侧重讨论局域共振结构(LRS)形式的超材料研究进展,借助简单的解析模型(单共振或多共振的线性弹簧质量系统模型)来探讨设计中需要考虑的一些重要问题,如带宽、位置以及局域共振频率附近的声传输损失等。随后,将借助平面波阻抗管以及扩散场测试方法,针对一种新的局域共振结构进行研究,从而揭示该超材料样件的性能。

8.12.2 声隔离

隔声的目的是减小声透射率(如通过建筑物的声能量),目前已经有了多种传统的隔声技术。一种常见的方法是利用声屏障,它能够把声能反射回去。对于介质中传播的平面声波来说,最常用的反映隔声性能的参量是传输损失 T_L 或隔声量 R。隔声量的定义最早是在 20 世纪 50 年代给出的[125],它与声透射系数 τ 之间的关系为

$$R = 10\lg\left(\frac{1}{\tau}\right) \tag{8.54}$$

声透射系数是与频率相关的,它代表的是入射声能与透射声能的比值。在所关心的频率范围内,声屏障的反射特性一般是由其质量或面积决定的,其隔声量可以通过以下的质量定律来近似表达,即

$$R = 10\lg\left[1 + \left(\frac{\pi f M \cos\theta}{\rho_a c_a}\right)^2\right] \tag{8.55}$$

式中:M 为单位面积的质量;ρ_a 为空气密度;c_a 为声速;f 为频率;θ 为入射角。显然,当声波法向入射时,隔声量将是最大的。

8.12.3 声学超材料在隔声中的应用[126]

声学超材料是带有周期性结构的人工复合物,通过人工调控可以表现出一系列自然材料所不具备的异常特性。声学超材料本质上是非均匀的,一般是由不均匀的组分介质所组成的。Klironomos 和 Economou[127]的研究表明,通过构造非均匀的周期复合介质,能够对其中的波传播行为施加显著的影响。John[128]和 Kushwaha 等[129]已经分别针对电磁波和声波场合构造了此类超材料结构。借助这些结构物,人们已经获得了带隙特性,从而能够有效地抑制特定频率范围内电磁波、弹性波或声波在任意方向上的传播。

带隙的形成主要包括两种不同的机理[130],分别是布拉格散射机制和局域共振机制。1995 年,Martinez - sala 等[131]首先研究了大尺度声学布拉格散射问题,他们针对马德里的一个雕塑考察了声传输特性。该雕塑是由较长的金属杆件以周期晶格形式布置而成的,由于这些高密度的杆件(作为散射体发生反射)会导致声波的衍射与干涉现象,因而该结构能够表现出带隙行为。为了获得可听声频率范围内的带隙(基于布拉格散射机制),复合材料的内部结构一般需要设计得比较大,通常其晶格常数应当最少是入射声波波长的一半[132]。显然,对于低频声波来说,由于波长处于若干米数量级,因而在实际应用中很难借助这一机制来实现隔声(所需的结构尺度过大)。

2000 年,Liu 等[133]利用局域共振现象构造了声波带隙,此处的局域共振是通过一个 3 组分声学超材料实现的,即在基体介质中置入了带有聚合物包覆层的刚性散射体。带隙的频率是由这种共振单胞的共振频率决定的,与周期性和对称性无关。借助共振单胞所具有的共振行为,可以有效地改变不同频率处介质的等效特性,从而获得频率带隙以隔离所需频带内的声波传播。Liu 等[133]的研究表明,在所考察的频带内(200 ~ 1000Hz),由于所引入的局域共振单胞的影响,声透射损失在 100Hz 宽的频率范围内显著增大。

Milton 等[134]、Yao 等[135]、Huang 和 Sun 等[136-137]、Gang 等[138] 及 Calius 等[139]也从理论层面上利用弹簧质量模型对局域共振声学超材料的若干重要特征进行了分析和揭示。这里以一个简单的局域共振单胞为例,即内部带有一个弹簧和质量的弹簧-质量单元,不妨设作用到外层质量上的集中力代表了声场的声压作用,那么该系统的响应就可以根据下式来确定,即

$$\begin{pmatrix} F \\ 0 \end{pmatrix} = \begin{bmatrix} k_0 + k_1 - m_0\omega^2 + i\omega c_1 & -k_1 - i\omega c_1 \\ -k_1 - i\omega c_1 & k_1 - m_1 + i\omega c_1 \end{bmatrix} \begin{pmatrix} x_0 \\ x_1 \end{pmatrix} \quad (8.56)$$

式中:F 为合力;x 为位移;m 为质量;c 为阻尼系数;k 为弹簧常数。

对式(8.55)进行整理,并假定无阻尼,求解后不难得到系统的等效质量为[134]

$$m_T = \frac{F}{a_{m_0}} = m_0 + \frac{m_1\omega_1^2}{(\omega_1^2 - \omega_0^2)} \quad (8.57)$$

式中:F 为外部作用力;a_{m_0} 为外层质量的加速度;ω_1 为内层弹簧 k_1 与内层质量 m_1 连接到刚性基础上时对应的共振频率,即

$$\omega_1 = \sqrt{\frac{k_1}{m_1}} \quad (8.58)$$

显然,只需改变弹簧刚度 k_1 和质量 m_1 就能够改变这一共振频率值,并且振幅也会发生相应的改变。

从式(8.56)可以看出,当频率明显低于 $f_1 = \omega_1/2\pi$ 时,外层质量的加速度与内层共振质量的加速度近乎相等,因而等效质量也就近似等于二者之和,即 $m_T = m_0 + m_1$;当频率远高于这个共振频率时(即 $\omega \gg \omega_1$),共振质量的加速度趋近于零,等效质量将只包含外层质量,即 $m_T = m_0$。然而,当频率从下方逐渐趋近于 ω_1 时,共振质量和外层质量处于同相位状态,外层质量的加速度逐渐趋于零,而共振质量的加速度则不断增大;当 $\omega = \omega_1$ 时,共振质量与外层质量的加速度之比值将达到最大值,此时的外层质量几乎处于静止状态。显然,在这种情况下,外层质量将表现出非常大的等效质量,声波传输也正是在此频率处发生了较强的反射。当频率越过共振频率后,组分间的运动将处于反相位状态,外层和内层质量的加速度都将增大到最大值。由于外层质量产生了很高的加速度,因而意味着等效质量将趋近于零,此时也就发生了声波传输的增强。如果把 $m_T = 0$ 代入式(8.56)并重新整理,不难发现这一行为将发生在以下频率处(可参见 Yao 等的工作[135]),即

$$\omega = \omega_1 \frac{\sqrt{m_0 + m}}{m_0} \quad (8.59)$$

需要注意的是，局域共振机制最大的不足在于带隙的宽度非常小，这是由共振的窄带特征决定的。另外，对于局域共振超材料来说，不仅要考虑共振单胞自身特性的影响，而且还应当考虑其中的共振单胞的连接方式。事实上，如果要将这种超材料有效地应用到实际问题中，必须要关注高性价比的材料和制备过程。

下面将进一步介绍 Hall 等[126]针对局域共振声学超材料所给出的模型驱动式单元构建方法，以及相关的实验验证。该局域共振单元可以通过弹簧质量模型来刻画，并可作为基本构造单元用于设计超材料面板结构。这些研究人员给出了一种建模方法，用于预测阻抗管中和全尺度室内测试装置中的透射损失。随后，该建模方法还被用于考察局域共振声学超材料性能对设计参数的敏感性，分析中主要关注的是尽量拓宽衰减频带以及减小对该频带以外区域的不利影响。

8.12.4 局域共振结构的建模方法

众所周知，复杂力学系统一般可以借助足够多数量的单自由度子系统的组合形式来描述，如文献[140]中给出的弹簧质量模型就是如此。

8.12.5 局域共振结构的实验方法

这里主要通过两种不同的实验方法来测试和验证 Hall 等[126]所给出的建模方法。一种方法是在实验室内借助阻抗管进行平面波测试以及散射场的测试与评价，这比较适合于单个结构单元或由少量结构单元构成的组合结构的测试，主要用于评价它们对平面波的透射和反射情况。另一种方法是在混响室之间进行全尺度的测试，比较适合于扩散声场条件下的大尺度结构（由很多共振单元组成）的评价。

8.12.6 平面波测试

这里主要采用的是符合欧洲标准 ISO – 10534—2:2001(E)的阻抗管，进行法向透射损失的测试工作。该阻抗管的尺寸与 B&K 4026 型阻抗管是相同的。待测的共振单元放置在由中密度纤维(MDF)制成的 100mm 直径中空圆柱内，而另一待测共振单元结构则连接到一块垫板上，后者作为局域共振结构的基体材料。通过两个橡胶环将圆柱状局域共振结构样件悬挂在阻抗管两个部分之间，并借助扬声器产生进入第一段管内的平面声波，部分声波会透射通过该样件。在第二段管内，设置了若干个麦克风进行测量。麦克风 1~3 用于确定第一段管内的复常数 A 和 B，而麦克风 4~6 主要用来确定接收管内的复常数 C 和

D,由于接收管一侧采用了消声设置,因而反射系数(D)可以认为是零,于是透射系数就接近于 C 和 A 的比值了,实际上可以根据 $\tau = (AC - BD)/(AA - DD)$ 来确定,进一步可以计算得到隔声量指标 $R = 20\lg(1/|\tau|)$。

8.12.7 扩散场测试

Hall 等[126]曾在室内测试设备上进行了全尺度的扩散场实验测试工作,这些测试设备是根据 ISO 140-3 设计的。结构样件的隔声量指标是在两个混响室中进行测量的,它们的体积分别为 $202m^3$ 和 $208m^3$。这两个混响室的推拉门已经做了良好的隔音处理,并且两扇门之间还留有一个可调间隙,测试样件就放在这个间隙中。实验中,在其中一个混响室内放置了一个宽带粉红噪声信号源,然后在信号发射室和接收室内测出空间平均声压与混响时间(RT),借助的是 1/2″B&K 4190 和 4165 型麦克风。随后,将噪声源放置到另一混响室中并重复这一实验过程。

测试得到的实验数据是以 3 倍频程进行处理的,不过为了更细致地分析频率响应,他们还根据原始的时域声压信号计算了功率谱密度(即原始信号的傅里叶变换的幅值平方)。此外,窄带 RT 是通过对 3 倍频程 RT 结果进行插值处理得到的。

为确定信号接收室内的吸声面积,分析中借助了以下公式,即

$$A = \frac{0.163V}{T_{60}} \tag{8.60}$$

式中:T_{60} 为混响时间;V 为接收室的体积。

进一步,研究人员还根据以下关系式计算出了声压级差,即

$$\delta L = 10\lg P_0 - 10\lg P_1 \tag{8.61}$$

式中:P_0 为入射声功率;P_1 为辐射声功率。

当假定信号发射和接收室内为扩散声场时,就可以确定出实际的隔声量指标了,即

$$R_d = \delta L + 10\lg\left(\frac{S}{A}\right) \tag{8.62}$$

式中:S 为面板状样件的面积。

实验中所测试的单层面板是由 252 个共振单元与石膏板基体层($2.65m \times 0.95m \times 0.01m$)黏结而成的(采用了 Loctite 401 黏结剂)。在实验过程中,也同时测量了该面板平面垂向上的加速度(在粉红噪声源条件下),每次测量中都将两个 PCB A353 B65 型加速度传感器安装到(借助蜂蜡)面板背面 9 个不同位置中的任意两个位置处,从而可以获得不同位置处的加速度幅值(频率的函数)。

此外,基于这些测试结果还可以计算出相邻共振单元之间的相位差。总之,这一扩散场测试方法能够帮助我们更深入地认识大尺度超材料样件在扩散场条件下的隔声性能。

8.12.8 相关结果

Hall 等[126]已经针对单频局域共振结构、并联多频系统、串联系统以及混联系统等不同情形,给出了相关实验结果,并与基于弹簧质量模型得到的理论计算结果进行了比较。

8.12.9 相关讨论

针对单频局域共振结构得到的实验和分析结果均表明,当 $\omega \leqslant \omega_1$($\omega_1$ 为共振单元的共振频率)时,局域共振结构的透射损失不小于对应的均匀介质(具有同等的等效质量面密度)的透射损失;当频率趋近于 ω_1 时,基体介质和共振质量是同相位运动的,且在这一频率范围内后者的加速度会逐渐增大,而基体介质的加速度会减小。对比此处的模型结果和实验结果以及 Yao 等[135]给出的实验结果,可以发现线性弹簧质量模型是能够准确预测局域共振结构的声透射行为的,无论是在阻抗管中还是在混响室中,测试结果均是如此。

在实际应用中,一个比较关键的问题是如何使得局域共振起作用的频带最宽,同时还能够表现出足够好的隔声性能。在理想情况下,局域共振结构可以具有多个共振频率,只要能够使这些频率彼此靠得很近,那么对应的这些共振峰就能够交叠在一起。为实现这一目的,可以设计一系列具有邻近共振频率值的共振单元,且带有合适的阻尼,然后利用它们来构建总体结构。实际上,已经有一些研究者[141-143]设计了多层局域共振结构,其中每层都具有单一的共振频率,也就是说,任何一层中的所有共振单元都具有相同的共振频率,但是层与层的共振频率是不同的。这种方法的一个固有缺陷在于,为了增大系统的带宽,需要附加上更多的层,因而也就使得系统的总厚度变大,而这往往会受到实际应用方面的限制。由此产生的问题就是能否借助单层结构(由共振频率彼此靠得很近的共振单元所组成)来获得类似的效果。Andrew Hall 等[126]通过实验和模型分析结果证实了这一做法是可行的。当将这些共振单元布置到一起时(仅带有少量阻尼),其衰减频带将会比以往的单一共振单元布置方式宽很多倍,不过衰减峰值会有显著下降。类似于单频局域共振结构,在透射损失曲线中也会存在显著的谷(在共振频率之后),这是由结构等效质量的降低导致的。不过,最终这个局域共振结构的透射损失曲线会渐近地趋向于基于基体介质的质量定律得到的结果。调整透射损失曲线和减小透射损失谷值(1000Hz 附近)的一种方法是采用不同的质量来构造共振单元,使之调整到不同的共振频率值。如果设计中的一组共振单元的质量是从小到大排列的,并引入了适当的阻尼,就能够实现对透射损失谷的平滑处理(在局域共振点之后)。由此可以看出,这种设计方式是切实可行的,在后续研究中应当着重加以考虑。

单频和并联多频形式的局域共振结构都是由单一反射层(具有特定的等效质量)构成的,而在串联布置时,声波会与多个反射层发生相互作用,每个反射层都具有自身的等效质量(对应不同的隔声频率),由此可以获得衰减很强的带隙,而且如果增大串联构型中层的数量,隔声量还会逐渐趋于无穷大,不过带隙的宽度不会发生显著的改变。这些结果实际上指出了设计带隙所需的条件,即层间耦合弹簧必须比共振单元内的弹簧更软或者具有同等刚度,当然,前者对应的带隙宽度会更大些。在多层系统中,随着层数的增加,透射损失谷的个数也会增加,主要发生在透射带隙以外的频带。由于这些透射谷是层运动导致的结果,因而增大层间耦合作用中的阻尼因子($\xi = 0.1 - 0.5$)可以减小它们的副作用,而不会对带隙内的隔声性能指标产生明显影响。不难理解,如果将串联和并联布置方式组合起来,将能够获得大带宽、强衰减的系统,因此,在进行局域共振结构的设计时可以考虑引入:①多层串联组件;②共振单元和层间的弹簧刚度的不同;③层间阻尼等。由此不难获得具有足够大带宽的阻带滤波响应。在这方面,还需要针对相关模型分析进行较多的实验验证工作。此外,由于问题的复杂性(涉及实际应用方面的诸多限制,如结构强度、构成材料及经济性等),这种串联-并联组合形式的局域共振结构目前仍然还处于设计阶段。

8.12.10 小结

在声波抑制方面,局域共振结构能够比具有同等质量的均匀介质实现更强的衰减,尽管只是在一个有限的窄带频率范围内。这种更强的衰减性能主要依赖于基体介质和共振单元的质量比率、共振单元的阻尼以及整个局域共振结构的设计情况。为了提供有效的设计指导,本节给出了一种建模方法,主要是建立在多个单自由度子系统的相互连接构型这一基础上,这些子系统是由线性弹簧、质量和阻尼器单元组成的,每个子系统代表了一个局域共振单元。实验研究已经证实了这一建模方法的合理性,因此它可以用于考察局域共振结构内的平面波和扩散场传播问题(在感兴趣频率范围内)。为了拓宽透射损失频带并增强该频带内的透射损失,同时也为了减少由此带来的对此频带以外的不利影响,考察了不同的局域共振结构构型情况。结果表明,多个局域共振结构子系统并联连接时,通过引入渐变的共振质量分布和恰当的阻尼,能够在更宽的频带内形成透射损失,而透射损失谷的深度会有所减少;串联连接时能够获得非常大的透射损失,继而形成传播带隙或禁带。为了尽早地推向实际应用,还需要对这些较为复杂的设计进行更多、更细致的建模与实验研究工作。事实上,从结构实现与应用层面来看,仍然有必要借助建模工作对局域共振结构做几何、材料、性能、成本等方面的优化分析,最终得到的理想结果应当是构建出一种局域共振超材料的设计和制备方法,使得在满足给定的功能要求前提下还具有最佳的成本效益。

8.13 未来研究展望

自声学超材料提出以来,其研究已经有了显著的进展,为人们带来了多种新颖的功能特性,事实上其内涵已经超出了这一概念的初始定义(针对声学和局域共振单胞)。

8.13.1 弹性超材料与力学超材料[31]

声学超材料这一思想是可以应用于结构中的弹性波研究的,如人们已经针对薄板结构进行了弹性表面波[144-147]、隐身[148-151]、负折射[152-154]及亚波长聚焦[154-155]等方面的研究,由此也就形成了弹性超材料这一概念。目前,在局域共振型弹性超材料方面,理论和数值分析工作已经揭示了负的剪切模量和超各向异性的行为,不过实验方面的工作却仍然比较有限。值得提及的是 Brûlé 等[156]的一项非常有趣的实验,他们在地表钻孔,构建了矩形形式的孔阵列,用于阻隔低频表面振动波的传播,并期望据此来抑制地震波的危害。

力学超材料是另一种超材料形式,Milton 和 Cherkaev[157]及 Milton[158]提出了一种五模式力学超材料结构,其刚度可以通过结构单元顶点间的点接触来提供,而整体结构的体积模量要比剪切模量大得多,从而使得纵向和横向振动发生了解耦。产生这一结果的主要原因在于,弯曲和转动运动(接触点处)中只存在着非常小的阻抗。近年来,人们已经借助光刻技术和三维打印技术成功制备出了这种五模式超材料[157-162]。

8.13.2 声学超材料是一个快速发展且具有巨大潜力的研究领域

声学超材料的研究目前正处于快速发展阶段,近年来相关的进展层出不穷。例如,文献[163]以数字化的形式将超材料考虑为二进制单元组合结构,从而促进了主动可控超表面以及其他一些功能结构的设计工作。声学超材料实质上是声场对称性的产物,也是对此的一个验证,正是在这种对称性的基础上,才能够有效地调控声场的行为。从声学超材料的局域共振角度来说,它意味着此类结构物是频率色散的,并且还会受到窄带限制。显然,如果能够拓宽声学超材料的工作频率范围,就能够更好、更多地发掘出此类材料的应用潜力。值得指出的是,声学超材料在声学成像方面的应用也可以拓展到超声波领域,如可以用于实现无损检测和医用超声仪器。前面提及的"数字化"超材料这一新概念[163]也使得一些全新功能特性的实现变成可能,如主动可控超表面。不仅如此,声学超材料也已经用于水下隐身和反潜工作。在地震波防护方面,人们也已经提出并研究了怎样借助超材料思想来对建筑物实施保护。此外,由于制备较为简单,超材料还可以作为隔声材料来使用,从而提供了一种被动式的噪声抑制方法(区别于主动式噪声消除方法)。最后顺便提及的是,近期人们还将声学超材料用于人类听觉上的选择性感知方面[164]。

参 考 文 献

[1] Yablonovitch, E. : Inhibited spontaneous emission in solid – state physics and electronics. Phys. Rev. Lett. 58, 2059 – 2062(1987)

[2] John, S. : Strong localization of photons in certain disordered dielectric superlattices. Phys. Rev. Lett. 58, 2486 – 2489(1987)

[3] Sigalas, M. , Economou, E. N. : Band structure of elastic waves in two dimensional systems. Solid State Commun. 86, 141 – 143(1993)

[4] Kushwaha, M. S. , Halevi, P. , Dobrzynski, L. , Djafari – Rouhani, B. : Acoustic band structure of periodic elastic composites. Phys. Rev. Lett. 71, 2022 – 2025(1993)

[5] Yablonovitch, E. , Gmitter, T. J. : Photonic band structure: the face – centered – cubic case. Phys. Rev. Lett. 63, 1950 – 1953(1989)

[6] Martínez – Sala, R. , Sancho, J. , Sánchez, J. V. , Gómez, V. , Llinares, J. , Meseguer, F. : Sound attenuation by sculpture. Nature 378, 241(1995)

[7] Montero de Espinosa, F. R. , Jiménez, E. , Torres, M. : Ultrasonic band gap in a periodic two – dimensional composite. Phys. Rev. Lett. 80, 1208 – 1211(1998)

[8] Chang, L. L. , Esaki, L. : Semiconductor quantum heterostructures. Phys. Today 45, 36(1992)

[9] Sheng, P. (ed.) : Scattering and Localization of Classical Waves in Random Media. World Scientific, Singapore(1990)

[10] Sigalas, M. M. , Economou, E. N. : Elastic and acoustic wave band structure. J. Sound Vib. 158, 377(1992)

[11] Kushwaha, M. S. , et al. : Theory of acoustic band structure of periodic elastic composites. P. Rev. B 149, 2313 – 2322(1993)

[12] Kushwaha, M. S. , Halevi, P. : Band – gap engineering in periodic elastic composites. Appl. Phys. Lett. 64, 1085 – 10900(1994)

[13] Economou, E. N. , Sigalas, M. M. : Elastic and acoustic wave band structure. J. Acoust. Soc. Am. 95, 1735 (1994)

[14] Sanchez – Perez, J. V. , et al. : Sound attenuation by a two – dimensional array of rigid cylinders. Phys.

Rev. Lett. 80,5325(1998)

[15] Torres,M. ,Montero de Espinosa,F. R. ,Garcia – Pablos,D. ,Garcia,N. :Sonic band gaps in finite elastic media:surface states and localization phenomena in linear and point defects. Phys. Rev. Lett. 82, 3054 (1999)

[16] Kafesaki,M. ,Economou,E. N. :Multiple scattering theory for three – dimensional periodic acoustic composites. Phy. Rev. B. 60,11993 – 12001(1999)

[17] Korringa,J. :On the calculation of the energy of a Bloch wave in a metal. Physica(Amsterdam) XIII,392 (1947)

[18] Kohn,W. ,Rostoker,N. :Solution of the Schrondinger equation in periodic lattices with application to metallic lithium. Phys. Rev. 94,1111(1951)

[19] Ashcroft,N. ,Mermin,D. N. :Solid State Physics. Holt,Rinehart and Winston,New York(1976)

[20] Economou,E. N. :Green's Functions in Quantum Physics. Springer,Berlin(1983)

[21] Economou, E. N. , Sigalas, M. M. : Stopband for elastic waves in periodic composite materials. J. Acoust. Soc. Am. 95,1734(1994)

[22] Kafesaki,M. ,Economou,E. N. :On the dynamics of locally resonant sonic composites. Phys. Rev. B 52, 1113317(1995)

[23] Liu, Z. , et al. : Elastic wave scattering by periodic structures of spherical objects: theory and experiment. Phy. Rev. B 62(4) ,2446 – 2457(2000)

[24] Yang, S. , et al. : Biosensors on surface acoustic wave phononic band gap structure. Phy. Rev. Lett. 88, 104301(2002)

[25] Wolfe, J. P. : Imaging Phonons: Acoustic Wave Propagation in Solids. Cambridge University Press, Cambridge,England(1998)

[26] Zhang,X. , Liu,Z. :Negative refraction of acoustic waves in two – dimensional phononic crystals. Appl. Phy. Lett. 85(2),341 –343(2004)

[27] Luo,C. ,Johnson,S. C. ,Joannopuolos,J. D. ,Pendry,J. B. :All – angle negative refraction without negative refractive index. Phys. Rev. B 65,201104(2002)

[28] Luo,C. ,Johnson,S. C. ,Joannopuolos,J. D. :All – angle negatve refraction in a three dimensionally periodic photonic crystal. Appl. Phys. Lett. 81,2352(2002)

[29] Lai,Y. ,Zhang,X. ,Zhang,Z. Q. :Engineering acoustic band gaps. Appy. Phys. Lett. 79,3224(2001)

[30] Veselago, V. G. : The electrodynamics of substances with simultaneously negative values of and l. Sov. Phys. Uspekhi 10,509 –514(1968)

[31] Ma,G. ,Sheng,P. :Acoustic metamaterials:from local resonances to broad horizons. Sci. Adv. 2(2)(2016)

[32] Shelby,R. A. ,Smith,D. R. ,Schultz S. :Experimental verification of a negative index of refraction. Science 292,77 –79(2001)

[33] Shalaev,V. M. :Optical negative – index metamaterials. Nat. Photon. 1,41 –48(2007)

[34] Fang, N. , Lee, H. , Sun, C. , Zhang, X. : Sub – diffraction – limited optical imaging with a silver superlens. Science 308,534 – 537(2005)(PubMed)

[35] Schurig,D. ,Mock,J. J. ,Justice,B. J. ,Cummer,S. A. ,Pendry,J. B. ,Starr,A. F. ,Smith,D. R. :Metamaterial electromagnetic cloak at microwave frequencies. Science 314,977 – 980(2006)(PubMed)

[36] Cai, W. , Chettiar, U. K. , Kildishev, A. V. , Shalaev, V. M. : Optical cloaking with metama – terials. Nat.

Photon. 1,224 – 227(2007)

[37] Milton, G. W., Willis, J. R.: On modifications of Newton's second law and linear continuum elastodynamics. Proc. Phys. Soc. A 463,855 – 880(2007)

[38] Mei,J.,Ma,G.,Yang,M.,Yang,J.,Sheng,P.: Acoustic Metamaterials and Phononic Crystals,pp. 159 – 199. Springer,New York(2013)

[39] Yao, S., Zhou, X., Hu, G.: Experimental study on negative effective mass in a 1D mass – spring system. New J. Phys. 10,043020(2008)

[40] Liu,Z.,Zhang,X.,Mao,Y.,Zhu,Y. Y.,Yang,Z.,Chan,C. T.,Sheng,P.: Locally resonant sonic materials. Science 289,1734 – 1736(2000)

[41] Liu, Z., Chan, C. T., Sheng, P.: Analytic model of phononic crystals with local resonances. Phys. Rev. B 71,014103(2005)

[42] Fang,N.,Xi,D.,Xu,J.,Ambati,M.,Srituravanich,W.,Sun,C.,Zhang,X.: Ultrasonic metamaterials with negative modulus. Nat. Mater. 5,452 – 456(2006)

[43] Li,J.,Chan,C. T.: Double – negative acoustic metamaterial. Phys. Rev. E. Stat. Nonlin. Soft Matter Phys. 70, 055602(2004)

[44] Lai,Y.,Wu,Y.,Sheng,P.,Zhang,Z. – Q.: Hybrid elastic solids. Nat. Mater. 10,620 – 624(2011)

[45] Wu,Y.,Lai,Y.,Zhang,Z. – Q.: Elastic metamaterials with simultaneously negative effective shear modulus and mass density. Phys. Rev. Lett. 107,105506(2011)

[46] Zui,C.,Mondain – Monval,O.: Soft 3D acoustic metamaterial with negative index. Nat. Mater. 14,384 – 388(2015)

[47] Yang,M.,Ma,G.,Yang,Z.,Sheng,P.: Coupled membranes with doubly negative mass density and bulk modulus. Phys. Rev. Lett. 110,134301(2013)

[48] Ding,Y.,Liu,Z.,Qiu,C.,Shi,J.: Metamaterial with simultaneously negative bulk modulus and mass density. Phys. Rev. Lett. 99,093904(2007)

[49] Christensen,J.,Liang,Z.,Willatzen,M.: Metadevices for the confinement of sound and broadband double – negativity behavior. Phys. Rev. B 88,100301(R)(2013)

[50] Fok,L.,Zhang,X.: Negative acoustic index metamaterial. Phys. Rev. B 83,214304(2011)

[51] Lee, S. H., Park, C. M., Seo, Y. M., Wang, Z. G., Kim, C. K.: Acoustic metamaterial with negative density. Phys. Lett. A 373,4464 – 4469(2009)

[52] Lee, S. H., Park, C. M., Seo, Y. M., Wang, Z. G., Kim, C. K.: Acoustic metamaterial with negative modulus. J. Phys. Condens. Matter 21,175704(2009)

[53] Lee,S. H.,Park,C. M.,Seo,Y. M.,Wang,Z. G.,Kim,C. K.: Composite acoustic medium with simultaneously negative density and modulus. Phys. Rev. Lett. 104,054301(2010)

[54] Kaina,N.,Lemoult,F.,Fink,M.,Lerosey,G.: Negative refractive index and acoustic superlens from multiple scattering in single negative metamaterials. Nature 525,77 – 81(2015)

[55] Yang,Z.,Mei,J.,Yang,M.,Chan,N. H.,Sheng,P.: Membrane – type acoustic metamaterial with negative dynamic mass. Phys. Rev. Lett. 101,204301(2008)(PubMed)

[56] Yang, M., Ma, G., Wu, Y., Yang, Z., Sheng, P.: Homogenization scheme for acoustic metamaterials. Phys. Rev. B 89,064309(2014)

[57] Park,J. J.,Lee,K. J. B.,Wright,O. B.,Jung,M. K.,Lee,S. H.: Giant acoustic concentration by extraordi-

nary transmission in zero – mass metamaterials. Phys. Rev. Lett. 110,244302(2013)(PubMed)

[58] Jing,Y. ,Xu,J. ,Fang,N. X. : Numerical study of a near – zero – index acoustic metamaterial. Phys. Lett. A 376,2834 – 2837(2012)

[59] Fleury,R. ,Alù,A. : Extraordinary sound transmission through density – near – zero ultranarrow channels. Phys. Rev. Lett. 111,055501(2013)(PubMed)

[60] Yang,Z. ,Dai,H. M. ,Chan,N. H. ,Ma,G. C. ,Sheng,P. : Acoustic metamaterial panels for sound attenuation in the 50 – 1000 Hz regime. Appl. Phys. Lett. 96,041906(2010)

[61] Naify,C. J. ,Chang,C. M. ,McKnight,G. ,Nutt,S. : Transmission loss and dynamic response of membrane – type locally resonant acoustic metamaterials. J. Appl. Phys. 108,114905(2010)

[62] Naify,C. J. ,Chang,C. M. ,McKnight,G. ,Scheulen,F. ,Nutt,S. : Membrane – type metamaterials: transmission loss of multi – celled arrays. J. Appl. Phys. 109,104902(2011)

[63] Naify,C. J. ,Chang,C. M. ,McKnight,G. ,Nutt,S. : Transmission loss of membrane – type acoustic metamaterials with coaxial ring masses. J. Appl. Phys. 110,124903(2011)

[64] Ma,G. ,Yang,M. ,Yang,Z. ,Sheng,P. : Low – frequency narrow – band acoustic filter with large orifice. Appl. Phys. Lett. 103,011903(2013)

[65] Yao,S. ,Zhou,X. ,Hu,G. : Investigation of the negative – mass behaviors occurring below a cut – off frequency. New J. Phys. 12,103025(2010)

[66] Pierre,J. ,Dollet,B. ,Leroy,V. : Resonant acoustic propagation and negative density in liquid foams. Phys. Rev. Lett. 112,148307(2014)(PubMed)

[67] Lemoult,F. ,Fink,M. ,Lerosey G. : Acoustic resonators for far – field control of sound on a subwavelength scale. Phys. Rev. Lett. 107,064301(2011)(PubMed)

[68] Lemoult,F. ,Kaina,N. ,Fink,M. ,Lerosey,G. : Wave propagation control at the deep subwavelength scale in metamaterials. Nat. Phys. 9,55 – 60(2013)

[69] Pendry,J. B. : Negative refraction makes a perfect lens. Phys. Rev. Lett. 85,3966 – 3969(2000)(PubMed)

[70] Zhang,S. ,Yin,L. ,Fang,N. : Focusing ultrasound with an acoustic metamaterial network. Phys. Rev. Lett. 102,194301(2009)(PubMed)

[71] Park,C. M. ,Park,J. J. ,Lee,S. H. ,Seo,Y. M. ,Kim,C. K. ,Lee,S. H. : Amplification of acoustic evanescent waves using metamaterial slabs. Phys. Rev. Lett. 107,194301(2011)(PubMed)

[72] Park,J. J. ,Park,C. M. ,Lee,K. J. B. ,Lee,S. H. : Acoustic superlens using membrane – based metamaterials. Appl. Phys. Lett. 106,051901(2015)

[73] Podolskiy,V. A. ,Narimanov,E. E. : Near – sighted superlens. Opt. Lett. 30,75 – 77(2005)(PubMed)

[74] Liu,Z. ,Durant,S. ,Lee,H. ,Pikus,Y. ,Fang,N. ,Xiong,Y. ,Sun,C. ,Zhang,X. : Far – field optical superlens. Nano Lett. 7,403 – 408(2007)(PubMed)

[75] Zhang,X. ,Liu,Z. : Superlenses to overcome the diffraction limit. Nat. Mater. 7, 435 – 441 (2008) (PubMed)

[76] Jacob,Z. ,Alekseyev,L. V. ,Narimanov,E. : Optical hyperlens: Far – field imaging beyond the diffraction limit. Opt. Express 14,8247 – 8256(2006)(PubMed)

[77] Christensen,J. ,García de Abajo,F. J. : Anisotropic metamaterials for full control of acoustic waves. Phys. Rev. Lett. 108,124301(2012)(PubMed)

[78] García – Chocano,V. M. ,Christensen,J. ,Sánchez – Dehesa,J. : Negative refraction and energy funneling

by hyperbolic materials: an experimental demonstration in acoustics. Phys. Rev. Lett. 112,144301 (2014) (PubMed)

[79] Shen,C. ,Xie,Y. ,Sui,N. ,Wang,W. ,Cummer,S. A. ,Jing,Y. : Broadband acoustic hyperbolic metamaterial. Phys. Rev. Lett. 115,254301(2015)(PubMed)

[80] Cummer,S. A. ,Schurig,D. : One path to acoustic cloaking. New J. Phys. 9,45(2007)

[81] Schurig,D. ,et al. : Metamaterial electromagnetic cloak at microwave frequencies. Science 314,977 – 980 (2006)

[82] Pendry,J. B. ,Schurig, D. ,Smith, D. R. : Controlling electromagnetic fields. Science 312,1780 – 1782 (2006)

[83] Greenleaf,A. ,Kurylev,Y. ,Lassas,M. ,Uhlmann,G. : Comment on "scattering theory derivation of a 3D acousgtic cloaking shell". http://aixiv. org/abs/0801. 3279vl. ,2008

[84] Lee,S. H. ,et al. : Composite acoustic medium with simultaneously negative density and modulus. In: Proceedings of ICSV17,Cairo,Egypt,July 2010

[85] Gan, W. S. : Gauge invariance approach to acoustic fields. In: Akiyama, I. (ed.) Acoustical Imaging, vol. 29,pp. 389 – 394. Springer,The Netherlands(2007)

[86] Cheng,Y. ,Xu,J. Y. ,Liu,X. J. : One – dimensional structured ultrasonic metamaterials with simultaneously negative dynamic density and modulus. Phys. Rev. B 77,045134(2008)

[87] Cummer,S. A. ,Rahm,M. ,Schurig,D. : Material parameters and vector scaling in transformation acoustics. New J. Phys. 10,115025 – 115034(2008)

[88] Greenleaf,A. ,et al. : Anisotropic conductivities that cannot be detected by EIT. Physiol. Meas. 24,413 – 419(2003)

[89] Cummer,S. A. ,et al. : Scattering theory derivation of a 3D acoustic cloaking shell. Phy. Rev. Lett. 100, 024301(2008)

[90] Liang,Z. ,Li,J. : Extreme acoustic metamaterial by coiling up space. Phys. Rev. Lett. 108,114301(2012)

[91] Li, Y. , Cheng, J. C. : Unidirectional acoustic transmission through a prism with near – zero refractive index. Appl. Phys. Lett. 103,053505(2013)

[92] Nguyen,V. C. ,Chen,L. ,Halterman,K. : Total transmission and total reflection by zero index metamaterials with defects. Phys. Rev. Lett. 105,233908(2010)

[93] Wu,Y. ,Li,J. : Total reflection and cloaking by zero index metamaterials loaded with rectangular dielectric defects. Appl. Phys. Lett. 102,183105(2013)

[94] Wei,Q. ,Cheng,Y. ,Liu,X. – J. : Acoustic total transmission and total reflection in zero – index metamaterials with defects. Appl. Phys. Lett. 102,174104(2013)

[95] Liu,F. ,Liu,Z. : Elastic waves scattering without conversion in metamaterials with simultaneous zero indices for longitudinal and transverse waves. Phys. Rev. Lett. 115,175502(2015)

[96] Klipsch,P. W. : A low frequency horn of small dimensions. J. Acoust. Soc. Am. 13,137 – 144(1941)

[97] Liang,Z. ,Feng,T. ,Lok,S. ,Liu,F. ,Ng,K. B. ,Chan,C. H. ,Wang,J. ,Han,S. ,Lee,S. ,Li,J. : Space – coiling metamaterials with double negativity and conical dispersion. Sci. Rep. 3,1614(2013)

[98] Xie,Y. ,Popa,B. – I. ,Zigoneanu,L. ,Cummer,S. A. : Measurement of a broadband negative index with space – coiling acoustic metamaterials. Phys. Rev. Lett. 110,175501(2013)

[99] Frenzel,T. ,Brehm,J. D. ,Bückmann,T. ,Schittny,R. ,Kadic,M. ,Wegener,M. : Three – dimensional laby-

rinthine acoustic metamaterials. Appl. Phys. Lett. 103,061907(2013)

[100] Molerón,M. ,Serra-Garcia,M. ,Daraio,C. :Acoustic Fresnel lenses with extraordinary transmission. Appl. Phys. Lett. 105,114109(2014)

[101] Li,Y. ,Liang,B. ,Zou,X. -Y. ,Cheng,J. -C. :Extraordinary acoustic transmission through ultrathin acoustic metamaterials by coiling up space. Appl. Phys. Lett. 103,063509(2013)

[102] Cai,X. ,Guo,Q. ,Hu,G. ,Yang,J. :Ultrathin low-frequency sound absorbing panels based on coplanar spiral tubes or coplanar Helmholtz resonators. Appl. Phys. Lett. 105,121901(2014)

[103] Li,Y. ,Liang,B. ,Tao,X. ,Zhu,X. -F. ,Zou,X. -Y. ,Cheng,J. -C. :Acoustic focusing by coiling up space. Appl. Phys. Lett. 101,233508(2012)

[104] Li,Y. ,Yu,G. ,Liang,B. ,Zou,X. ,Li,G. ,Cheng,S. ,Cheng,J. :Three-dimensional ultrathin planar lenses by acoustic metamaterials. Sci. Rep. 4,6830(2014)

[105] Tang,K. ,Qiu,C. ,Lu,J. ,Ke,M. ,Liu,Z. :Focusing and directional beaming effects of airborne sound through a planar lens with zigzag slits. J. Appl. Phys. 117,024503(2015)

[106] Cheng,Y. ,Zhou,C. ,Yuan,B. G. ,Wu,D. J. ,Wei,Q. ,Liu,X. J. :Ultra-sparse metasurface for high reflection of low-frequency sound based on artificial Mie resonances. Nat. Mater. 14,1013-1019(2015)

[107] Li,Y. ,Liang,B. ,Gu,Z. -M. ,Zou,X. -Y. ,Cheng,J. -C. :Reflected wavefront manipulation based on ultrathin planar acoustic metasurfaces. Sci. Rep. 3,2546(2013)

[108] Li,Y. ,Jiang,X. ,Li,R. -Q. ,Liang,B. ,Zou,X. -Y. ,Yin,L. -L. ,Cheng,J. -C. :Experimental realization of full control of reflected waves with subwavelength acoustic metasurfaces. Phys. Rev. Appl. 2,064002(2014)

[109] Mei,J. ,Wu,Y. :Controllable transmission and total reflection through an impedance-matched acoustic metasurface. New J. Phys. 16,123007(2014)

[110] Peng,P. ,Xiao,B. ,Wu,Y. :Flat acoustic lens by acoustic grating with curled slit. Phys. Letters A. 378 (45),3389-3392(2014)

[111] Tang,K. ,Qiu,C. ,Ke,M. ,Lu,J. ,Ye,Y. ,Liu,Z. :Anomalous refraction of airborne sound through ultrathin metasurfaces. Sci. Rep. 4,6517(2014)

[112] Li,Y. ,Jiang,X. ,Liang,B. ,Cheng,J. -C. ,Zhang,L. :Metascreen-based acoustic passive phased array. Phys. Rev. Appl. 4,024003(2015)

[113] Xie,Y. ,Konneker,A. ,Popa,B. -I. ,Cummer,S. A. :Tapered labyrinthine acoustic metamaterials for broadband impedance matching. Appl. Phys. Lett. 103,201906(2013)

[114] Xie,Y. ,Wang,W. ,Chen,H. ,Konneker,A. ,Popa,B. -I. ,Cummer,S. A. :Wavefront modulation and subwavelength diffractive acoustics with an acoustic metasurface. Nat. Commun. 5,5553(2014)

[115] Arenas,J. P. ,Crocker,M. J. :Recent trends in porous sound-absorbing materials. J. Sound Vib. 44,12-17(2010)

[116] Maa,D. -Y. :Potential of microperforated panel absorber. J. Acoust. Soc. Am. 104,2861-2866(1998)

[117] Ma,G. ,Yang,M. ,Xiao,S. ,Yang,Z. ,Sheng,P. :Acoustic metasurface with hybrid resonances. Nat. Mater. 13,873-878(2014)

[118] Jiang,X. ,Liang,B. ,Li,R. -Q. ,Zou,X. -Y. ,Yin,L. -L. ,Cheng,J. -C. :Ultra-broadband absorption by acoustic metamaterials. Appl. Phys. Lett. 105,243505(2014)

[119] Wei,P. ,Croënne,C. ,Chu,S. T. ,Li,J. :Symmetrical and anti-symmetrical coherent perfect absorption

for acoustic waves. Appl. Phys. Lett. 104,121902(2014)

[120] Leroy,V. ,Strybulevych,A. ,Lanoy,M. ,Lemoult,F. ,Tourin,A. ,Page,J. H. :Superabsorption of acoustic waves with bubble metascreens. Phys. Rev. B 91,020301(2015)

[121] Piper,J. R. , Liu, V. , Fan, S. : Total absorption by degenerate critical coupling. Appl. Phys. Lett. 104, 251110(2014)

[122] Stansfeld,S. A. ,Matheson,M. P. :Noise pollution:non-auditory effects on health. Br. Med. 68,243-257 (2003)

[123] Nivison,M. E. ,Endresen,I. M. :An analysis of relationships among environmental noise,annoyance and sensitivity to noise,and the consequences for health and sleep. J. Behav. Med. 16(3)(1993)

[124] City,Melbourne. :Proposed Amendments to Part F5 of the Building Code of Australia(BCA). City of Melbourne

[125] London,A. :Transmission of reverberant sound through single walls. J. Res. Nat. Bureau Stand. 42(605) (1949)

[126] Hall,A. J. ,Calius,E. P. ,Dodd,G. ,Wester,E. :Modelling and experimental validation of complex locally resonant structures. In:Proceedings of 20th International Congress on Acoustics,ICA 2010,23-27 Aug, Sydney,Australia

[127] Klironomos, A. D. , Economou, E. N. : Elastic wave band gaps and single scattering. Solid State Commun. 105(5),327-332(1998). ISSN 0038-1098. doi:10. 1016/S0038-1098(97)10048-5

[128] John,S. :Localization of light. Physics Today,44(1991)

[129] Kushwaha,M. S. ,Halevi,P. ,Dobrzynski,L. ,Djafari-Rouhani,B. :Acoustic band structure of periodic elastic composites. Phys. Rev. Lett. 71(13),2022-2025(1993). ISSN 0031-9007

[130] Liu,Z. ,Chan,C. T. ,Sheng,P. :Threecomponent elastic wave band-gap material. Phys. Rev. B,65(16), 165,116(2002). doi:10. 1103/PhysRevB. 65. 165116

[131] Martinez-Sala,R. ,Sancho,J. ,Sanchez,J. V. ,Gomez,V. ,Llinares,J. ,Meseguer,F. :Sound attenuation by sculpture. Nature,378(6554),241-241(1995). http://dx. doi. org/10. 1038/378241a0

[132] Fung,K. -H. :Phononic band gaps of locally resonant sonic materials with finite thickness. Master's thesis,The Hong Kong University of Scienc and Technology(August 2004)

[133] Liu,Z. ,Mao,Y. ,Zhu,Y. ,Chan,C. T. ,Sheng,P. :Locally resonant sonic materials. Science,289(5485), 1734-1736(2000). ISSN 1095-9203

[134] Milton, G. W, Willis, J. R. On modifications of Newton's second law and linear continuum elastodynamics. Proc. R. Soc. A 463(2007)

[135] Yao, S. , Zhou, X. , Hu, G. : Experimental study on negative mass in a 1D mass-spring system. N. J. Phys. 10(4),043,020(11 pp)(2008)

[136] Huang,H. H. ,Sun,C. T. :Wave attenuation mechanism in an acoustic metamaterial with negative effective mass density. N. J. Phys. 11(1),013,003(15 pp)(2009)

[137] Huang,H. H. ,Sun,C. T. ,Huang,G. L. :On the negative effective mass density in acoustic metamaterials. Int. J. Eng. Sci. 47(4),610-617(2009). ISSN 0020-7225. doi:10. 1016/j. ijengsci. 2008. 12. 007

[138] Gang,W. ,Yao-Zong,L. ,Ji-Hong,W. ,DianLong,Y. :Formation mechanism of the low-frequency locally resonant band gap in the two-dimensional ternary phononic crystals. Chin. Phys. 15(2),407-411 (2006)

[139] Calius, E., Bremaud, X., Smith, B., Hall, A.: Negative mass sound shielding structures(2009)(in press)

[140] Suzuki, H.: Resonance frequencies and loss factors of various single – degree – of – freedom systems. J. Acoust. Soc. Jpn. (E) 21(2000)

[141] Ho, K. M., Cheng, C. K., Yang, Z., Zhang, X. X., Sheng, P.: Broadband locally resonant sonic shields. Appl. Phys. Lett. 83(26),5566 – 5568(2003). doi:10. 1063/1. 1637152

[142] Yang, Z., Dai, H. M., Chan, N. H., Ma, G. C., Sheng, P.: Acoustic metamaterial panels for sound attenuation in the 50 – 1000 Hz regime. Appl. Phys. Lett. 96(4),041906(2010). doi:10. 1063/1. 3299007

[143] Zhi – Ming, L., Sheng – Liang, Y., Xun, Z.: Ultrawide bandgap locally resonant sonic materials. Chin. Phys. Lett. 22(12),3107(2005)

[144] Oudich, M., Li, Y., Assouar, B. M., Hou, Z.: A sonic band gap based on the locally resonant phononic plates with stubs. New J. Phys. 12,083049(2010)

[145] Oudich, M., Senesi, M., Assouar, M. B., Ruzenne, M., Sun, J. – H., Vincent, B., Hou, Z., Wu, T. – T.: Experimental evidence of locally resonant sonic band gap in two – dimensional phononic stubbed plates. Phys. Rev. B 84,165136(2011)

[146] Rupin, M., Lemoult, F., Lerosey, G., Roux, P.: Experimental demonstration of ordered and disordered multiresonant metamaterials for lamb waves. Phys. Rev. Lett. 112,234301(2014)

[147] Zhu, R., Liu, X. N., Huang, G. L., Huang, H. H., Sun, C. T.: Microstructural design and experimental validation of elastic metamaterial plates with anisotropic mass density. Phys. Rev. B 86,144307(2012)

[148] Farhat, M., Guenneau, S., Enoch, S.: Ultrabroadband elastic cloaking in thin plates. Phys. Rev. Lett. 103,024301(2009)

[149] Farhat, M., Guenneau, S., Enoch, S., Movchan, A. B.: Cloaking bending waves propagating in thin elastic plates. Phys. Rev. B 79,033102(2009)

[150] Stenger, N., Wilhelm, M., Wegener, M.: Experiments on elastic cloaking in thin plates. Phys. Rev. Lett. 108,014301(2012)

[151] Colombi, A., Roux, P., Guenneau, S., Rupin, M.: Directional cloaking offlexural waves in a plate with a locally resonant metamaterial. J. Acoust. Soc. Am. 137,1783 – 1789(2015)

[152] Zhu, R., Liu, X. N., Hu, G. K., Sun, C. T., Huang, G. L.: Negative refraction of elastic waves at the deep – subwavelength scale in a single – phase metamaterial. Nat. Commun. 5,5510(2014)

[153] Dubois, M., Farhat, M., Bossy, E., Enoch, S., Guenneau, S., Sebbah, P.: Flat lens for pulse focusing of elastic waves in thin plates. Appl. Phys. Lett. 103,071915(2013)

[154] Dubois, M., Bossy, E., Enoch, S., Guenneau, S., Lerosey, G., Sebbah, P.: Time – driven superoscillations with negative refraction. Phys. Rev. Lett. 114,013902(2015)

[155] Rupin, M., Catheline, S., Roux, P.: Super – resolution experiments on lamb waves using a single emitter. Appl. Phys. Lett. 106,024103(2015)

[156] Brûlé, S., Javelaud, E. H., Enoch, S., Guenneau, S.: Experiments on seismic metamaterials: Molding surface waves. Phys. Rev. Lett. 112,133901(2014)

[157] Milton, G. W., Cherkaev, A. V.: Which elasticity tensors are realizable? J. Eng. Mater. Technol. 117,483 – 493(1995)

[158] Milton, G. W.: The Theory of Composites. Cambridge University Press, Cambridge(2002)

[159] Kadic, M., Bückmann, T., Stenger, N., Thiel, M., Wegener, M.: On the practicability of pentamode me-

chanical metamaterials. Appl. Phys. Lett. 100, 191901(2012)

[160] Bückmann, T., Stenger, N., Kadic, M., Kaschke, J., Frölich, A., Kennerknecht, T., Eberl, C., Thiel, M., Wegener, M.: Tailored 3D mechanical metamaterials made by dip–in direct–laser–writing optical lithography. Adv. Mater. 24, 2710–2714(2012)

[161] Zheng, X., Lee, H., Weisgraber, T. H., Shusteff, M., DeOtte, J., Duoss, E. B., Kuntz, J. D., Biener, M. M., Ge, Q., Jackson, J. A., Kucheyev, S. O., Fang, N. X.: Ultralight, ultrastiff mechanical metamaterials. Science 344, 1373–1377(2014)

[162] Bückmann, T., Thiel, M., Kadic, M., Schittny, R., Wegener, M.: An elasto–mechanical unfeelability cloak made of pentamode metamaterials. Nat. Commun. 5, 4130(2014)

[163] Della, G. C., Engheta, N.: Digital metamaterials. Nat. Mater. 13, 1115–1121(2014)

[164] Xie, Y., Tsai, T.–H., Konneker, A., Popa, B.–I., Brady, D. J., Cummer, S. A.: Single–sensor multispeaker listening with acoustic metamaterials. Proc. Natl. Acad. Sci. U. S. A. 112, 10595–10598(2015)

第9章 声学超材料在时间反转声学方面的应用

本章摘要：时间反转声学建立在声场的时间反演对称性这一基础上，这里将通过详细考察声场方程来阐明解的时间反演对称性，并给出一种超材料几何结构来揭示其时间反转声学行为，这种行为特性已经成功应用于无损检测、医用超声成像以及水下声学技术等领域。利用超材料实现时间反转声学特性具有非常重要的价值，能够将波源近场信息有效地辐射到远场。

9.1 声场的时间反演对称性——时间反转声学的基本原理

这里从非均匀介质中的声压场 $p(\boldsymbol{r},t)$ 所满足的线性声场方程开始介绍，这种情况一般针对的是无损耗的流体介质，不妨设其体积压缩率为 $\kappa(\boldsymbol{r})$，密度为 $\rho(\boldsymbol{r})$，均随空间坐标变化，声速则为 $c(\boldsymbol{r})=(\rho(\boldsymbol{r})\kappa(\boldsymbol{r}))^{-1/2}$。声压场的传播方程可以表示为[1]

$$\nabla \cdot \left(\frac{\nabla p}{\rho}\right) - \frac{1}{\rho c^2}\frac{\partial^2}{\partial t^2}p = 0 \tag{9.1}$$

当考虑 x 方向上的传播时，式(9.1)的解可以写为 $p=\mathrm{e}^{\mathrm{j}(\omega t-kx)}$。声场时间反演对称性是指，如果将 t 替换为 $-t$，那么该解也是满足式(9.1)的。实际上就意味着声场解中包含了一个右行波和一个左行波。关于时间反演对称性原理还可进一步做以下解释，考虑在两种不同密度的介质分界面处平面声波的反射和透射情形，假定入射声压场为 $p(\boldsymbol{r},t)$，反射声波的幅值为 R，透射声波的幅值为 T。于是这里需要考察3种不同的波场，分别是入射场、反射场和透射场。显然，可以通过反转声波波矢的方向来从时间上倒转上述传播过程，也就是将时间反转解 $p(\boldsymbol{r},-t)$ 代入原方程中，仍然能够使得该方程成立，或者说这个时间反转解依然是波动方程的解。

如果将介质2中的入射声波所产生的反射声波和透射声波的幅值分别定义为 R' 和 T'，那么对于分别从介质1和介质2入射的这两个声波来说，利用叠加原理就可以获得4个波场，两个在介质1中传播，总幅值为 R^2+TT'，另外两个在介质 2 中传播,总幅值为 $RT + TR'$。通过对反射系数(R,R')和透射系数(T,T')的计算不难得到

$$R^2 + TT' = 1 \tag{9.2}$$
$$R + R' = 0 \tag{9.3}$$

显然,这一实例表明了声波方程是具有时间反演对称性的。

除了最简单的平面波外,这种时间反演对称性也可以拓展到其他形式的声场,而且对于各类非均匀结构也是适用的。

需要注意的是,式(9.2)和式(9.3)仅在行波情况下才是成立的,换言之,它们针对的仅是具有实波数的反射波和透射波。对于凋落波或者非行波来说,它们是不成立的。由于不存在传播方向,因此凋落波成分是不能时间反转的[2]。一般而言,入射波中都会包含有行波和凋落波成分。例如,如果某种介质的体积模量 $\kappa(r)$ 中包含尺度小于波长的空间频率成分,那么它所产生的散射声场就会带有凋落波成分。不仅如此,声波在特定角度入射时也可能产生凋落波成分。于是,如果入射声波是有限带宽的,那么在进行时间反转处理时会丢失某些信息。从这一角度看,可以认为由于行波和凋落波的同时存在,时间反转处理是具有一定不足的。

9.2 时间反转声学的实验研究

借助声场的时间反演对称性,可以通过非均匀介质实现声波聚焦。由于声压场是能够作时间反转的,因此借助非均匀介质可以将声波聚焦到一个反射物体上,使之在接收到声波之后的行为类似于一个声源。Fink 等[3]率先将时间反转声学应用到声学成像上,利用这一技术能够将声波聚焦到静止或移动着的对象物体上,这也是声学中需要解决的一个重要问题。Fink 等[3]提出了一种时间反转镜(TRM),是由压电换能器阵列而成的。这些换能器单元可以同时接收和发射时域内的声压波前瞬态测试信号,而且是线性的。在实验中,数字信号处理技术对于时间反转过程和时间反转镜的构造至关重要,同时也使得非均匀介质的声聚焦成为可能。这些研究人员所采用的是自适应延时技术,利用时空域匹配滤波器来刻画阵列与目标之间的传递函数(脉冲波时间反转聚焦),由此实现了非均匀介质内的倒易性。对于所提出的由一维或二维换能器阵列构成的时间反转镜,其中的每个单元都连接到一个单独的电路上,电路中包括接收放大器、A/D 转换器、可编程变送器及存储内存。可编程变送器是这一电路最为重要的元件,因为它主要用于将所存储的信号合成为时间反转信号。这样的时间反转

镜能够检测到位置 r_i 处的声压场,然后将时间段 T 内的信号作数字化处理并存储起来,进而便于后续信号 $p(r_i, T-t)$ 的发送。显然,这个时间反转过程将把发散波转换成会聚波,并聚焦到同一个波源上。应当注意的是,这一过程即便对于非均匀介质来说也是可行的,与传统的声学镜针对真实物体生成虚像这一点不同的是,时间反转镜能够针对一个虚拟的物体或波源生成真实的声学像,它可以拓展用于对反射目标物的聚焦,进而作为一个声源发射出声波。

9.3 非均匀介质中的超声波聚焦

9.3.1 自适应延时聚焦技术

为了将时间反转声学原理应用于实际,Fink 等[3]基于信号处理技术设计了时间反转镜,它是由换能器单元阵列而成的。每个换能器单元都可接收声学信号,然后进行数字化处理。考虑到相邻换能器单元接收到的信号存在时延,他们借助互相关公式对其进行了计算,利用这些时延参数就可以确定出波源聚焦所需的最优时延。这里所进行的非均匀介质中的声波聚焦是建立在电学方法上的,他们针对换能器阵列接收到的各个信号,利用一组时延参数精确地补偿了球面曲率的影响,并且可以在信号相加之前对延迟线进行相位调节。此外,这里所针对的声源可以是被动式的,如对入射波产生反射的物体。

由于时间反转镜所具有的球面特征,因此在信号同步处理时必须引入时延来加以补偿。一般可以通过相邻换能器信号之间的互相关函数的峰值时移计算出正确的时延[4,5]。当然,也可以采用另一方法来处理,即利用时延定理[6],主要是从相加后的总信号的能量最大化角度来进行的。这两种方法是类似的,因为它们都能同时实现所有信号对之间的互相关函数的最大化(从而实现能量的最大化)[7]。不过,这两种方法都难以获得最优聚焦效应,这一点将在本章后面予以阐明。当阵列探头之间的距离增大时,这种自适应延迟线聚焦技术将变得不再有效[7],因此有必要建立更具一般性的方法,从而将所有记录下的信息考虑进来,如形状的变化和时延特性等。

这里需要考虑的问题有很多,首先是希望聚焦的反射物体的特性,点状物体是最理想的,它可以转变成球面波源,当然在非均匀介质中传播时会出现扭曲。在实际情况下,如医用超声成像场合,主要针对的是近场,波源一般不是点状的,如肝结石或肾结石等都是具有一定尺寸的,不同的换能器单元从这些物体接收到的散射信号也是不同的,因而互相关特征就会有所不同。在常见的一些实际应用中,需要扫描的区域往往不包含高反射性物体,如腹部扫描,在整个区域中存在着声速的变化,从而会导致低兆赫超声波聚焦品质的下降。实际上,在这样的区域中出现的将是多散射行为,而不再是像高反射性物体所呈现出的单散射行为。对于此类多散射介质,一般可以借助互相关技术[4-7]来进行聚焦时延定理的计算,主要是针对每个散射体的反射回波信号进行求和处理。Van Cittert Zernike定理[8]指出,声场传播的空间相关宽度与传播距离是成正比例关系的,这一性质可以用于最优聚焦。只要相邻的换能器单元距离散射区域足够远,它们就可以接收到强相关信号[8-9]。这些信号在异常介质层中会产生相移,因此需要借助互相关技术来确定正确的时延。显然,通过这一途径就能有效地认识目标物体的性质了。

另一个需要考虑的问题是非均匀介质的特性。这方面,互相关技术是会受到一些限制的,主要是由于它假定了非均匀性对球面波前的总的影响可以视为波前形状的简单扭曲,由此介质的非均匀性只会改变波源和换能器之间的传播时延,从而只需借助时延特性就可以实现最优换能器阵列的设计。然而,这一假定在医用超声成像场合中是不成立的,因为成像是在近场进行的,非均匀性体现在需扫描的整个区域上,声波通过这种非均匀介质时会发生衍射、折射和多重散射等行为,因而声波的时空形状都会发生扭曲和延迟。另外,当阵列探头的间距增大时,自适应延迟线聚焦技术也会失效[7]。这种情况下,时间反转处理就必须把记录下来的所有信息都考虑进来,包括形状的改变和时延特性。

9.3.2 时间反转腔

声波方程的解 $p(r,t)$ 是根据初始边界条件和声源情况来确定的,前述实验的目的在于产生对偶解 $p(r,-t)$。从因果关系出发,这个对偶解在实验层面上是不成立的,因而只能考虑如何实现 $p(r,T-t)$。

在实验中生成时间反转解是非常困难的,首先必须在整个时间反转周期 T 内对整个三维域进行 $p(r,t)$ 的测量($t>T$ 的声压场为零),然后在整个三维域内重新发射 $p(r,T-t)$ 信号。考虑到整个域中都必须设置发射/接收探头,因而这一方法是不太切合实际的。

惠更斯原理为时间反转处理提供了一条更为实际的解决途径,据此可以设计制备出所谓的时间反转腔。因为根据封闭曲面上的声压场及其法向导数的信息就能够明晰该曲面所包围的内部区域中任意点处的波场情况,显然根据这一原理,三维域中任意点处的声压场分析问题是可以简化为一个二维曲面问题的[10]。借助这一理念,就可以按照以下方式来处理非均匀介质中的聚焦问题。在设计制备时间反转腔时首先必须确保能够测量出一个封闭曲面上任意点处的声压场及其法向导数情况,然后利用惠更斯原理在这个表面上构造出二次波源

(单极或偶极),进而对这些声压场作时间反转并反向传播到该表面所包围的区域中,这些信号将与非均匀介质发生相互作用,从而使得波前发生扭曲。

不难看出,这一方法能够使得时间反转声压场重新聚集到初始声源位置处[11-12],并且要比基于互相关技术的聚焦效果更好。主要原因在于,这里无需假定介质的非均匀性仅存在于换能器阵列附近,并且也无需假设非均匀性只会导致时间上的延迟。不过,根据这一方法得到的分辨率会受到有限谱宽度的限制,这是因为小于最小波长的非均匀性的空间尺度会变得模糊不清,也正是因为这个原因,在整个三维域内所生成的 $p(r,T-t)$ 并不是非常理想的。

9.3.3 时间反转镜

时间反转腔对于非均匀介质聚焦来说只是一个理想的概念,实际制备时间反转腔是比较困难的,最大的困难在于利用换能器阵列来包围聚焦区域。对于超声无损检测和医用超声领域中的声学成像来说,通常采用的是脉冲回波模式成像法,一般需要将探头放置在待扫描区域的一侧。这种成像方式非常重要,其优点在于可以通过换能器阵列来实现聚焦。在这种情况下,前述的时间反转腔转变成了这里的时间反转镜。虽然时间反转镜是敞开式的,但是它们在非均匀介质聚焦方面的能力却与封闭腔式设计相差无几。

在非均匀介质的聚焦中,时间反转镜也与传统的基于延迟线技术的聚焦方法有着相同的限制,即:①存在衍射效应,使得点的像变成一个像斑,其尺寸依赖于波长,此时等效于一个低通滤波器(针对任意波场的空间频谱);②点扩展函数(PSF)的宽度与镜子的角度范围(从焦点观测)相关,主要是因为时间反转镜的尺寸是有限的;③必须利用经典时延聚焦中的时延定理来处理(时间反转镜记录和发送的)时域采样数据,为了消除旁波瓣,一般需要采用最大速率 $T/8$[5,13]。对于利用换能器阵列实现的时间反转镜,在空间采样时一般还会导致出现栅瓣,当然,如果采用的阵列间距处于 $\lambda/2$ 数量级(λ 为声压场中心频率所对应的波长),也是可以避免的,不过对于球面或柱面形式的时间反转镜(在感兴趣区域上预聚焦)来说,这通常是不需要的。

9.3.4 利用时间反转镜进行聚焦

这里对时间反转镜的时间反转聚焦机理做一阐述。首先,声场通过非均匀介质从反转镜传播到目标物体,声波会发生多重散射并被扭曲,随后换能器阵列记录下这个散射场。然后,换能器阵列对信号进行综合,生成时间反转声场信号,并通过非均匀介质反向传播,在目标物体上重新聚集。当应用于强非均匀性介质时,时间反转镜是会受到较大限制的,主要是因为此时所有方向上都存在着多重散射行为,因而会导致波前的扭曲,这也在实验中得到了验证[14]。与封闭腔式设计相比,这是时间反转镜的一个缺点。此外,由于多重散射的衰减较慢,因此有必要在一个较长的时间段内进行信号的测量工作。当应用于弱非均匀性介质时,由于出现的是单散射行为,可以采用一级玻恩近似法,此时的时间反转镜可在一个较短的时间段内对时间反转波前做精确补偿,并且通过记录单个平面上的时间反转声场就能够实现最优聚焦。

9.3.5 时间反转方法中的信号处理

时间反转机制也可以从电子工程这一角度来理解,此时需要考察其中的信号处理过程。从信号处理层面来看,非均匀介质的时间反转聚焦实际上等效于,先推导出非均匀介质中传播过程的传递函数(时间反转镜与目标物体之间),然后针对该传递函数获得时空域匹配滤波器。于是,时间反转聚焦技术也就与信号处理中的匹配滤波原理关联起来,它们的相似性可以通过线性系统的匹配滤波原理来说明,脉冲响应输出信号 $h(t)$ 会借助形式为 $h(-t)$ 的输入信号实现最大化[15]。

对于任何无损耗的非均匀介质来说,时间反演对称性原理都是成立的,并且也适用于任何几何尺寸和采样间距的换能器单元。利用时间反转镜的主要目的是通过给换能器单元提供合适的输入,以使得目标位置处的声压达到最大。为此,需要计算出位于 r_i 的一组换能器单元 E_i 所需发出的最优瞬态信号,这些信号将会被聚焦到 r_0 点处。这些计算是针对每个换能器单元 E_i 产生的声压场分别进行的,在瞬态下它们主要是根据衍射理论来完成的。

9.3.6 迭代时间反转模式——自动目标选取

时间反转镜能够选择需要进行时间反转的信号时间区间,主要借助时间窗技术。当介质包含若干个反射物体时,这一时间反转过程是不能直接实现单点聚焦的。例如,如果存在两个具有不同反射率的目标物体(受到短时脉冲的作用),那么根据它们的回波所生成的时间反转信号会使每个物体上都产生再次聚焦行为,时间反转镜会产生两个真实的声像,其中反射率最高的物体对应于幅值最大的波前,而另一个物体则对应于幅值最小的波前。事实上,上述分析在忽略两个物体之间的多散射过程的情况下是成立的,一般而言,可以通过在特定的时间反转窗口内选择回波信号来避免多散射过程。上述时间反转过程是可以以迭代的方式来进行的[3,16],在每次时间反转之后,第二个物体或者说最弱的物体所反射的波前会变得更弱,于是经过若干次迭代并达到收敛以后,就可获得对反射率最高物体的波前聚焦。不过,只有当其中一个物体的真实声学像不会对另一物体带来声学影响时,才能达到这种收敛性,一般是通过选取足够大的物体间距来实现的[16-17]。

实际上,在时间反演对称性的物理原理与迭代概念之间是存在一定矛盾的。对声场进行彻底的时间反转后将得到确定的时间反转声场,而时间反转的迭代操作所给出的波场在每次迭代后都会改变,因而这二者之间是存在冲突的。一般来说,彻底的时间反转操作需要封闭的时间反转腔(包围所关心的三维域)以及足够长的记录时间 T(能够将所有多重散射波场包含进来)。然而,这里却仅采用了一个空间受限的构型,并且采用的是短时间窗,因而会有部分信息丢失。不过也正是由于这种信息的缺失,才使迭代操作方式有了目标选择能力。人们已经针对单条线状物体进行了实验[14],其结果也验证了这一处理过程的有效性,在该项研究中(针对结石破碎),利用这种迭代模式实现了结石的自动选择[14]。

9.4 时间反转声学的一些实际应用

时间反转声学的典型实际应用就是针对碎石需求的医用超声成像。结石位置可以通过 X 射线准确地加以成像,不过超声成像要困难些,非均匀性导致的声速变化会使得声束发生扭曲并改变传播方向。更为困难的是,呼吸行为会导致结石产生运动,其幅值可达 2cm,因而跟踪结石是有效诊疗的首要工作。这些问题都可以借助时间反转处理过程来解决,该技术能够识别出结石这类反射率很高的对象物体。首先由换能器阵列发射出超声波束并到达整个检查区域,然后换能器阵列在接收到反射波场之后,进一步将信号作时间反转处理并重新发射回检查区域,反复迭代这一过程后就能够确定出具有高反射率的对象物体了。整个处理过程最终会收敛到一个尺寸依赖于波长的像斑上,于是在最后一步迭代时就能够对结石进行定位了,从而为后续的破碎工作做好准备。必须指出的是,在感兴趣的频率范围内这一检查区域中不能包含任何其他高反射率物体,当然这也是比较常见的情形。

时间反转声学的另一实际应用案例是腹部成像,这个部位中的声速是较为异常的,从而会使得(低兆赫范围内的)超声波束的聚焦性能变差。在这种场合中,时间反转声学的优势将得以体现出来,即不再针对单个反射物体,而是针对需要成像的区域内所存在的大量散射体。针对此类散射介质,借助互相关技术可以估计出足够的聚焦时延[4-7],它事实上是散射声压场特性的产物,源于每个散射体反射回波的叠加。Van Cittert Zernike 定理[8]已经指出,在声场的传播过程中,其空间相关函数的宽度与传播距离是成正比关系的。这就意味着只要相邻的换能器距离散射区域足够远,它们所得到的回声信号就是强相关的[8-9]。由于异常介质层的存在,这些信号会发生偏移,通过互相关分析计算能够正确获得其时延。互相关技术的基本假设是非均匀性对球面波前的总效应可以视为对波前形状的简单扭曲,也即介质的异常特性只会改变波源与各个换能器单元之间的传播时延。因此,在知道时延特性后,就完全能够准确地实现接收或发射模式的聚焦了。应当指出的是,仅在异常介质层非常薄并且非常靠近换能器阵列的情况下,这一假设才是合理的。在大多数医学应用中,这一假定显然是不合理的,因为我们总是工作在换能器的近场区域,并且非均匀性是分布在整个三维区域中的。因此,在这种非均匀介质情况下波的传播不仅是延迟的,而且其时空形状也会因折射、衍射以及多重散射等过程而发生扭曲。

这里不妨进一步讨论一下前述的结石粉碎应用。入射波束会引发结石的声学共振,由结石反射回来的波显然会包含由这些共振导致的不同的波前[14],这将使得时间反转过程变得更为复杂。幸运的是,在这种复杂情况下时间反转镜仍然是有效的,借助迭代时间反转传输,它能够发射新的与结石共振匹配的波形。可以通过一维实验来对这一现象加以验证,实验中采用平面阵列的换能器组进行声发射,且声波法向入射到一块平行板介质上,对于由电脉冲 $\delta(t)$ 激励的理想换能器来说,由该板反射回来的脉冲信号 $e(t)$ 代表了共振板的脉冲响应,它将包含由板的共振所产生的多种反射成分。经过时间反转之后可以得到 $e(-t)$,它也是激发出平板共振所需的最优信号。也可以进一步拓展这些概念,即借助二维时间反转镜来处理三维振动结构,其过程的理论建模是非常复杂的,这里仅给出一些简单的物理思想作为参考。事实上,三维结构的振动可以视为一组傅里叶模式的线性组合,每个模式均由一个波矢来表征。对于平板来说,如果对应的波矢方向位于时间反转镜的角向范围内,只会存在一个这样的模式。此外,由于阵列带宽是有限的,因而这些模式的相位共轭只会发生在那些对应的频率处于换能器带宽内的波矢成分上。借助这些概念,就可以自动选择和激发出某个对象物的某些振动模式了。

9.5 基于电磁波远场时间反转技术的亚波长聚焦

声学超材料之所以能够用于实现时间反转镜,是因为它们能够将凋落波转换成行波,从而可以在远场实现超出传统分辨率极限的亚波长成像。一般地,首先需要制备出声学超材料介质,然后借助声波方程的时间反演对称性,针对远场中的初始波源位置进行反向聚焦,从而能够获得亚波长的焦点。显然,当将多个脉冲波源放在距离时间反转镜非常近(远小于声学超材料介质中的波长)的位置时,就能够对它们分别聚焦成像,这样就打破了传统的衍射极限。

在声学超材料介质近场放置宽带波源,利用其本征模式的共振增强可以在自由空间辐射场中获得亚波长信息,亚波长分辨率的成像也由此而来,其实质在于声学超材料介质能够将凋落波转换成行波。Lerosey 等[18]曾经针对电磁波情形,利用超材料构造了时间反转镜,并在吸波暗室进行了实验测试工作,中心频率设定为 2.45GHz,带宽为 100MHz,接收器阵列是由 8 根天线构成的,每根天线都由微结构包围起来,这些微结构则是由随机分布的且几乎平行的细铜线所组成的。正是在这些细铜线的散射作用下,凋落波才被转变成行波传播出去。所构造的时间反转镜由 8 组商用偶极天线组成,并放置于距离接收器阵列 10 个波长的远场位置,它类似于虚拟的远场时间反转腔,也正是借助这一方式该实验才突破了传统的分辨率极限,并在该时间反转镜的远场得到了聚焦点。这一实验的基本原理可以描述如下:宽带入射场经过随机分布的细铜线簇之后被分解成一系列较高的空间频率成分,进而由时间反转对称性(源于时间反转散射过程)在波源位置附近产生了亚波长聚焦行为,在时间反转过程中这些行波将从远场反向传播回来,与此同时,在这些行波与随机分布的细铜线簇发生相互作用之后,空间倒易性将使得在波源(焦点)附近可以重构出原始的凋落波成分。

9.6 向声学问题的拓展

电磁波和声波在波传播特性方面存在着大量的相似性,正因如此,上述将凋落波转换成行波进而实现亚波长聚焦的方法也能够拓展到声波中。所需构造的声学超材料一般由一些基本单胞组成,它们具有共振特性并且是亚波长尺度上的,通常需要借助等效介质理论来研究。等效介质参数是通过对整个单胞上的声场进行平均处理得到的,到目前为止人们已经设计制备出了很多具有负等效介质密度和负等效模量的声学超材料,并且也得到了具有负折射率的声学超材料[19]。

事实上,目前已经有若干实验工作对亚波长声学聚焦问题进行了研究,这里介绍 Lemoult 等[20]的工作。这些研究人员在远场实现了亚波长聚焦,其波长远小于空气中的声波波长。所构造的单胞形式为亥姆霍兹共振腔,实验中则采用的是汽水罐(放置于远场)。在实验过程中,入射波是由商用扬声器发出的,汽水罐阵列会被激发出亚波长的共振模式,这些共振模式都是布洛赫模式,其辐射形态依赖于波矢情况。实验结果表明,借助这一设计可以在远场实现宽带声超衍射波场的亚波长聚焦,所得到的焦点尺寸只有空气中声波波长的 1/25,并且能够有效分辨出间距为声波波长的 1/15 的汽水罐阵列。图 9.1 给出了这一实验的设置情况,图9.2则示出了由扬声器包围起来的汽水罐阵列。通过这一实验工作,研究人员揭示了单色入射声场能够在整个汽水罐阵列上方形成超衍射共振模式,并生成亚波长焦点。他们在实验中利用了时间反转过程,使得从传感器阵列发出的声波能够聚集到一个点上,这等价于将所有相对相位为零的模式在这个特定位置进行相加,从而构造出时空聚焦的波场。为了拓展到宽带声波情形,还可以针对特定位置将特定时刻处相干的各种模式叠加起来进行处理,这些模式在其他时刻其他位置是非相干叠加的。

在上述实验中,研究人员利用亥姆霍兹共振腔(汽水罐)和8个扬声器针对若干位置进行了测试,结果表明利用汽水罐阵列要比利用单个汽水罐能够获得更佳的声聚焦效果。此外,他们还揭示了一个重要特性,即声压场的亚波长聚焦能够使得声位移得到显著增强。

Lemoult等[20]的实验工作在若干方面给我们带来了重要的启发。首先是亚波长声压场聚焦能够增强声位移,由此可对应于大量的潜在应用,特别是传感器和作动器的设计;其次是借助色散行为可以以独立的方式去处理诸多传感器的时间信号和声源情况;第三,它为处理以亚波长尺度进行布置的一组传感器和作动器提供了借鉴。进一步,Lemoult等的研究结果还可以拓展到具有更宽频谱的

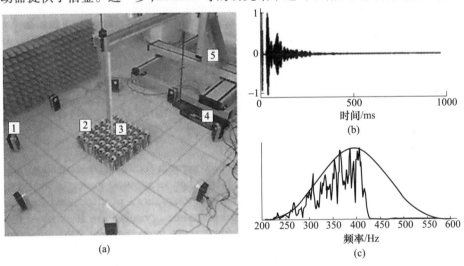

图9.1 实验设置及其波形(源自于Lemoult等[20])
(a)实验中所采用的设置照片(8个商用扬声器(1)是由一个多通道声卡(4)控制的,可以产生激励亥姆霍兹共振腔(2,即汽水罐)的声波,安装在一个三维移动平台(5)上的麦克风(3)可以记录汽水罐阵列上方的声压);(b)在汽水罐上方所观测到的典型入射脉冲(红色)和测得的声压(蓝色);(c)原始脉冲谱(红色)和在汽水罐上方测得的声压平均谱(蓝色)。

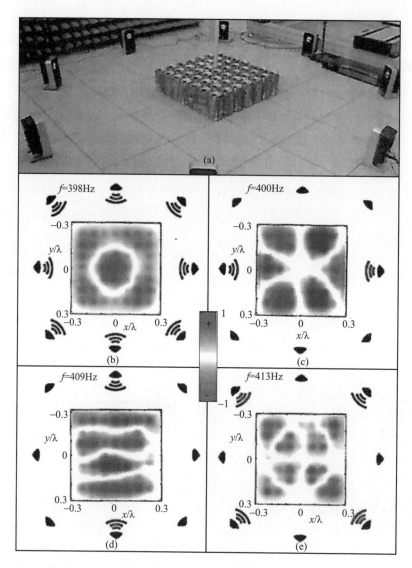

图9.2 由扬声器包围起来的汽水罐阵列及其各对应模式(源自于 Lemoult 等[20])(见彩图)
(a)由8个扬声器包围起来的汽水罐阵列(扬声器与汽水罐之间的距离大于一个波长,从而可以忽略不计凋落波);(b)398Hz 处测得的亚波长模式(扬声器产生单色辐射波,所得到的模式是亚波长的(空间周期为 $\lambda/4$));(c)400Hz 处与水平偶极子对应的模式;(d)由扬声器所产生的垂向偶极波场得到了空间周期为 $\lambda/3$ 的模式(409Hz);(e)四极远场模式激发出413Hz 处的深度亚波长模式。

共振结构中,甚至可以延伸到固体中的弹性波问题,显然这也将对应于大量潜在的应用场合,如作动器阵列的设计、微机械作动器设计、听觉范围内的声波控制等。

应当说,在声学成像领域中,共振型声学超透镜的亚波长分辨率成像功能是非常有用的,它可以实现超分辨率,无论声源空间形状变化如何,其近场信息都能够据此"投影"到远场中。

参 考 文 献

[1] Morse,P. N. ,Ingard,K. U. :Theoretical Acoustics. McGraw – Hill,New York(1968)

[2] Nieto – Vesperinasand,M. ,Wolf,E. :Phase conjugation and symmetries with wave fields in free space containing evanescent components. J. Opt. Soc. Am. 2(9),1429 – 1434(1985)

[3] Fink, M. , Prada, C. , Wu, F. , Cassereau, D. : Selffocusing with time reversal mirror in inhomogeneous media. In:1989 Proceedings IEEE Ultrasonic Symposium 1989,vol. 2,pp. 681 – 686. Montreal,PQ,Canada

[4] Flax,S. W. ,O'Donnell,M. :Phase aberration correction using signals from point reflectors and diffuse scatterers:basic principles. IEEE Trans. Ultrason. ,Ferroelectr. Freq. Control 35,758 – 767(1988)

[5] O'Donnell,M. ,Flax,S. W. :Phase aberration correction using signals from point reflectors and diffuse scatterers:measurements. IEEE Trans. Ultrason. Ferroelectr. Freq. Control 35,768 – 774(1988)

[6] Nock, L. , Trahey, G. E. , Smith, S. W. : Phase aberration correction in medical ultrasound using speckle brightness as a quality factor. J. Acoust. Soc. Am. 85,1819 – 1833(1989)

[7] Mallart,R. ,Fink,M. :Sound speed fluctuations in medical ultrasound imaging. Comparison between different correction algorithms. In:Proceedings of the 19th International Symposium Acoustical Imaging(1991)

[8] Mallart, R. , Fink, M. : The Van Cittert – Zernike theorem in pulse – echomeasurements. J. Acoust. Soc. Am. 90(5),2718 – 2727(1991)

[9] Trahey,E. ,Zhao,D. ,Miglin,J. A. ,Smith,S. W. :Experimental results with a real – time adaptive ultrasonic imaging system for viewing through distorting media. IEEE Trans. Ultrason. Ferroelectr. Freq. Control 37, 418 – 429(1990)

[10] Porter,R. P. ,Devaney,A. J. :Generalized holography and the inverse source problems. J. Opt. Soc. Am. 72, 327 – 330(1982)

[11] Cassereau, D. , Wu, F. , Fink, M. : Limits of self – focusing using closed time – reversal cavities and mirrors – theory and experiment. In:1990 Proceedings IEEE Ultrasonics Symposium,Hawaii,pp. 1613 – 1618(1990)

[12] Cassereau,D. ,Fink,M. :Time – reversal of ultrasonic fields,Ⅲ. Theory of the closed time – reversal cavity. IEEE Trans. Ultrason. Ferroelectr. Freq. Control 39,579 – 592(1992)

[13] Kino,G. S. :Acoustics Waves,Signal Processing Series. PrenticeHall,Englewood Cliffs,NJ(1987)

[14] Wu,F. ,Thomas J. L. ,Fink,M. :Timereversal of ultrasonic fields – part 11:experimental results. IEEE Trans. Ultrason. Ferroelectr. Freq. Control,567 – 578(1992)

[15] Papoulis,A. :Signal Analysis. McGraw – Hill,New York(1984)

[16] Prada,C. ,Wu,F. ,Fink,M. :The iterative time reversal mirror:a solution to selffocusing in pulse – echo mode. J. Acoust. Soc. Am. 90,1119 – 1129(1991)

[17] Prada, C. : Retournement temporal des ondes ultrasonores. These de doctorat de I' Universite Paris VII (1991)

[18] Lerosey, G., et al.: Focusing beyond the diffraction limit with far field time reversal. Science 315, 1120 – 1122(2007)
[19] Smith, D. R.: Composite medium with simultaneously negative permeability and permittivity. Phys. Rev. Lett. 84, 4184 – 4187(2000)
[20] Lemoult, F., Fink, M., Lerosey, G.: Acoustic resonators for far field control of sound on a subwavelength scale. Phys. Rev. Lett. 107, 064301(2011)

第10章 水下声隐身

本章摘要:声隐身是曲线时空中声波传播的首个实例,以往的研究主要集中于借助曲线坐标来描述静态物体的几何结构,并且大多针对的是空气中的物体隐身问题。水下物体的隐身是在此基础上的进一步延伸,并且更为复杂些。本章将针对这一问题阐明水下声波传播理论,并指出 Westervelt 方程的形式不变性,事实上正是这一不变性才使得我们能够令声波绕过水下物体传播,从而实现其隐身目的。在本章的最后,还将介绍这一技术在反声呐工作中的应用。

10.1 声 隐 身

声隐身主要建立在声场方程的形式不变性或者说声场的对称性基础之上,这意味着声场方程在经过坐标变换之后其形式是不变的。借助声隐身技术可以调控三维空间中的声波传播方向,使得特定物体(隐身对象)不会被检测到。水下物体的隐身与空气中物体的隐身在相关参数上是存在一些不同之处的,本书第 2 章中已经针对后者进行了论述,这里进一步将其拓展到水下环境中。需要注意的是,水下隐身对于光波来说是不可行的,不过对于声波却是可能的。

刻画水下声波传播的方程与空气介质中的声波方程是不同的,不过前者也具有同样的形式不变性特征。为了阐明这一点,首先介绍一下水下声传播的相关理论内容。

10.2 传 播 理 论

水下声传播过程从数学上可以通过关于声压 P 的齐次波动方程来描述,即

$$\frac{\partial^2 P}{\partial t^2} = c^2 \left(\frac{\partial^2 P}{\partial x^2} + \frac{\partial^2 P}{\partial y^2} + \frac{\partial^2 P}{\partial z^2} \right) \tag{10.1}$$

式中:c 为水中声速。借助这一方程可以针对特定的边界条件与介质情况进行研究。

对于式(10.1),一般有两种理论求解方法,一种是波动理论分析方法,另一种是射线追踪或几何分析方法。在前者中,该方程的解可以表示为一系列特征函数的组合形式,这些函数也称为标准模式,它们都是方程的解。这一方法考虑了水中声波传播的本性,如衍射和多重散射现象等,分析中只需将这些标准模式组合起来使之满足问题的边界条件与波源条件即可。波动理论分析方法能够给出形式上的完整解,不过只有在非常少的情况下才能得到解析形式的解,而在大多数边界条件下只能得到数值解,这些数值解往往是难以深入理解的,很难从中透彻地认识时间和空间域内能量的分布情况。一般来说,这种方法特别适用于浅水区域内的声波传播问题研究,对于所有范围内的频率都是可行的,不过实际中大多针对低频情况(模式数量较少)。此外,在这一方法中,很容易引入波源函数,不过却不大容易处理一些真实的边界条件。

射线追踪理论也称为射线声学或几何声学理论,与几何光学类似,它不处理衍射问题。这一方法具有以下特点:①利用射线来描述声波的传播路径,这些射线很容易得到,声场分布也很容易观察;②声波解的相位函数或时间函数沿着波前是不变的,很容易引入真实的边界条件,如倾斜坡面。这一方法与波源是无关的,类似于几何光学的分析,它能够以射线图的形式展现出水下声传播场景。这些射线一般可以借助 Snell 定律轻松地导出,这一工作通常需要采用射线追踪计算机程序来完成。应当指出的是,当射线曲率半径或者声压幅值在一个波长范围内存在着剧烈变化时,这种射线理论分析方法是不能给出精确解的。因此,在实际问题中该方法也就只限于分析高频或短波情况,也即射线曲率半径大于声波波长或者声速在一个波长内不变的情况。另外,不能借助这一方法来预测浅水区域内的声波强度。关于水下声传播理论的更多内容,读者可以参阅 Brekhovskikh 的重要著作[1],该书的论述主要建立在将海洋或声波传播介质描述为分层介质这一基础之上,参见图 10.1。

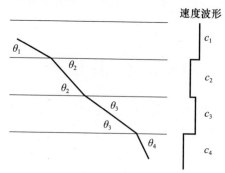

图 10.1　分层介质中的折射行为

声波射线理论与光波射线理论相似,也利用了 Snell 定律,该定律主要描述了声射线在介质分界面处的折射行为,它指出在由多层不同材料组成的介质中(参见图 10.1),声射线在各个层分界面处的入射余角(θ_1、θ_2、…)与介质层中的声速(c_1, c_2, …)之间具有以下关系,即

$$\frac{\cos\theta_1}{c_1} = \frac{\cos\theta_2}{c_2} = \frac{\cos\theta_3}{c_3} = \cdots = 常数(对于给定一条射线) \quad (10.2)$$

当 $\theta = 0^0$ 时,式(10.2)的射线常数将变成对应介质层中声速的倒数。式(10.2)是大多数模拟和数字计算机进行射线计算的基础,因为它能够有效地追踪特定射线在一系列介质层中的传播路径。在分层介质中(每层的声速均为不同的常数),这些射线表现为一系列互相连接起来的直线段,它们都是由 Snell 定律所决定的。

10.3 海洋表面产生的反射和散射

对于声波来说,海洋表面既会产生反射作用也会产生散射作用,它对于海洋中的声波传播有着显著的影响,特别是在接收装置处于较浅深度时。如果海洋表面是理想平滑的,那么它几乎只会产生反射作用,此时反射声波的强度非常接近于入射声波,由于反射损失可以表示为 $10\lg(I_r/I_i)$,其中 I_r 和 I_i 分别为反射声强与入射声强,因而此时该值将接近于 0dB。实际中,海洋表面不可能是平滑的,因而反射损失也就不会为零。

人们一般采用瑞利参数 R 来表征海洋表面的平滑度,该参数的定义为 $R = kH\sin\theta$,其中的 $k = 2\pi/\lambda$ 为波数,H 为均方根"波高"(波峰至波谷),而 θ 代表了入射余角。当 $R \ll 1$ 时,表面主要起到反射作用,反射角等于入射角;当 $R \gg 1$ 时,表面主要起到散射作用,此时会将入射声能往各个方向以非相干的方式散射出去。此外,一般还可以定义一个不规则表面的幅值反射系数 μ,它代表的是反射波幅值(或返回的相干波幅值)与入射波幅值之比,在特定的理论假设前提下,这个系数满足 $\mu = e^{-R}$ 关系。

10.4 海底的反射和散射

与海洋表面类似,海底也可以形成反射和散射效应,但更为复杂,这主要是因为海底的声学特性是复杂多变的,它所包含的组分覆盖了从坚硬的岩石到柔软的泥土整个范围,不仅如此,海底介质往往还是分层的,其密度和声速随着深度的改变会逐渐地或剧烈地变化。正是由于上述原因,海底产生的反射损失一

般是不易分析和预测的。

10.5 海底的反射损失

在两种流体介质的分界面(平面)处,声波以一定角度入射时会产生反射损失,针对这一问题,瑞利[2]已经做过研究,结果表明:如果平面波以入射余角 θ 入射到密度分别为 ρ_1 和 ρ_2、声速分别为 c_1 和 c_2 的两种流体介质的分界面上,如图 10.2 所示,那么(根据瑞利公式)可以得到反射声强 I_r 与入射声强 I_i 的关系,即

$$\frac{I_r}{I_i} = \left[\frac{m\sin\theta_1 - n\sin\theta_2}{m\sin\theta_1 + n\sin\theta_2}\right]^2 = \left[\frac{m\sin\theta_1 - (n^2 - \cos^2\theta_1)^{1/2}}{m\sin\theta_1 + (n^2 - \cos^2\theta_1)^{1/2}}\right]^2 \quad (10.3)$$

式中已经采用了 Brekhovskikh[1] 给出的参数定义,即 $m = \rho_1/\rho_2, n = c_1/c_2$。

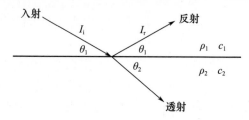

图 10.2 两种流体介质分界面处的反射和透射波束

图 10.3 修改自 Brekhovskikh 的文献[1],其中示出了反射损失与入射余角之间的关系,针对的是 4 种不同的 m 和 n 值。最常见的自然海底状态可能要属图 10.3(c)的情况了,从中可以发现存在着一个临界角 θ_0,当入射余角小于这一临界值时将会出现全反射(无损失)。在很多软泥土型海底情况中,海底介质中的声速是低于水中声速的,因而可能存在全透射角 θ_B,如图 10.3(a)所示。

下面再来讨论声吸收行为。所有海底介质在一定程度上都是能够吸收声波的,吸收效应可以弱化反射损失随入射角的变化,从而使得临界角 θ_0 处和全透射角 θ_B 处出现的突变变得更为模糊甚至消失,图 10.3(c)中的虚线就反映了这一吸收效应的影响。

人们已经针对沉积物中的声衰减进行过实验测试[3],研究表明在海洋沉积物中压缩波的衰减系数与频率之间的关系可以表示为

$$\alpha = kf^n \quad (10.4)$$

式中:α 的单位为 dB/m;f 为频率(kHz);k 和 n 为经验常数。

如果将大多数简单的海底模型视为具有吸收性的均匀流体介质,且分界面为平面,那么决定反射损失的 3 个海底参数将为介质的密度、声速和衰减系数。

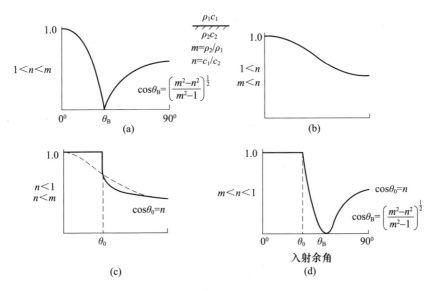

图 10.3　针对由平直分界面分隔开的无损耗介质 4 种声速和密度组合情况下反射波与入射波的强度比

((c)中的虚曲线对应于考虑介质吸收效应的情况)(源自于 Brekhovskikh[1]，图 10.7)

如果海底是一种沉积物，那么这些参量将由该沉积物的孔隙率决定。不过在实际问题中，对于上述这类简单模型来说往往还存在着大量复杂的影响因素，首要的就是海底流并不是一个理想的平面，因而反射的同时也会出现散射，特别是在非常粗糙的区域。例如，在亚特兰蒂斯中脊区域，从海底返回的声波往往是由散射行为主导的。因此，一部分声能会被海底向各个方向散射出去，而在镜面反射方向上返回的声波"波束模式"将不会表现出明显的峰或瓣。

10.6　Westervelt 方程

在水下声学问题的研究中，人们经常采用 Westervelt 方程，即

$$\nabla^2 p - \frac{1}{c_0^2}\frac{\partial^2}{\partial t^2}p + \frac{\delta}{c_0^4}\frac{\partial^3}{\partial t^3}p = -\frac{\beta}{\rho_0 c_0^4}\frac{\partial^2}{\partial t^2}p^2 \qquad (10.5)$$

式中：p 为声压；c_0 为小幅值声波波速；δ 为声扩散率。如果令 μ 为剪切黏度，μ_B 为体积黏度，γ 为热导率，c_v 和 c_p 分别为常体积和常声压条件下的比热容，那么声扩散率可以表示为

$$\delta = \frac{1}{\rho_0}\left(\frac{4}{3}\mu + \mu_B\right) + \frac{\gamma}{\rho_0}\left(\frac{1}{c_v} - \frac{1}{c_p}\right) \qquad (10.6)$$

令人感兴趣的是,上述 Westervelt 方程也是具有形式不变性的,或者说如果将 μ、μ_B 和 ρ 替换为对应的负值,那么该方程的形式仍然保持不变。这表明,对于该方程来说是可以利用坐标变换进行处理的。

为了考察水下隐身和空气中隐身的不同,需要理解这两种背景介质的特性差异。当在空气中进行隐身分析时,作为散射体使用的大多数材料都要比空气具有大得多的质量密度,这是一个明显的优势,因此可以获得非常强的质量密度各向异性。例如,人们已经制备了一个壳结构,在其内环处可以表现出非常大的等效密度。尽管如此,这一点也会使得我们很难制备出比空气更轻更易压缩的声学超材料。与此不同的是,水介质的密度和压缩性都要大得多,虽然在水中难以得到很高的等效质量密度和等效刚度,但是却可以获得质量密度低于水介质密度的超材料结构,如现有文献中就曾借助封闭壳结构(由金属泡沫制成,且填充有气体介质)实现了这一目的。

针对 Westervelt 方程,可以按照以下过程进行坐标变换,这里主要根据的是 Cummer 等[4]所给出的分析思路。流体介质中的线性声场方程可以表示为

$$\nabla p = i\omega \rho(\boldsymbol{r}) \rho_0 \boldsymbol{v} \tag{10.7}$$

$$i\omega p = \kappa(\boldsymbol{r}) \kappa_0 \nabla \cdot \boldsymbol{v} \tag{10.8}$$

式中:$\rho(\boldsymbol{r})$ 和 $\kappa(\boldsymbol{r})$ 分别为介质的归一化密度和体积模量,它们都是具有坐标变换不变性的。下面在非正交坐标系中考察 $\boldsymbol{v}$,并阐明应当如何对其进行变换,这个非正交坐标系的坐标可记为 q_1、q_2 和 q_3,对应的单位基矢为 $\hat{\boldsymbol{u}}_1$、$\hat{\boldsymbol{u}}_2$ 和 $\hat{\boldsymbol{u}}_3$。按照 Pendry 等[5]的方法,若记 $i = 1、2、3$,那么有

$$Q_i^2 = \left(\frac{\partial x}{\partial q_i}\right)^2 + \left(\frac{\partial y}{\partial q_i}\right)^2 + \left(\frac{\partial z}{\partial q_i}\right)^2 \tag{10.9}$$

$$\hat{\boldsymbol{n}}_1 = \frac{\hat{\boldsymbol{u}}_1 \times \hat{\boldsymbol{u}}_2}{|\hat{\boldsymbol{u}}_1 \times \hat{\boldsymbol{u}}_2|}$$

$$面积 = Q_1 \mathrm{d}q_1 Q_2 \mathrm{d}q_2 |\hat{\boldsymbol{u}}_1 \times \hat{\boldsymbol{u}}_2|$$

针对这个非正交坐标系中的一个无限小体积应用散度定理(参考图 10.4),推导出这一体积域中 $\boldsymbol{v}$ 向外的净通量,并令其等于 $\boldsymbol{v}$ 的散度与该体积的乘积,可以得到

$$(\nabla \cdot \boldsymbol{v}) Q_1 Q_2 Q_3 |\hat{\boldsymbol{u}}_1 \cdot (\hat{\boldsymbol{u}}_2 \times \hat{\boldsymbol{u}}_3)| = \frac{\partial}{\partial q_1}[Q_2 Q_3 \boldsymbol{v} \cdot (\hat{\boldsymbol{u}}_2 \times \hat{\boldsymbol{u}}_3)] +$$

$$\frac{\partial}{\partial q_2}[Q_1 Q_3 \boldsymbol{v} \cdot (\hat{\boldsymbol{u}}_1 \times \hat{\boldsymbol{u}}_3)] + \frac{\partial}{\partial q_3}[Q_1 Q_2 \boldsymbol{v} \cdot (\hat{\boldsymbol{u}}_1 \times \hat{\boldsymbol{u}}_2)] \tag{10.10}$$

进一步,可令 $V_{\mathrm{frac}} = |\hat{\boldsymbol{u}}_1 \cdot (\hat{\boldsymbol{u}}_2 \times \hat{\boldsymbol{u}}_3)|$,它代表的是单位体积元在变换后的坐

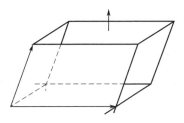

图 10.4 变换后的坐标系中用于定义无限小体积元的平行六面体
（计算矢量向外的净通量时需要用到每个面的面积和单位法矢）（源自于 Cummer 等[4]）

标系中的体积,此外再引入上标(下标)来表示逆变(协变)矢量分量,例如

$$\boldsymbol{v} \cdot (\hat{\boldsymbol{u}}_2 \times \hat{\boldsymbol{u}}_3) = v^1 \hat{\boldsymbol{u}}_1 \times (\hat{\boldsymbol{u}}_2 \times \hat{\boldsymbol{u}}_3) \tag{10.11}$$

那么式(10.10)就可以改写为

$$(\nabla \cdot \boldsymbol{v}) Q_1 Q_2 Q_3 V_{\text{frac}} = \frac{\partial}{\partial q_1}(Q_2 Q_3 V_{\text{frac}} v^1) + \frac{\partial}{\partial q_2}(Q_1 Q_3 V_{\text{frac}} v^2) + \frac{\partial}{\partial q_3}(Q_1 Q_2 V_{\text{frac}} v^3) \tag{10.12}$$

只需注意到在变换后的坐标系中,散度的定义式为 $\nabla_q \cdot \boldsymbol{v} = \frac{\partial v^1}{\partial q_1} + \frac{\partial v^2}{\partial q_2} + \frac{\partial v^3}{\partial q_3}$,于是就得到

$$\nabla_q \cdot (V_{\text{frac}} \overline{\overline{\boldsymbol{Q}_{\text{per}}}} [v^1 v^2 v^3]^{\text{T}}) = \nabla_q \cdot \boldsymbol{v} \tag{10.13}$$

其中,

$$\overline{\overline{\boldsymbol{Q}_{\text{per}}}} = \begin{bmatrix} Q_2 Q_3 & 0 & 0 \\ 0 & Q_1 Q_3 & 0 \\ 0 & 0 & Q_1 Q_2 \end{bmatrix} \tag{10.14}$$

由此可见,变换后的速度矢量为

$$\tilde{\boldsymbol{v}} = V_{\text{frac}} \overline{\overline{\boldsymbol{Q}_{\text{per}}}} [v^1 v^2 v^3]^{\text{T}} \tag{10.15}$$

通过前面的讨论,阐明了在转换声学中速度矢量应当是如何进行变换处理的。需要注意的是,$[v^1 v^2 v^3]^{\text{T}}$ 的元素是 $\boldsymbol{v}$ 在非正交坐标系中的逆变分量,而 $\boldsymbol{v}$ 的元素则是在原来的正交坐标系中的分量(参见图 10.5)。

如果将式(10.8)($\lambda(\boldsymbol{r}) = 1$)乘以 $Q_1 Q_2 Q_3 V_{\text{frac}}$,然后利用式(10.14),就可以得到变换后坐标系下的方程了,即

$$i\omega p = \kappa(\boldsymbol{q}) \kappa \nabla_q \cdot \boldsymbol{v} \tag{10.16}$$

其中,

$$\kappa(\boldsymbol{q}) = (Q_1 Q_2 Q_3 V_{\text{frac}})^{-1} \tag{10.17}$$

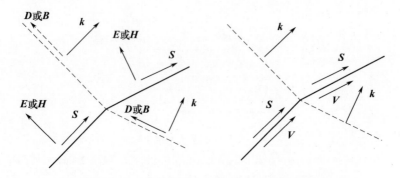

图 10.5 电磁学(左图)和声学(右图)中的矢量变换
(白色箭头指出了矢量的哪个分量被坐标变换所压缩)(源自 Cummer 等[4])

显然,这说明只要将体积模量根据式(10.17)、速度矢量根据式(10.16)进行修正或转换,那么式(10.8)确实是具有坐标变换不变性的。更一般地说,这也揭示了矢量应当如何进行转换才能保持梯度算子的形式不变。

Cummer 等[4]已经基于梯度定理对式(10.7)(进而梯度算子)在坐标变换下的变化做了推导,通过将 ∇p 沿着一个较短的长度(在 q_1 坐标方向上)进行积分,得到

$$\nabla p \cdot Q_1 \hat{u}_1 = \frac{\partial p}{\partial q_1} = (\nabla_q p)^1 \tag{10.18}$$

式(10.18)中,左侧项包含了经缩放的 ∇p 的协变分量,在将其与 $\nabla_q p$(即变换后坐标中的梯度)的对应分量进行平衡时,必须先使其转换成协变分量。进一步,这些研究者导出了以下关系式,即

$$\nabla_q p = \bar{\bar{Q}}_{\text{par}} \bar{\bar{h}}^{-1} (\nabla p) \tag{10.19}$$

式中:$\bar{\bar{Q}}_{\text{par}}$ 为对角型张量,其中包含平行于矢量分量方向的坐标缩放因子,即

$$\bar{\bar{Q}}_{\text{par}} = \begin{bmatrix} Q_1 & 0 & 0 \\ 0 & Q_2 & 0 \\ 0 & 0 & Q_3 \end{bmatrix} \tag{10.20}$$

且有

$$\bar{\bar{h}}^{-1} = \begin{bmatrix} \hat{u}_1 \cdot \hat{u}_1 & \hat{u}_1 \cdot \hat{u}_2 & \hat{u}_1 \cdot \hat{u}_3 \\ \hat{u}_2 \cdot \hat{u}_1 & \hat{u}_2 \cdot \hat{u}_2 & \hat{u}_2 \cdot \hat{u}_3 \\ \hat{u}_3 \cdot \hat{u}_1 & \hat{u}_3 \cdot \hat{u}_2 & \hat{u}_3 \cdot \hat{u}_3 \end{bmatrix} \tag{10.21}$$

可以注意到此处的 $\bar{\bar{h}}^{-1}$ 与 Pendry 等[5]所定义的 $\bar{\bar{g}}^{-1}$ 是相同的。他们将该张量重新进行了命名,主要是因为在后续过程中还将使用 $\bar{\bar{g}}$ 来表示度量张量(与此处的 $\bar{\bar{h}}$ 并不相同)。

最后,将式(10.7)(令 $\rho(r)=1$)乘以 $\bar{\bar{Q}}_{\text{par}}$,于是可以得到

$$\nabla_q p = \mathrm{i}\omega\, \bar{\bar{Q}}_{\text{par}}\, \bar{\bar{h}}^{-1} \rho_0 v = \mathrm{i}\omega\, \bar{\bar{Q}}_{\text{par}}\, \bar{\bar{h}}^{-1}\, \bar{\bar{Q}}_{\text{par}}^{-1} V_{\text{frac}}^{-1} \rho_0 v \tag{10.22}$$

由此就获得了变换后的坐标式(10.7)的等效表达式,即

$$\nabla_q p = \mathrm{i}\omega\, \bar{\bar{\rho}}\, \rho_0 v \tag{10.23}$$

其中,

$$\bar{\bar{\rho}} = \bar{\bar{Q}}_{\text{par}}\, \bar{\bar{h}}^{-1}\, \bar{\bar{Q}}_{\text{par}}^{-1} V_{\text{frac}}^{-1} \tag{10.24}$$

方程式(10.16)和式(10.23)表明,当采用了式(10.17)和式(10.24)对材料参数进行修正之后,声学方程将具有坐标变换不变性。

上述研究人员进一步研究指出,这些结果与 Chen 和 Chan[7]的结果是等价的,后者是通过电导率方程[8]直接从电磁学领域类比而来的,同时也与 Greenleaf 等[9]针对一般的亥姆霍兹方程所导出的结果等价。因此,现有电磁学领域中已经设计出的隐身壳和集中器等装置也可以在声学领域中类似地加以实现,只要能够实际制备出由式(10.17)和式(10.24)所给出的体积模量和各向异性的等效质量密度张量即可。无需进行类比,式(10.14)中已经明确表明声速矢量应当如何进行坐标变换,其变换方式是不同于电磁学领域中 E 和 H 场的变换的。不过,标量压力在坐标变换中是不变的,只是发生了简单的变形而已,类似于相位波前和功率流线的情形。

10.7　水下声隐身实例

10.7.1　水下声隐身原理

从前面几节可以看出,水下声传播与空气中的传播具有不同的机制,因而水下声隐身问题的研究也有所不同。人们已经提出了一种不同于空气中的水下声隐身方法[6],它建立在声传输线方法基础之上,是通过对电路单元与集中参数式声学单元的类比进行的。通过类比,流体介质的运动可以与电路中的电流进行等效处理。利用传输线方法具有一些明显的优点,如几何结构简单、尺度可缩放、容易制备、损耗低、宽带(借助非共振组分),而且还可以拓展到很多其他声学装置(基于变换的)的研究中。

这种水下声隐身方法所给出的隐身斗篷的基本几何形式是圆柱形,其上带

有亚波长孔腔阵列以及精心设计而成的连接通道等几何要素。人们已经设计了一个二维的声学超材料斗篷,通过坐标变换将 $0 < r < R_2$ 这一圆柱区域压缩为一个环形区域,即 $R_1 < r' < R_2$(r 和 r' 分别代表的是原坐标系和变换后的坐标系的径向坐标),声波在该斗篷内可以发生平滑的弯曲,不会对外部声场产生扰动。这一分布式声学系统可以借助二维电报方程来描述,其空间的变形与环形区域中的分流电容与串联电感的分布是一致的,即

$$L_r = \rho_w \frac{\Delta r}{2S_r} \tag{10.25}$$

$$L_\Phi = \rho_w r \frac{\Delta \Phi}{2S_\Phi} \left(\frac{r - R_1}{r}\right)^2 \tag{10.26}$$

$$C = 2\Delta r S_\Phi \beta_w \left(\frac{R_2}{R_2 - R_1}\right)^2 \tag{10.27}$$

10.7.2 水下声隐身斗篷的几何结构

研究人员通过类比传输线的集中参数元件与声学方程的参数,采用各向异性声学传输线网络构造了相应的水下声隐身斗篷结构。该结构包含了 16 个均匀的同心圆柱环,最内侧靠近斗篷内衬层的圆柱环(第一层)在周向上是由 32 个单元构成的,从第 2 层开始直到第 15 层,周向上的单元数量为 64,而第 16 层为 128 个单元。从第 1 层到第 4 层,径向上的间距分别为 $\lambda/7$、$\lambda/8$ 和 $\lambda/9$,λ 为水中的声波波长。从第 5 层直到最外侧的第 16 层,各层之间的径向间距都是均匀的,均为 $\lambda/10$。此外,对于第 1 层周向上的 32 个单元,每个单元的尺寸都是小于 $\lambda/10$ 的。

10.7.3 实验过程

在实验开始前,需要将整个超材料结构放置在水中[6],在水下超声波入射时该结构的行为类似于一个各向异性集中参数式传输线。声学集中参数与传输线元件之间的等效情况如下,声容 $C = V/\rho_w C_w^2$ 等效于结构中心的大体积空腔,串联电感 $L_r = \rho_w l_r/S_r$ 和 $L_\Phi = \rho_w l_\Phi/S_\Phi$[10-14] 等效于 4 个相邻空腔之间的连接通道。通过设计组成单元的几何结构(参见图 10.2(c)),并根据上述关系确定空间变化形式,即可实现这一传输线斗篷。它能够使得水下声波的传播路径发生改变,使之围绕被隐身的物体弯曲传播,而不会产生显著的散射效应。

在实验中,研究人员选择了铝材料制备该斗篷,这种材料的声阻抗是水的 11 倍。从铝材料的弹性特性可以推断出,在低频段大多数的声能将会被限制在流体介质中[13],而超声波传播时这一材料会带来较大的能量损耗[14]。

这一实验的主要目的是用于证实水下声斗篷的功能。实验时将一个待隐身的物体放置在水池中,然后针对有、无斗篷这两种情形分别测试超声波产生的声压场(图10.6)。所选择的物体是一个钢柱,其半径等于斗篷的内半径。超材料结构是在斗篷侧面上制备而成的,该侧面面向水池底面放置,而钢柱则由这个斗篷包围起来。为了产生超声波,实验中采用了一个球面换能器作为点声源。在测试二维平面内的声压场分布时,研究人员将水听器安装在线性运动平台上,从而可以以较小的增量来移动水听器,并同时记录下声脉冲信号。如图10.8(a)所示,其中给出了实验结果,由此不难观察到隐身现象。当未放置斗篷而仅有钢柱时,在60kHz处会发生较强的散射,因而存在着显著的阴影区。当放置斗篷之后,斗篷和钢柱一起变得不再可见,这是因为声波的轨迹在斗篷后方恢复了原有状态,而柱面波前只产生了极小的扭曲现象。此外,从斗篷后方(声波传出一侧)还可以看出声场只出现了非常小的衰减,这也表明这一超材料斗篷(图10.7)具有很小的损耗。

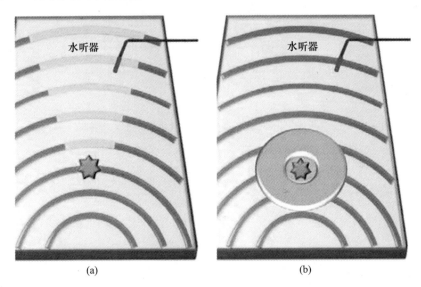

图10.6 实验设置原理图(实验中采用了宽度为20个周期的单色脉冲信号驱动换能器,作为水池中的水下点声源,另外采用针式水听器来检测超声信号)(源自于Zhang等[6])
(a)仅存在待隐身物体;(b)将待隐身物体用斗篷包围住。

图10.8(b)(c)(e)和(f)给出了有、无斗篷两种情况下,52kHz与64kHz处的声场分布,这些结果进一步验证了该斗篷的宽带工作性能,其主要原因在于该超材料斗篷的单胞是非共振型的。这些结果是Zhang等[6]给出的,他们在40~80kHz范围内进行了考察。在40kHz以下频段,半径为13.5mm的物体所产生

233

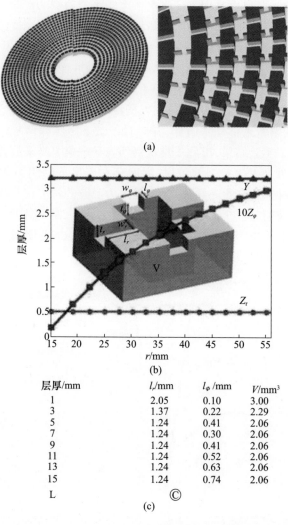

图10.7 用于水下超声波隐身的二维声学斗篷(源自于Zhang等[6])(见彩图)
(a)由声学传输线(即串联电感和分流电容)综合而成的圆柱声斗篷构型并给出了局部放大(大体积空腔起到分流电容的作用,由狭窄通道连接起来的空腔起到串联电感的作用);(b)声学电路的构成单元(每个单元都是由中部的大空腔和连接4个相邻单元的通道构成的,设计中采用了简化参数,串联阻抗 Z、分流导纳 Y 为常值,当半径从 $R_1=13.5$mm 向 $R_2=54.1$mm 变化时,Z_ϕ 随之增大);(c)奇数层中构成单元的几何参数(径向和角向通道的深度与宽度(t_r, w_r, t_ϕ, w_ϕ)均为0.5mm)。

的散射是可以忽略不计的,而在80kHz处则会受到两个方面的影响,一是当单胞尺寸约为 $\lambda/4$ 时,传输线模型将在120kHz附近失效,而实验中采用的是较小的单胞,因而该上限频率也会降低;二是80kHz实际上是一个截止频率,这是由

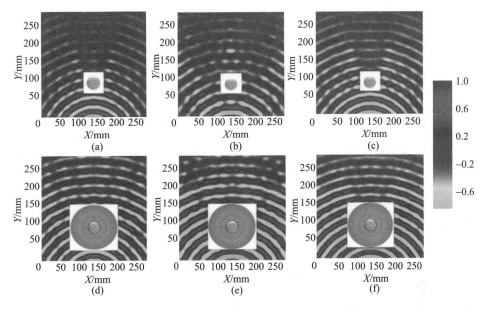

图 10.8 在超声点源入射下测得的声压场(分为纯钢柱和带斗篷的钢柱两种情况,斗篷位于水池中部并包围了钢柱)(源自于 Zhang 等[6])(见彩图)
(a~c)分别给出了纯钢柱情况下 60kHz、52kHz 和 64kHz 处的散射场;(d~f)分别给出了带斗篷的钢柱情况下 60kHz、52kHz 和 64kHz 处的散射场。

电路网络的低通拓扑导致的,一般可以通过修改组成单元的几何结构来解决。

Zhang 等[6]进一步针对这一水下斗篷的性能进行了改进研究,他们针对一系列频率做了测试,沿着波前分析了声压的峰值情况。为了定性考量斗篷的性能,他们引入了物体的平均可见性这一参量,即

$$\overline{Y} = \frac{1}{h}\sum_{j=1}^{n} Y_j \qquad (10.28)$$

式中:$Y_j = (P_{\max,j} - P_{\min,j})/(P_{\max,j} + P_{\min,j})$,$P_{\max,j}$ 和 $P_{\min,j}$ 分别为第 j 个最大值和最小峰值。

针对有无斗篷的情况,图 10.9(a)给出了沿着声波传出一侧的波前测得的峰值声压(60kHz),其中同时也给出了自由空间情形的测试结果,即水池中不存在物体和斗篷的情形。图 10.9(b)将所有波前(位于声波传出一侧)上的平均可见性进行了对比,同时也包括无斗篷情形。不难发现,这个水下斗篷在较宽频率范围内都具有良好的隐身性能,即便是在斗篷外表面上存在阻抗失配时也是如此。对于水池中只有钢柱的情况,平均可见性为 0.62,而当引入斗篷之后,在 60kHz 处平均可见性降低到 0.32,此时的阴影区和散射现象都将出现显著的弱

化。从理论上说,当不存在散射和阴影区时平均可见性应当为零,不过实际中由于存在测量噪声,因而该值在自由空间中仍然表现为一个较小的值(图 10.9(b))。总之,上述结果说明,由集中参数电路元件网络所构成的水下斗篷的传输线模型是可行的,这种声学超材料的单胞是非共振型的,能够在较宽频率范围内工作。

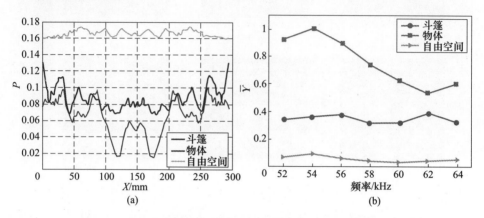

图 10.9 有、无声斗篷情况下钢柱的平均可见性与频率之间的关系
(源自于 Zhang 等[6])(见彩图)

(a)在 60kHz 处沿着波阵面(位于 $y=100$mm 和 $y=170$mm 之间)测得的声压场峰值(绿色线为参考情形(自由空间),即水池中没有任何物体);(b)平均可见性的频率图(圆点和方块分别标出了存在斗篷与不存在斗篷时所得到的实验结果,三角标出的是参考情形的结果)。

10.8 水下声隐身的应用

水下声隐身技术可以用于潜艇的反声呐探测工作,当然,为了实现这一目的,后续还需要做进一步的研究,使得上述水下声斗篷的尺度能够适应实际需要。

参 考 文 献

[1] Brekhovskikh, L. M.: Waves in Layered Media. Academic Press Inc., New York(1960)

[2] Rayleigh, L.: The Theory of Sound, vol. 2. Dover Publications Inc, New York(1945)

[3] Hamilton, E. L.: Compressional wave attenuation in marine sediments. Geophysics 37, 620(1972)

[4] Cummer, S. A., Rahm, M., Schurig, D.: Material parameters and vector scaling in transformation acoustics. New J. Phys. 10, 115025 – 115034(2008)

[5] Pendry, J. B., Schurig, D., Smith, D. R.: Controlling electromagnetic fields. Science 312, 1780(2006)

[6] Zhang, S., Xia, C., Fang, N.: Broadband acoustic cloaking for ultrasound waves. Phys. Rev. Lett. 106, 024301(2011)

[7] Chen, H., Chan, C. T.: Acoustic cloaking in three dimensions using acoustic metamaterials. Appl. Phys. Lett. 91, 183518(2007)

[8] Greenleaf, A., et al.: Anisotropic conductivities that cannot be detected by EIT. Physiol. Meas. 24, 413 – 419 (2003)

[9] Greenleaf, A., Kurylev, Y., Lassas, M., Uhlmann, G.: Comment on "scattering theory derivation of a 3D acoustic cloaking shell". http://aixiv.org/abs/081.39279v1

[10] Stewart, G. W.: Acoustic wave filters. Phys. Rev. 20, 528(1922)

[11] Beranek, L. L.: Acoustics. McGraw – Hill, New York(1954)

[12] Kinsler, L. E.: Fundamentals of Acoustics. Wiley, New York(1982)

[13] Fuller, C. R., Fahy, F. J.: Characteristics of wave propagation and energy distributions in cylindrical elastic shells filled with fluid. J. Sound Vib. 81(4), 501 – 518(1982)

[14] Lamb, H.: Manchester Literary and Philosophical Society – Memoirs and Proceedings, vol. 42, no. 9(1898)

第 11 章 地震超材料

本章摘要：地震超材料是隐身研究的一个应用,目的是保护建筑物或大型物体不受地震波的危害,此类超材料能够使地震波发生弯曲传播,从而远离被保护的物体。显然,它们实际上将声学超材料的功能从纳米尺度拓展到了建筑物这样的宏观尺度。本章将详细阐述这方面的理论,并根据需要指出应进行修正的内容。

11.1 概 述

地壳突然释放出巨大能量会导致地震,其能量将以地震波的形式辐射出去。地震超材料是指这样一种超材料,通过合理设计能够消除地震波对各类人工结构物(位于地表附近)的危害。自 2009 年提出以来,这方面的研究始终处于不断发展中。

每年人们通过地震观测台都能记录到百万次以上的地震现象,地震波的传播速度一般取决于地球介质的密度和弹性,或者说地震波的传播速度在不同介质中也是不同的。地震波一般包含两种主要成分,分别是体波和面波,它们有着不同的传播模式。

相关的研究和计算结果已经表明,在采用地震超材料进行防护后,向建筑物传播过来的地震波能够被重新导向并绕过建筑物,从而使得它们不会受到严重损伤。当地震波与超材料之间发生相互作用时,它们所具有的非常大的波长将会被缩短,并且会绕过建筑物按原有相位继续传播,仿佛没有受到建筑物的干扰那样。借助数学模型的分析,可以得到超材料斗篷所产生的波动模式,这一方法最先在电磁隐身超材料研究中提出,在那里的主要目的是使电磁波绕过某个物体或空腔,而此处则是为了保护建筑物不受地震波的冲击,二者的基本原理是相同的。

人们已经设计了一种巨大的由聚合物材料制成的开口环共振子(与其他超材料组合使用),使得它们能够在地震波的波长尺度上产生耦合行为。这些材料是以同心层形式堆叠起来的,每层之间由弹性介质分隔开,所进行的分析中采用了 6 种不同的材料,设计了 10 个这样的同心层,并放置在建筑物的基础部位,目前这一研究仍处在设计阶段。

11.2 基于电磁隐身原理的地震超材料

为了以地震超材料来保护地面建筑物,人们已经提出并构造了一种柱状分层超材料结构,其中的超材料区域是由弹性板分隔开来的。这一思路与电磁领域中的已有研究是类似的,事实上,电磁领域中的仿真研究已经表明,借助同心形式的由不同介质交替布置构造而成的电磁超材料结构,是可以实现针对电磁辐射隐身的,这一思想与另一隐身思路,即基于开口环共振子结构的各向异性超材料[1]是完全不同的。

上述构型可以视为一种由"均匀各向同性介电材料 A"与"均匀各向同性介电材料 B"交替布置而成的层状结构。每种介电材料层的宽度都要比辐射波长小得多,从总体上来看,这种结构物将表现出各向异性介质的特性。研究人员利用这种分层介电材料将一根"无限长导电圆柱"包围起来,计算了电磁波散射情况,并将这种分层(超材料)结构与基于开口环共振子的各向异性超材料进行了对比,证实了这种分层超材料结构的有效性[1]。

11.3 基于声学隐身原理的地震超材料

地震超材料理论源自于电磁学领域中基于坐标转换实现的电磁波隐身研究(针对小圆柱体),以及后来的声隐身研究,不过在后者中也可以不采用坐标变换方法来设计和制备人工声学材料[2]。

电磁超材料中的一些概念是可以拓展到其他物理场中的,它们具有非常强的相似性。实际上,波矢、波阻抗以及功率流方向等概念都是统一的,只需认识和理解介电常数和磁导率参数是如何控制电磁波问题中的上述这些物理参量的,就能针对其他材料类型中的相互作用做恰当的类比分析[3]。

应当注意的是,在大多数情况下,对于人工弹性介质来说,坐标变换方法是不可行的,不过至少在一种特殊情形下电磁学和弹性动力学却是可以直接进行等效处理的,而且这种情形在实际场合中也是非常有用的。事实上,在二维情形中各向同性声学介质与各向同性电磁介质是可以精确等效的,并且在这种情况下,各向异性介质也会体现出各向同性的特征[3]。

相关研究已经指出,如果在二维情形中只限于考察法向入射,那么声学介质是可以进行坐标变换分析的[3]。人们已经从数学上证明了二维麦克斯韦方程在法向入射情况下是等价于二维声学方程的,只需将电磁参数换成对应的声学参数即可,一般包括声压、声速矢量、流体介质的质量密度和体积模量。当流体介质的运动平行于波矢时,电磁隐身问题中所采用的压缩波解就可以转换为流体介质中对应的解。

在上述这一情形中,可以将电磁隐身壳作为参考,并等效转换到声隐身壳的仿真研究中,从而实现入射声波围绕壳的中心发生弯曲传播这一效果。此时的体积模量和质量密度将决定该声隐身壳的空间尺寸。在仿真分析中,如果设定的是理想条件(这样便于验证工作原理),那么可以发现任何方向上的散射场都将为零。

11.4　利用地震超材料斗篷减小地震危害

采用地震超材料隐身斗篷可以保护一些脆弱的建筑物不受地震的损伤,当然,这一理念也同样可以用于保护一些敏感性建筑设施,如核电厂等。法国 Guenneau 领导的研究团队[1]已经针对这样的地震斗篷设计了初步的原型,并进行了实验测试(参见图 11.1)。

图 11.1　地震斗篷的测试(源自于 Stephane Brule 的工作)(见彩图)

在传统的地震工程领域,地震防护主要是通过在建筑物受到地震波的冲击时对能量进行耗散和衰减这一方式来实现的,而在 Sebastien Guenneau 及其合作者们[1]提出了地震超材料这一概念之后,就可以据此来改变建筑物周围地面的结构形式,从而使得地震波不会对其产生破坏作用,所构造的这类结构形式也就是所谓的地震斗篷。上面这些研究人员已经针对这样的地震斗篷做了初步的有效性测试工作。事实上,这种斗篷也是声学超材料的一个应用案例,当然,它也应当属于电磁超材料的进一步延伸。这里附带指出的是,超材料概念最早是由 Victor Veselago 于 1968 年提出的,2000 年美国 Duke 大学的 David Smith 从实验层面上构造出了电磁超材料,随后 John Pendry 等提出了坐标变换方法(类似于变换光学方法),该方法也是超材料斗篷研究的数学基础。

将爱因斯坦的广义相对论中的坐标变换原理引入电磁波领域,能够实现某个物体的隐身效应,即可以使得入射的电磁波发生传播弯曲从而绕过该物体。Guenneau 等[1]进一步将变换光学方法引入地震学领域中,考察了地震波的传播和散射问题。

本章主要关注的是声波或地震波。在地壳变形的过程中,储存的能量会释放出来,它们将构成声波或地震波传播中的动能和弹性能。这一传播过程可以与电磁波进行类比,其中土壤的质量密度类似于介电常数,而弹性模量则类似于磁导率,由此可以建立类似变换光学的变换地震学。

基于变换地震学这一理论,要想构造出能够针对所有类型地震波的实际地震斗篷,一般是极为困难的,因为必须同时对土壤的质量密度与弹性模量进行调控。不仅如此,为了满足此类斗篷所需具备的各向异性要求,其弹性模量在不同方向上往往还必须是不同的。实际上,电磁斗篷也有类似的要求,正因如此,人们往往不去设计三维斗篷,而主要考虑的是二维情形。在地震斗篷问题中也是如此,地震的防护主要针对的是在地表传播的二维地震波。

Stéphane Brûlé 等已经针对上述假想进行了实验研究,测试了地震斗篷的有效性。他们在一块沉积盆地的表面下方埋入了一个振源,其频率为地震表面波的上限频率 50Hz,同时在距离振源若干米处布置了一些传感器,用于测量地面振动的速度,测试结果表明振动是剧烈的。随后,他们在预先设定的位置处钻了 5m 深的孔阵列,用于改变土壤的弹性模量和质量密度(根据计算结果来设定孔的位置)。在此之后,将传感器放置在孔阵列的另一侧区域进行测量,得到的结果表明振幅不到原来的 20%。显然,这一实验结果证实了这类地震斗篷能够通过改变土壤的弹性模量和质量密度来隔离掉相当多的地震波能量。

需要注意的是,地震斗篷需要使地震波绕过被保护区域,而现有的斗篷设计却不能完全实现这一目的,有一部分地震波会被反射回去,因此下一步工作应当致力于构造一种功能更为全面的斗篷结构,使得地震波的传播能够受到更好的控制,避免因为反射而影响到邻近的建筑物。

11.5 地震超材料斗篷的研究实例

近15年以来,隐身技术已经成为一个热点研究领域,并取得了显著的进展。这种针对入射波将物体隐藏起来的能力具有非常多的实际应用,其中之一就是保护建筑物不受地震波的损伤。在该场合中,一般是在建筑物基础的外围地面处设置地震斗篷,使得地震波能够绕过这些结构物传播,目前已有多个研究团队对此进行了研究。

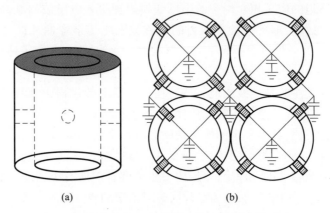

图11.2 地震斗篷(源自于Kim和Das[4])
(a)带有4个侧孔的超材料圆柱(圆柱尺寸小于表面波波长);
(b)4个超材料圆柱的组合形式及其电学类比。

韩国Mokpo N Maritime大学的Sang-Hoon Kim与澳大利亚国立大学进行了合作研究,他们指出可以借助超材料来对地震波能量进行耗散,也即将行波转换成凋落波,后者随传播距离呈指数衰减。这些研究人员通过分析和计算超材料特性设计了一种特殊的地震斗篷,它是由周期排列的混凝土圆柱壳(单胞)构成的,圆柱壳的直径为18m,且侧面带有4个垂向孔,参见图11.2。将这些圆柱壳放置在建筑物周围(地表下),距离约60m,就能够吸收一定波长范围内的地震波能量。应当注意的是,这种地震斗篷结构较大,一般只宜布置在建筑物的周围,这对于邻近建筑物显然是不利的。尽管代价较高,不过这一思路并不是完全不可行的,对于某些重要建筑物来说可以作为可行方案,如核反应堆、大坝、电厂、机场及炼油厂等。

在耗散地震波能量问题中,还有一点需要特别注意,必须要有充分的证据来证明上述地震斗篷能够应对巨大的能量,尤其是在大地震情况下更是如此。

11.6 超材料制成的地震波导

Kim 和 Das[4]所进行的研究工作,主要是利用声学超材料概念提出了一种全新的抗震设计方法,从而为传统抗震设计提供了新的思路。他们给出的方法十分简单且实用,能够使地震波幅值发生指数衰减。事实上,这些研究人员所构造的圆柱壳状波导会生成针对地震波的带隙,能够在该频带内将地震波转换成凋落波,因而地震波不会到达待保护的建筑物。

11.6.1 地震波导论

地震会产生地震波,它们一般是低频大幅值的,会对各类设施带来巨大的危害,如大坝、桥梁和电厂等。正因如此,抗震性能与公共安全是高度关联的。大量研究人员一直都在进行这方面的分析和设计工作,人们已经提出了多种工程抗震方法,但都不够完善。

地震波是一种非均匀的声波,包含多种波长成分,一般可以分为两类,分别是体波和面波。体波包括 P 波和 S 波,面波则包括 R 波(瑞利波)和 L 波(勒夫波)。面波的传播速度小于体波,且其幅值随着深度的增加呈指数衰减,传播速度在 1~3km/s 范围内变化[2,5]。面波的波长通常在 100m 数量级,频率为 10~30Hz,这一频带位于听觉频段的下端。在地震发生时,瑞利波比体波衰减得慢些,因而也就会传播得更远,不仅如此,它们的强度也非常高,且通常表现为非线性的声场。总之,面波所带来的危害要更甚于体波。瑞利波一般只能存在于均匀介质的自由边界附近,它们是横波[2,5],并且在地震过程中从地表观测到的主要就是瑞利波。然而,地震也会产生另一类面波,即勒夫波,它们是在弹性层中传播的偏振形式的剪切波。勒夫波同时带有横向和纵向成分,地震中人们感受到的水平运动通常就是由勒夫波导致的。

地震等级可以有多种不同的表示方法,最常用的一种就是里氏震级,它根据的是地震波的幅值,其定义为

$$M = \log\left(\frac{A}{A_0}\right) \tag{11.1}$$

式中:A 为地震波的最大幅值;A_0 为最大参考振幅,数量级为 μm。

地震测试设备给出的一般是转换后的强度幅值,不过地震强度也可以通过地面峰值加速度(PGA)来评价。

在地震超材料思想出现以后,抗震设计有了更新的技术手段。需要指出的

是,在针对某个建筑物采用地震斗篷进行防护之后,绕过该斗篷传播的地震波仍然会对其他建筑产生破坏作用。声学超材料方面的近期研究工作为解决这一问题提供了一种新方法,可以更好地调控地震波。Sang-Hoon Kim 等[4]将带有负模量的超材料引入这一问题中,利用禁带中波速为虚数这一特点成功地将地震波转化成了凋落波,显然这一工作主要针对的是减小地震波的幅值(借助地震超材料)。

11.6.2 负模量

介质的弹性通常是以弹性模量形式表征的,其中的杨氏模量 Y 定义为

$$Y = \frac{\Delta P l}{\Delta l} \tag{11.2}$$

式中:ΔP 为应力;l 为长度。

剪切模量 G 定义为

$$G = \frac{\Delta P \cdot h}{\Delta x} \tag{11.3}$$

式中:Δx 为水平位移;h 为高度。

体积模量 κ 定义为

$$\kappa = -\frac{\Delta P \cdot V}{\Delta V} \tag{11.4}$$

地壳作为地震波的传播介质,可以视为无限个弹性层的叠加,虽然面波不是纯二维情形,不过它的速度主要取决于地壳的密度 ρ 和剪切模量 G。

地震波是声波的一种形式,因此也遵循声场方程的推导过程。若假定所考察的平面波的时间项为 $e^{j\omega t}$,那么利用牛顿第二定律可得

$$\nabla_s p = i\omega \rho v \tag{11.5}$$

式中:p 为声压;v 为速度;∇_s 为表面处的拉普拉斯算子。此外,连续性方程可以表示为

$$i\omega p = G \nabla_s \cdot v \tag{11.6}$$

联立式(11.5)和式(11.6)即可得到声场方程,即

$$\nabla_s^2 p + \frac{\omega^2}{v^2} p = 0 \tag{11.7}$$

式中:ω 为声波圆频率。

地震波的波速则为

$$v = \sqrt{\frac{G}{\rho}} \tag{11.8}$$

由此不难看出,将地震行波转换成凋落波的机理在于所设计的地震超材料能够具有负模量,显然这时就会产生纯虚的速度值,于是折射率 $n = \dfrac{v_0}{v} = v_0\sqrt{\rho/G}$($v_0$ 为参考介质的波速)也将变成纯虚数,进而导致了负的波数 k($k = 2\pi n/\lambda$)。从物理层面来看,虚波矢意味着地震波的幅值将会不断地衰减或耗散,形成了凋落波。此时的阻抗 $z = \rho v = \sqrt{\rho G}$ 也是纯虚数,或者说将表现出吸收效应,因而这种情况被称为声障。

人们已经研究并制备出了具有负的体积模量和负的质量密度的声学超材料[6-8],不过大多是针对其他频段的,而不是地震波所处的频率范围。这些研究中最常采用的结构形式是亥姆霍兹共振腔,只需将此类共振腔以阵列形式布置,就可以在特定频率范围内生成负的体积模量,在此频带内声波的强度将发生指数衰减,即行波将会转变为凋落波。事实上,在超材料的电磁响应分析中,人们已经发现了特定频段内共振附近会表现出负的等效介电常数与负的等效磁导率[9],而亥姆霍兹共振腔恰好就是共振电路在力学域中的体现。我们知道,金属或金属线阵列的等离子频率所对应的介电常数为[10]

$$\varepsilon = \varepsilon_0 \left[1 - \frac{\omega_p^2}{\omega(\omega + \mathrm{i}\Gamma)} \right] \tag{11.9}$$

式中:ω_p 为等离子频率;Γ 为阻尼损耗。通过将电磁波与声波加以类比可知式(11.2)类似于法拉第定律,而式(11.3)则类似于安培定律。此外,声学中的弹性模量的倒数将类似于电磁波中的介电常数。在存在结构损耗的情况下,等效剪切模量 G_{eff} 可以像体积模量的一般形式那样表示为[11-15]

$$\frac{1}{G_{\mathrm{eff}}} = \frac{1}{G}\left(1 - \frac{F\omega_0^2}{\omega^2 - \omega_0^2 + \mathrm{i}\Gamma\omega} \right) \tag{11.10}$$

式中:ω_0 为共振频率;F 为几何因子[10,16]。

11.6.3 地震波衰减器

为了防止地震波对建筑物的损伤,可以将大量共振结构填充在建筑物周围的地表下方,从而构成一类地震波衰减器构型。显然,当地震波通过带有负模量的波导结构时其幅值将会发生指数衰减,这是因为对于该结构来说,特定频带内的传播波矢为虚数。由此不难理解,只需将大量不同的共振结构(具有不同的负模量频率)混合到一起使用,这个特定频带就可以覆盖地震波的频率范围了。若设地震平面波的波长为 λ,在 x 方向上传播,且假定其幅值的指数衰减行为可表示为

$$A\mathrm{e}^{\mathrm{i}ks} = A\mathrm{e}^{-2\pi n x/\lambda} \tag{11.11}$$

如果再设进入该波导之前的地震波幅值为 A_i(震级为 M_i),而离开波导之后为 A_f(震级为 M_f),那么根据式(11.1)和式(11.11)则有

$$A_f = A_i e^{-2\pi nx/\lambda} \qquad (11.12)$$

这就表明地震波的幅值在经过超材料波导区域时发生了指数衰减。

利用前面的式(11.1),也可以将式(11.12)改写为

$$A_0 10^{M_i} e^{-2\pi nx/\lambda} = A_0 10^{M_f} \qquad (11.13)$$

对式(11.13)的两端取对数,不难得到超材料波导的宽度为

$$\Delta x = \frac{\ln 10}{2\pi} \lambda \frac{\Delta M}{n} = 0.366\lambda \frac{\Delta M}{n} \qquad (11.14)$$

式中:$\Delta M = M_i - M_f$。

例如,如果折射率为 $n=2$,面波的波长为 $\lambda=100\text{m}$,为了获得 $\Delta M=1$,就必须使得波导的宽度为 $\Delta x \approx 18\text{m}$。若建筑物的抗震等级为 $M=5$,且围绕它的波导宽度为 60m,那么其有效抗震等级将可提升到 $M=8$。显然,对于较窄的波导来说,最好采用折射率更高的材料。

在建筑工程领域,地震防护方法必须具有实用性,一般来说,抗震结构应当是容易制备的。如同前面曾经提及的,Kim 和 Das[4]设计了一种共振型结构,如图 11.2 所示,这种构型就是比较便于制备的。对于该结构中的圆柱来说,其尺寸的确定可以借助机械管道与电路的类比,也就是说,开口管道对应于电感,而封闭管道则对应于电容[16,17],有

$$\begin{cases} L = \dfrac{\rho l'}{S} \\ C = \dfrac{V}{\omega v^2} \end{cases} \qquad (11.15)$$

式中:ρ 为管道内的介质密度;l' 为有效长度;S 为横截面面积;V 为体积;v 为速度。

根据式(11.15)不难给出共振频率,即

$$\omega_0 \sim \frac{1}{\sqrt{LC}} = \sqrt{\frac{Sv}{l'v}} \qquad (11.16)$$

在这些研究人员所提出的超材料圆柱体中,有效长度为 $l' \approx l + 0.85d$[17],其中的 l 为柱体上孔的长度或者说柱体的厚度,而 d 为孔的直径。实际上这个圆柱体不一定必须是圆形的,也不一定必须带有 4 个孔,它可以是带有若干个孔的任意形式的箱体结构、立方体或者六边形结构可能更好。另外,为了能够覆盖地震波的频带,在这一设计中还可以引入一系列不同的共振结构。在这些波导的

内部,地震波的能量会发生耗散,并转化为声波和热能,由此也将导致波导的温度上升。

总之,通过恰当地调节上述波导的宽度和折射率,就可以根据需要来实现建筑物的地震防护,使得地震波不会到达建筑物的基础部位。当然,由于这一方法需要一定的区域来构造抗震防护圈(壳),因而它比较适合于孤立而敏感的建筑物,如核电厂、大坝、机场、核反应堆、炼油厂、桥梁及高速铁路等。

参 考 文 献

[1] Farhat,M.,Guenneau,S.,Enoch,S.,Movchan,A. B.:Phys. Rev. B 79,033102(2009)

[2] Gioncu,V.,and Mazzolani F. M.:Earthquake Engineering for Structural Design,p. 223. Spon,New York (2010)

[3] Farhat,M.,Guenneau,S.,Enoch,S.:Phys. Rev. Lett. 103,024301(2009)

[4] Kim,S. H.,and Das,M. P.:Seismic Waveguide Of Metamaterials,Mod. Phys. Lett. B 26,1250105,physics. (2012)

[5] Villaverde,R.:Fundamental Concepts of Earthquake Engineering,Chaps. 4,5. CRC,New York(2009)

[6] Wu,Y.,Lai,Y.,Zhang,Z. Q.:Phys. Rev. B 76,205313(2007)

[7] Wu,Y.,Lai,Y.,Zhang,Z. Q.:Phys. Rev. Lett. 107,105506(2011)

[8] Zhou,X.,Hu,Z.:Phys. Rev. B 79,195109(2009)

[9] Pendry,J. B.,Holden,A. J.,Robbins,D.,Stewart,W. J.:J IEEE Trans. Microw. Theory tech. 47,2075 (1999)

[10] Caloz,C.,Itoch,T.:Electromagnetic Metamaterials,Chap. 1. Wiley,New York(2006)

[11] Fang,N.,Xi,X.,Xu,J.,Ambati,M.,Srituravanich,W.,Sun,C.,Zhang,X.:Nature 5,452(2006)

[12] Cheng,Y.,Xu,J. Y.,Liu,X. J.:Appl. Phys. Lett. 92,051913(2008)

[13] Cheng,Y.,Xu,J. Y.,Liu,X. J.:Phys. Rev. B 77,045134(2008)

[14] Lee S. H.,Park,C. M.,Seo,Y. M.,Wang,Z. G.,and Kim,C. K.:J. Phys. Condensed Matter,21,175704 (2009)

[15] Lee,S. H.,Park,C. M.,Seo,Y. M.,Wang,Z. G.,Kim,C. K.:Phys. Rev. Lett. 104,054301(2010)

[16] Ding,C.,Hao,L.,Zhao,X.:J. Appl. Phys. 108,074911(2010)

[17] Beranek L. L.:Acoustics,Chaps. 3,5. McGraw–Hill,New York(1954)

第 12 章　声学超材料在有限幅值声波中的应用

本章摘要:本章首先针对有限幅值声波的隐身问题进行了阐述,这一问题实际上是将坐标变换处理从线性声学方程拓展到非线性声学方程,后者也具有形式不变性。然后,将超材料理念应用于两个非线性声学实例。第一个实例针对的是声辐射力,借助超材料可以构造出负的辐射力,而以往针对负辐射力的研究主要限于考察贝塞尔波束。第二个实例针对的是悬浮力,借助超材料可以有效调控悬浮力,能够实现较大物体的悬浮。

12.1　概　　述

2007 年 Gan[1]将对称性引入声场分析中,随后的一系列研究也进一步验证了这一性质,如声学超材料的成功制备、时间反转声学的各类应用[2]、湍流场(本质上是声场)的尺度不变性[3]以及 Goldstone 声子模式[4]等。这些声学超材料方面的研究工作带来了很多新颖的潜在应用,如负折射[5]、声隐身[6]、隔声[7]及声波导[8]等。近年来,对于这些声学超材料来说,人们也开始对有限幅值声波越来越感兴趣,这也是一个比较新的研究领域。

为此,本章将把 Burgers 方程引入声隐身分析中,同时也将把声学超材料应用到声辐射力(ARF)的研究中。这些研究在声学成像、药物输送以及悬浮力生成等基于有限幅值声波的应用场合中是非常有用的。这里悬浮力是指能够与向下的重力形成平衡状态的向上的 ARF。实际上,具有负质量密度的超材料是能够产生反重力的,或者说它们能够产生指向声源的 ARF,这一点与传统材料是不同的,在传统材料中,ARF 与声传播的方向是相同的。值得指出的是,反重力与广义相对论有关,因此可以说这也是声学超材料在广义相对论中的首次应用,当然,在引入广义相对论之后非线性声学也进一步上升到了一个新的层面。

12.2　声　隐　身

声隐身问题是声学在曲线时空中的首个应用,以往与曲线时空相关的声学研究仅仅只是利用曲线坐标来描述特定结构的几何形状,它们不关心声波在曲线时空中的传播路径弯曲行为。声隐身技术是建立在声学方程对称性或者说形式不变性这一基础之上的,其基本的数学原理是坐标变换,这一原理也被用于广义相对论中的非线性场方程的推导。

此处主要考察的是 Burgers 方程,即

$$\frac{\partial p}{\partial t} + p\nabla p = d\nabla^2 p \tag{12.1}$$

式中:p 为声压;d 为扩散系数或黏度。

为简便起见,这里只考虑正弦波在 x 方向上的一维传播情形,可令 $p = e^{j(\omega t - kx)}$,于是有

$$j\omega p + p^2(-jk) = d(-k^2 p) \tag{12.2}$$

为考察声压场所必需的变换形式,需要在非正交坐标系中进行分析,不妨设该坐标系的坐标为 (q_1, q_2, q_3),对应的单位基矢为 $\boldsymbol{u}_1$、$\boldsymbol{u}_2$、$\boldsymbol{u}_3$,按照 Pendry 等[6]的做法,令 $i = 1, 2, 3$,则有

$$Q_i^2 = \left(\frac{\partial x}{\partial q_i}\right)^2 + \left(\frac{\partial y}{\partial q_i}\right)^2 + \left(\frac{\partial z}{\partial q_i}\right)^2 \tag{12.3}$$

在这一非正交坐标系中,可以针对一个无限小体积元运用散度定理,在推导出声压场 $\boldsymbol{p}$ 在该体积元内的向外净通量之后,进一步令其等于 $\boldsymbol{p}$ 的散度与无限小体积的乘积,就可以得到

$$(\nabla \cdot \boldsymbol{p})Q_1 Q_2 Q_3 |\boldsymbol{u}_1 \cdot (\boldsymbol{u}_2 \times \boldsymbol{u}_3)| = \frac{\partial}{\partial q_1}[Q_2 Q_3 \boldsymbol{p} \cdot (\boldsymbol{u}_2 \times \boldsymbol{u}_3)]$$
$$+ \frac{\partial}{\partial q_2}[Q_1 Q_3 \boldsymbol{p} \cdot (\boldsymbol{u}_1 \times \boldsymbol{u}_3)] + \frac{\partial}{\partial q_3}[Q_1 Q_2 \boldsymbol{p} \cdot (\boldsymbol{u}_1 \times \boldsymbol{u}_2)] \tag{12.4}$$

令 $V_{\text{frac}} = |\boldsymbol{u}_1 \cdot (\boldsymbol{u}_2 \times \boldsymbol{u}_3)|$,它代表的是非正交坐标系中的单位体积元。另外,这里也采用惯用的上标(下标)来表示逆变(协变)分量,例如

$$\boldsymbol{p} \cdot (\boldsymbol{u}_2 \times \boldsymbol{u}_3) = p^1 \boldsymbol{u}_1 \cdot (\boldsymbol{u}_2 \times \boldsymbol{u}_3) \tag{12.5}$$

于是,前式(12.4)就可以改写为

$$(\nabla \cdot \boldsymbol{p})Q_1 Q_2 Q_3 V_{\text{frac}} = \frac{\partial}{\partial q_1}(Q_2 Q_3 V_{\text{frac}} p^1) + \frac{\partial}{\partial q_2}(Q_1 Q_3 V_{\text{frac}} p^2) + \frac{\partial}{\partial q_3}(Q_1 Q_2 V_{\text{frac}} p^3)$$
$$\tag{12.6}$$

注意到在变换后的坐标系中,散度的定义式为 $\nabla_q \cdot \boldsymbol{p} = \frac{\partial p^1}{\partial q_1} + \frac{\partial p^2}{\partial q_2} + \frac{\partial p^3}{\partial q_3}$,于是有

$$\nabla_q \cdot (V_{\text{frac}} \overline{\overline{\boldsymbol{Q}}}_{\text{per}}) [p^1 p^2 p^3]^{\text{T}} = \nabla_q \cdot \boldsymbol{p} \qquad (12.7)$$

其中，

$$\overline{\overline{\boldsymbol{Q}}}_{\text{per}} = \begin{bmatrix} Q_2 Q_3 & 0 & 0 \\ 0 & Q_1 Q_3 & 0 \\ 0 & 0 & Q_1 Q_2 \end{bmatrix} \qquad (12.8)$$

显然，变换后的声压场为

$$\boldsymbol{p} = V_{\text{frac}} \overline{\overline{\boldsymbol{Q}}}_{\text{per}} [p^1 p^2 p^3]^{\text{T}} \qquad (12.9)$$

上面出现的下标"per"是指对角元素在对每个矢量分量进行变换时，需要乘以与该矢量分量方向垂直（或者在一般非正交坐标系中，不平行）的坐标缩放因子。

式(12.9)中的 $\boldsymbol{p}$ 与式(12.1)中的 p 是相同的场。

12.3 声辐射力

声学镊子这一概念最早是由 Wu[9] 提出的，进而引发了人们对声辐射力（ARF）的很大兴趣，目前声学镊子的研究主要集中于声携运这一领域。在这一领域中，人们主要期望借助 ARF 来实现无接触式操控、分离和捕获微小颗粒和细胞[10]。目前，一些研究人员已经在实验室芯片装置上借助圆形相控阵实现了二维声学镊子[11-12]。

实际上，在 20 世纪人们已经研发出了基于聚焦波束的单波束声学镊子[13]，并对平面波或球面波作用在悬浮于非黏性流体中的球体上的力做了非常广泛的分析[14-20]，这些研究工作主要建立在对入射波和散射波的分波展开基础上，此后人们还对平面波束[21-22]、球面聚焦波束[23]、贝塞尔波束[24-27]及高斯波束[28]等作用到球体上的轴向辐射力进行了研究。在这些研究中，球体大多放置于波束的轴线上，而对于聚焦波束而言，球体一般放置在焦点位置。

单波束声学镊子的设计一般需要考察作用在球体上的辐射力在换能器焦点附近的行为特性。迄今为止，人们仅针对 $ka \gg 1$ 的情形完成了这一分析，也就是几何散射区[29]，此处的 k 为入射波波数，a 为球体半径。对于其他的如瑞利散射区（$ka \ll 1$）和共振散射区（$ka \sim 1$）来说，一般需要借助分波展开方法[30]来计算 ARF。作用到悬浮球体上的辐射力通常是以波束形状系数和散射系数来描述的[31]，波束形状系数（BSC）是入射分波的复数幅值，携带了入射波束的几何信息，而散射系数是根据球体表面的声学边界条件得到的，它与散射体的力学特性有关。

对于放置在基体介质中任意位置处的球体，借助球面聚焦换能器可以产生作用于其上的辐射力,只需通过计算关于球体位置的 BSC 就能够得到辐射力的值。目前已经有多种数值方法可以用于计算 BSC,其中包括中点积分法[31-32]、离散球面谐波变换(DSHT)[33-34](建立在离散傅里叶变换的基础之上)以及其他一些源于光学领域的求积法[35]。中点积分法和 DSHT 方法都要求在虚拟球体上对入射声压幅值进行采样,该虚拟球体应包围整个波束传播区域(也包括目标球体)。对于高度振荡的函数,中点积分方法要求大量的采样点以保证 BSC 计算能够正确收敛,而如果采用 DSHT 方法,即使采样点较少也可以获得更准确的结果。当采样不足或者由于函数截断处理导致了谱泄漏时,可能会在计算中产生数值误差。

为了避免在 ARF 计算中出现数值误差,可以基于分波展开方法[30,34]和平移加法定理[36]给出一种精确计算方法。事实上,人们已经采用与此类似的方法,对电磁波产生的辐射压做过精确计算。此处主要利用这一方法来计算球面聚焦换能器产生的辐射力(作用在硅油滴上),入射波束是由生物医学聚焦换能器产生的,驱动频率为 3.1MHz。分析中沿着波束轴线在换能器焦平面处计算了 1.6ARF 的 F 数,计算时利用了关于波束焦点的 BSC 的封闭形式表达式[38]。此外,同时也考察了共振散射和瑞利散射区的情况,并将瑞利散射情况下的结果与 Gorkov 的理论分析结果[18]做了对比。研究表明,如果将液滴中的超声吸收效应计入进来,那么在轴向辐射力上存在着显著差异。另外,在瑞利散射和共振散射区内都实现了横向俘获现象,不过,只能在瑞利散射区内才能同时实现对液滴的轴向和横向俘获。

下面进一步给出实例应用分析,其中阐明了作用到球体上的 ARF 的推导过程。

考虑一个具有任意波前的声束,角频率为 ω,且在非黏性无限流体介质中传播,并假定该流体介质的密度为 ρ_0,声速为 c_0。声束可以通过逾量压力 p(为给定坐标系中的位置矢量 r 的函数)来刻画,为方便起见,这里略去时间项 $e^{-i\omega t}$。此外,假定在该超声波束的路径上放置一个球形散射体,半径为 a,密度为 ρ_1,声速为 c_1,并采用球面聚焦换能器(直径为 $2b$,曲率半径为 z_0)来产生聚焦波束。坐标系的原点 O 设定在换能器焦点处,当球体中心处于点 O 时,可以将入射波束的散射情况称为聚焦散射构型[38]。在这种情况下,入射声束的归一化声压幅值可以在球坐标系中进行描述,该坐标系为 $r = re_r(\theta,\phi)$,其中的 e_r 为径向单位矢,θ 和 ϕ 分别代表的是极角和方位角。入射声压的分波展开可以表示为[38]

$$p_i = \sum_{n,m} a_n^m j_n(kr) Y_n^m(\theta,\phi) \qquad (12.10)$$

式中:$k = \omega/c_0$;j_n 为第 n 阶球贝塞尔函数;Y_n^m 为球面谐波函数。此处的幅值已

经针对声压幅值 p_0 做了归一化。

一般而言,在理想流体介质中,作用到一般物体上的 ARF 可以表示为

$$F_i = \iint_{SR} \left[-\frac{\rho v^2}{2} + \frac{\rho}{2c^2} \frac{\partial \phi^2}{\partial t} + \rho(v_i v_j) \right] dS_j \qquad (12.11)$$

式中:ρ 为质量密度;v 为粒子速度;c 为声速;ϕ 为标量势。

当声波入射到物体上时就会产生 ARF,这是物体与入射场之间发生动量交换的结果。在大多数情况下,ARF 是正的,因为声波通常是向着传播方向去推动物体,而当声波能够连续地向波源方向拉动物体时,ARF 也就变成负值了。实际上,如果物体是由具有负质量密度的声学超材料制成的,那么 ARF 可以表现为负值,从而能够将物体沿着声传播方向做反向推动。

负 ARF 要比正 ARF 具有更多的应用价值,如可以实现粒子的操控和声悬浮。事实上,ARF 还可以应用到很多其他场合中,如声学成像[39]、微流体的生物医学应用[40]以及悬浮力生成[41]等。显然,ARF 应当是由较强的声波产生的,因而一般必须借助有限幅值声波来实现。

这里顺便提及的是,Marston[42]也曾观测到负的辐射力,不过针对的仅是贝塞尔波束。

12.4 声学超材料在悬浮力方面的应用

关于悬浮问题,可以从爱因斯坦的广义相对论和重力效应这一角度来认识,当 ARF 产生的向上推动作用与重力平衡时,就实现了悬浮。实际上,悬浮可以通过多种物理手段来实现,如 ARF、气动力、静电力及磁力等。

借助声学悬浮技术,可以使物体在空气或流体介质中处于悬浮状态,这里仅讨论利用高强度的超声波来实现一维悬浮这一技术方法。声波能够对波场中的物体产生 ARF 作用,这些力通常是比较弱的,不过当采用高强度的声波时,由于非线性效应的存在能够得到非常大的力,如可以据此来平衡掉重力。目前人们将这一技术称为声悬浮或超声悬浮,所使用的声波一般处于超声频段(在 20kHz 以上)。

值得指出的是,近期重力波探测方面的成功也促进了广义相对论的发展,这里实际上是将广义相对论应用到了非线性声学中,从而将其引领到了一个新的层次。这方面的明显应用就是前述的悬浮力[41],此外它也是曲线时空中声传播问题的第二个应用实例(第一个是声隐身)。正如前文所指出的,负的质量密度能够诱发负的 ARF,从而可以对重力产生平衡作用,这对于声学超材料在宇宙飞行领域的应用是有益的。Marston[42]曾利用贝塞尔波束得到过负的 ARF,不过借助声学超材料我们却不必局限于这样的波束。

12.4.1 悬浮系统的建模[41]

Zhao 等[41]提出了声悬浮系统,可以使得相对较大的碟形物体(比空气中的声波波长大若干倍)处于悬浮状态。研究中采用了一块横向振动圆板来产生声辐射,其声场可以简化描述如下:圆板以横向模式振动并产生声波,声波向前传播,然后被待悬浮物体(该物体放置在距离圆板为 L 的位置)的刚性表面反射,声波经过多次反射后会在两个表面之间形成声场,当 L 等于半波长的整数倍时,将形成驻波场。这一声场会对物体表面产生压力作用。

在 Zhao 等给出的系统中,为产生超声振动,采用了一个压电 Langevin 型换能器,在 20kHz 处激发出一阶纵向模式($\lambda/2$),同时还安装了一根阶梯形变幅杆($\lambda/2$)以放大换能器的振幅。声波辐射器采用的是一块直径为 120mm 的铝板,并通过螺纹拧到变幅杆上。为了将变幅杆和换能器的轴向共振频率与板的某个不对称横向振动模式相匹配,在选择板厚时应使得自由振动板的固有频率出现在 20kHz。通过选择合适的板厚,他们分别构建出了带有一个、两个和三个节圆的横向振动模式。实验表明,带有两个节圆的板能够在机械强度和振幅之间达到较好的折中。在组装完毕后,整个系统(换能器、变幅杆和板)的共振频率约为 19kHz,当然该值也会受到输入功率的少量影响。此外,利用自适应锁相环控制算法(APLL),还可以在工作过程中跟踪该系统的共振频率。

这些研究人员所设计的实验装置如图 12.1 所示,借助这一装置可以测量圆盘悬浮系统产生的声学悬浮力。实验中,将一块直径与辐射板相同的铝板放置在其对面,作为声反射板。该板安装在垂向直线运动平台上,通过加载单元即可直接测得作用在板上的垂向力。这个反射板可以自由地上下移动,其范围从与辐射板接触一直到与其相距 40mm。此外,实验中还安装了一个激光干涉仪,用于测量反射板的精确垂向位置。

研究者选择了一块常用的 CD 作为待悬浮的物体,其直径与振动板相同,厚度为 1.3mm,质量为 16g。实验中观察到,当输入功率达到 30W 时,出现了稳定的悬浮状态,CD 在振动板的上方保持静止,没有出现任何不稳定的垂向运动。这个激励系统的最大振幅位于振动板的中心,在上述功率水平上大约为 $25\mu m$(19kHz),这一结果是通过激光测振仪测量出的。值得注意的是,实验中 CD 所处的位置要比悬浮力峰值位置高半个波长多一点,在这个位置处声悬浮力刚好等于 CD 的重力。这与常见的辐射板-反射板类型的系统是不同的,在后者中小粒子的悬浮位置要稍微低于驻波压力节点位置。另外,在此处的实验中,利用所给出的实验设置是难以在一个波长或更高位置处实现稳定的悬浮状态的,主要原因在于悬浮力会快速下降。

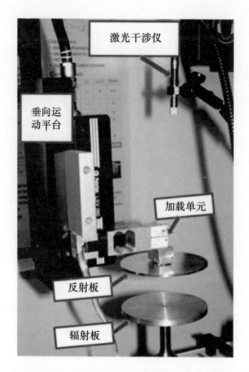

图 12.1 用于 ARF 测试的实验设置(源自于 Zhao 和 Wallaschek[41])(见彩图)

12.4.2 声悬浮力的计算

声辐射板是一块正常厚度的圆板,这里可以采用圆柱坐标(r,θ,z)来描述,其中的r代表的是径向位置坐标,θ代表的是辐射板面内的角度位置坐标,z为板面法向上的位置坐标。根据圆板的横向振动方程,很容易得到一般形式的振动解,即

$$Z(r,\theta,t) = \left[a_{ij}J_i\left(\frac{\lambda_{ij}r}{\alpha}\right) + b_{ij}I_i\left(\frac{\lambda_{ij}r}{\alpha}\right)\right]\cos i\theta\cos 2\pi t \qquad (12.12)$$

式中:$Z(r,\theta,t)$为板中面上的位移;α为圆板的半径;J_i和I_i分别为第一类贝塞尔函数和修正贝塞尔函数(i阶);a_{ij}和b_{ij}为需要根据边界条件和模式阶次来确定的常数;λ_{ij}为无量纲频率参数,与板的边界条件、几何参数及泊松比有关。

Zhao 等[41]已经从上述的圆板振动中导出了瑞利辐射声压,即

$$p_{\text{ra}} = Z(r)^2 \frac{v_0^2}{4(\sinh^2\alpha'L + \sin^2 kL)}\rho_0 \qquad (12.13)$$

式中:v_0为表面振动幅值;ρ_0为介质密度;L为悬浮物体与辐射板之间的距离;α'

为有限幅值声波的增强吸收系数。

借助上述分析和计算,Zhao 等在实验中成功地将半径为 6cm 的 CD 悬浮到 2cm 的高度(大约为对应的声波波长的一半),如图 12.2 所示。

图 12.2　CD 盘在辐射板上方半波长($\lambda/2$)位置处稳定悬浮(中间杆(螺纹连接)仅用于将板保持在径向中心位置)(源自于 Zhao 和 Wallaschek[41])(见彩图)

12.5　本 章 小 结

声学超材料的负密度效应能够改变与悬浮力相关的平衡条件,从而可以用于控制悬浮力并实现较大物体的悬浮。换言之,借助声学超材料能够建立新的平衡条件,因而有可能实现较重物体的悬浮。显然,这将有益于声学超材料在宇宙飞行领域中的应用,同时这也是声学超材料在广义相对论中的首个应用案例。可以说,将超材料拓展到非线性声学中,有力地促进了声隐身、声辐射力以及重物悬浮等多个方面的研究工作。

顺便指出的是,在声隐身这一应用之后,从重力和广义相对论角度来考虑声悬浮力已经构成了曲线时空中声传播问题的第二个应用。

参 考 文 献

[1] Gan,W. S.: Gauge invariance approach to acoustic fields. In: Akiyama, I. (ed.) Acoustical Imaging, vol. 29, pp. 389–394. Springer, Berlin(2007)

[2] Fink,M.: Time reversal of ultrasonic fields—Part I. Basic principles. IEEE Trans. Ultrasons. Ferroelectr.

Freq. Control 39(5),1-12(2006)

[3] Kolmogorov, A. N. : The local structure of turbulence in incompressible viscous fluids for very large Reynolds numbers. Proc. USSR Acad. Sci. 30,299-303(1941)

[4] Goldstone, J. : Field theories with superconductor solutions. Nuoco Cimento 19,154-164(1961)

[5] Veselago, V. G. : The electrodynamics of substance with simultaneous negative values of e and l. Sov. Phys. Uspekhi 10(4),509-514(1968)

[6] Pendry, J. B. , Schurig, D. , Smith, D. R. : Controlling electromagnetic field. Science 312,1780-1782(2006)

[7] Goffaux, C. , Maseri, F. , Vasseur, J. O. , Djafari-Rouhani, B. , Lambin, Ph : Measurements and calculation of the sound attenuation by a phononic band gap structure suitable for an insulation partition application. Appl. Phys. Lett. 83,281(2003)

[8] Gan, W. S. : Acoustical Imaging: Techniques and Applications for Engineers, Wiley, USA, pp. 397-398 (2012)

9. Wu, J. : Acoustical tweezers. J. Acoust. Soc. Am. 89,2140-2143(1991)

[10] Lenshof, A. , Magnusson, C. , Laurell, T. : Acoustofluidics 8: applications of acoustophoresis in continuous flow microsystems. Lab Chip 12,1210-1223(2012)

[11] Shi, J. , Ahmed, D. , Mao, X. , Lin, S. , Lawit, A. , Huang, T. : Acoustic tweezers: patterning cells and microparticles using standing surface acoustic waves(SSAW). Lab Chip 9,2890-2895(2009)

[12] Courtney, C. R. P. , Ong, C. K. , Drinkwater, B. W. , Wilcox, P. D. : Manipulation of micropar-ticles using phase controllable ultrasonic standing waves(EL). J. Acoust. Soc. Am. 128,195-199(2010)

[13] Lee, J. , Teh, S. , Lee, A. , Kim, H. , Lee, C. , Shung, K. : Single beam acoustic trapping. Appl. Phys. Lett. 95,073701(2009)

[14] King, L. V. : On the acoustic radiation pressure on spheres. Proc. R. Soc. A. 147(861),212-240(1934)

[15] EmbletonT, F. W. : Mean force on a sphere in a spherical sound field. I. (Theoretical). J. Acoust. Soc. Am. 26,40-45(1954)

[16] Yosioka, K. , Kawasima, Y. : Acoustic radiation pressure on a compressible sphere. Acustica 5,167-173 (1955)

[17] Westervelt, P. J. : Acoustic radiation pressure. J. Acoust. Soc. Am. 29,26-29(1957)

[18] Gorkov, L. P. : On the forces acting on a small particle in an acoustic field in an ideal fluid. Sov. Phys. Dokl. 6,773-775(1962)

[19] Nyborg, W. L. : Radiation pressure on a small rigid sphere. J. Acoust. Soc. Am. 42,947-952(1967)

[20] Hasegawa, T. , Yosioka, K. : Acoustic-radiation force on a solid elastic sphere. J. Acoust. Soc. Am. 46, 1139-1143(1969)

[21] Hasegawa, T. , Kido, T. , Takeda, S. , Inoue, N. , Matsuzawa, K. : Acoustic radiation force on a rigid sphere in the near field of a circular piston vibrator. J. Acoust. Soc. Am. 88(3),1578-1583(1990)

[22] Mitri, F. G. : Near-field single tractor-beam acoustical tweezers. Appl. Phys. Lett. 103 (11),114102 (2013)

[23] Chen, X. , Apfe, R. : Radiation force on a spherical object in an axisymmetric wave field and its application to the calibration of high-frequency transducers. J. Acoust. Soc. Am. 99,713-724(1996)

[24] Marston, P. L. : Axial radiation force of a Bessel beam on a sphere and direction reversal of the force. J. Acoust. Soc. Am. 120,3518-3524(2006)

[25] Mitri, F. G. : Acoustic scattering of a high-order Bessel beam by an elastic sphere. Ann. Phys. 323, 2840–2850(2008)

[26] Mitri, F. G. : Langevin acoustic radiation force of a high-order Bessel beam on a rigid sphere. IEEE Trans. Ultrason. Ferroelectr. Freq. Control 56, 1059–1064(2009)

[27] Azarpeyvand, M. : Acoustic radiation force of a Bessel beam on a porous sphere. J. Acoust. Soc. Am. 131, 4337–4348(2012)

[28] Zhang, X., Zhang, G. : Acoustic radiation force of a Gaussian beam incident on spherical particles in water. Ultras. Med. Biol. 38, 2007–2017(2012)

[29] Lee, J., Shung, K. K. : Radiation forces exerted on arbitrarily located sphere by acoustic tweezer. J. Acoust. Soc. Am. 120, 1084–1094(2006)

[30] Silva, G. T. : An expression for the radiation force exerted by an acoustic beam with arbitrary wavefront. J. Acoust. Soc. Am. 130, 3541–3545(2011)

[31] Silva, G. T. : Off-axis scattering of an ultrasound Bessel beam by a sphere. IEEE Trans. Ultrason. Ferroelectr. Freq. Control 58, 298–304(2011)

[32] Mitri, F. G., Silva, G. T. : Off-axial acoustic scattering of a high-order Bessel vortex beam by a rigid sphere. Wave Motion 48, 392–400(2011)

[33] Silva, G. T., Lobo, T. P., Mitri, F. G. : Radiation torque produced by an arbitrary acoustic wave. Europhys. Phys. Lett. 97, 54003(2012)

[34] Silva, G. T., Lopes, J. H., Mitri, F. G. : Off-axial acoustic radiation force of repulsor and tractor Bessel beams on a sphere. IEEE Trans. Ultras. Ferroel. Freq. Control 60, 1207–1212(2012)

[35] Gouesbet, G., Letellier, C., Ren, K. F., Gréhan, G. : Discussion of two quadrature methods of evaluating beam-shape coefficients in generalized Lorenz-Mie theory. Appl. Opt. 35, 1537–1542(1996)

[36] Martin, P. A. : Multiple Scattering Interaction of Time-Harmonic Waves with N Obstacles, Chap. 3. Cambridge University Press, Cambridge, UK(2006)

[37] Moine, O., Stout, B. : Optical force calculations in arbitrary beams by use of the vector addition theorem. J. Opt. Soc. Am. B 22, 1620–1631(2005)

[38] Edwards, P. L., Jarzynski, J. : Scattering of focused ultrasound by spherical microparticles. J. Acoust. Soc. Am. 74, 1006–1012(1983)

[39] Williams, E. G. : Fourier Acoustics: Sound Radiation and Nearfield Acoustical Holography, Chap. 6. Academic Press Inc., San Diego, CA(1999)

[40] Magnusson, A., Laurell, T. : Acoustofluidics 8: Applications of acoustophoresis in continuous flow microsystems. Lab Chip 12, 1210–1223(2012)

[41] Zhao, S., Wallaschek, J. : A standing wave acoustic levitation system for large planar objects. Arch. Appl. Mech. 81(2), 123–139(2014)

[42] Marston, P. L. : Axial radiation force of a Bessel beam on a sphere and direction reversal of the force. J. Acoust. Soc. Am. 120, 3518–3524(2006)

第13章 曲线时空中的声学成像

本章摘要：本章首先对曲线时空中的声学成像问题做一简要介绍；然后从广义相对论的应用层面讨论了两个声学成像问题，分别是振动成像和弹性成像。

13.1 概　　述

爱因斯坦在其关于广义相对论的原始论文[1]中已经指出，流体动力学是一个可以拓展到曲线时空的基本物理领域。声学正是与流体动力学相关的领域，然而到目前为止，关于声学成像的所有理论都是建立在平直时空或Minkowski时空基础上的。当转向曲线时空[1]时，由于系统的能量和动量对时空曲率的轻微变化是非常敏感的，因此一般需要对能量和动量进行非线性处理，这样能够获得更为准确的结果。显然，借助曲线时空分析，可以更准确地计算声强、声辐射力（ARF）和应力能等参量，对于声学成像问题来说有助于获得更好的成像分辨率。作为实例，此处将分析两种声学成像方式，分别是振动成像和弹性成像。振动成像和弹性成像不仅与频率有关（基于经典的瑞利分辨率准则），同时也依赖于系统能量和动量的准确计算（其中包括重力）。

13.2　广义相对论的常见应用

迄今为止，广义相对论的应用主要集中于天体物理学、宇宙学以及与宇宙学和核裂变有关的等离子物理学等领域，这些领域要么涉及巨大的质量，要么涉及高强度的能量，因而必须考虑物理上的非线性。对于涉及有限幅值声波或强声场的非线性声学问题，也需要借助相对论来处理，而当声场较弱时，它将退化到线性的非相对论的处理层面上来。

进行相对论处理的一个例子就是强声场的ARF的计算，当ARF能够平衡掉重力时，将可实现声悬浮，这也体现了用于计算重力的广义相对论与这一问题的相关性。在非线性声学中，还有一个领域需要进行相对论处理，即声致发光或声致聚变。当空泡破裂时会释放出巨大的热能，就像原子裂变时会释放出巨大热能那样,二者具有一定的相似性。从相对论层面考察空泡的弹性能(在崩塌之前),能够帮助我们更准确地确定出所释放出的热能。

在下面两节中,将从广义相对论层面来介绍与曲线时空相关的声学成像实例。

13.3 振动成像

振动成像的原理是基于 ARF 的声学成像。ARF 可根据流体动力学中的纳维-斯托克斯方程进行推导,这样就可以从曲线时空和相对论层面来描述 ARF。关于 ARF 的理论分析主要建立在对流体介质中声场的摄动展开基础上,下面对这一摄动分析的主要结果做一归纳。

对于静态流体介质,这里考虑对密度 ρ、压力 p 和速度 u 的一阶或二阶形式的超声波摄动(1st 代表一阶,2nd 代表二阶),即

$$\rho = \rho_0 + \rho_1 + \rho_2 \tag{13.1}$$

$$p = p_0 + c_0^2 \rho_{1st} + p_{2nd} \tag{13.2}$$

$$u = u_{1st} + u_{2nd} \tag{13.3}$$

式中:c_0 为流体介质中的声速;$p_{1st} = c_0^2 \rho_{1st}$。如果忽略介质的黏性,那么一阶纳维-斯托克斯方程可以表示为

$$\partial_t \rho_{1st} = -\rho_0 \nabla \cdot u_{1st} \tag{13.4a}$$

它实际上就是连续性方程,即

$$\rho_0 \partial_t u_{1st} = -c_0^2 \nabla \rho_{1st} \tag{13.4b}$$

若考虑以下时间简谐场,即

$$\rho_{1st} = \rho_{1st}(r) e^{-i\omega t} \tag{13.5a}$$

$$p_{1st} = p_{1st}(r) e^{-i\omega t} \tag{13.5b}$$

$$u_{1st} = u_{1st}(r) e^{-i\omega t} \tag{13.5c}$$

并引入速度势 ϕ_{1st},则有

$$u_{1st}(r) = \nabla \phi_{1st}(r) \tag{13.6a}$$

$$p_{1st}(r) = i\rho_0(\omega) \phi_{1st}(r) \tag{13.6b}$$

$$\rho_{1st}(r) = i\rho_0 \left(\frac{\omega}{c_0^2}\right) \phi_{1st}(r) \tag{13.6c}$$

这个速度势是满足亥姆霍兹波动方程的,即

$$\nabla^2 \phi_{1st} = \frac{1}{c_0^2}\partial_t^2 \phi_1 = -\frac{\omega^2}{c_0^2}\phi_1 \qquad (13.7)$$

这也是利用散射理论计算作用在粒子上的 ARF 的分析起点。

作为一个示例，这里不妨考虑针对振动球体的 ARF 计算。这种情况下，可以在球体外部的给定曲面上，对平均二阶压力和动量通量进行面积分来得到 ARF。根据一阶纳维-斯托克斯方程和一阶亥姆霍兹波动方程，可以导出这个 ARF 的计算式为

$$U_{rad} = \int da \{\langle p_{2nd}\rangle \boldsymbol{n} + \rho_0 \langle (\boldsymbol{n}\cdot\boldsymbol{u}_{1st}\boldsymbol{u}_{1st})\rangle\} \qquad (13.8)$$

式中：a 为球体直径，它远小于声波波长 λ；p_{2nd} 为二阶声压；ρ_0 为球体的密度；$\boldsymbol{u}_{1st}$ 为一阶速度，它等于 $\nabla\phi_{1st}$。ϕ_{1st} 是一阶速度势，且 $\phi_{1st} = \phi_{in} + \phi_{scat}$，$\phi_{in}$ 代表的是入射声场的速度势，ϕ_{scat} 代表了散射声场的速度势。此外，还有以下关系，即

$$\langle p_{2nd}\rangle = \frac{1}{2}\kappa_0 \langle p_{1st}^2\rangle - \frac{1}{2}\rho_0 \langle \boldsymbol{u}_{1st}^2\rangle$$

对于曲线时空，动量方程和连续性方程分别为

$$(e+p)\frac{D\boldsymbol{u}}{D\tau} = -\nabla p - \boldsymbol{u}\frac{Dp}{D\tau} \qquad (13.9)$$

$$\boldsymbol{u}^\mu \nabla_\mu e = -(e+p)\nabla_\mu \boldsymbol{u}_\mu \qquad (13.10)$$

对式(13.9)和式(13.10)求解后，就能够得到 p 和 $\boldsymbol{u}$，进而代入式(13.8)也就得到了 ARF。

附带指出的是，曲线时空中的连续性方程为式(13.10)，而平坦时空中的连续性方程为式(13.4a)，可以看出它们是存在一定区别的。此外，对于平坦时空来说，其动量方程是由下式给出的，即

$$\frac{Du_j}{Dt} = \frac{\partial T_{ij}}{\partial x_j} - \rho g_j \qquad (13.11)$$

13.4 弹性成像

弹性成像是另一种声学成像模式，其中涉及应力张量和应变张量。这两个张量之间的线性关系一般是通过胡克定律给出的，但在大应力状态下这一定律是不适用的。人们在非线性弹性分析中，大多是从线性一阶胡克定律开始的，然后再进行拓展，把二阶、三阶甚至更高阶的弹性常数包括进来。这里在采用广义相对论进行处理时，是从非线性大应力场开始的，然后再进行近似处理，从而简化为弱应力场的线性情况，这一做法更为准确，并且也能将所有必需信息都包括

进来。

在曲线时空中,应力张量可以表示为

$$T_{\mu\nu} = (e + p)u_\mu u_\nu + pg_{\mu\nu} \qquad (13.12)$$

式中:e 为总能量密度;$g_{\mu\nu}$ 为度量张量。

在弱应力场极限条件下,或者在平坦时空极限下,$u_i \ll 1$、$e \gg p$,$e \sim \rho$,且 $g_{\mu\nu} = 1$,于是式(13.12)将简化为

$$T_{\mu\nu} = \rho u_\mu u_\nu + p \times 1 \qquad (13.13)$$

式中:ρ 为静止参考系下的质量能量密度。

参 考 文 献

[1] Einstein, A: The foundation of the general theory of relativity. Ann. Phys. 354(7), 769(1916)

第14章 输运理论是超材料设计理论的关键基础——超材料是一种人工相变现象

本章摘要:本章首先介绍了输运理论和输运特性,随后指出了超材料实际上是一种人工相变现象,并阐明了在相变临界点处输运特性的奇异行为。最后借助输运特性考察了若干新的超材料形式。可以说,将超材料视为一种人工相变现象是人工材料研究领域中的一个突破性认识。

14.1 输运理论与输运特性:超材料是一种人工相变现象

近期,Gan 研究指出,超材料实际上是一种人工相变现象,这是新材料研究领域中的一个突破性认识。本章将阐明,从本质上来说,电磁超材料的双负性(介电常数与磁导率)和声学超材料的双负性(等效体积模量与等效质量密度)的形成,都是从正相材料向负相材料的人工相变的结果。

2016 年的诺贝尔物理学奖是针对拓扑相变的,这也促进了相变研究领域的进一步发展。在理论层面的材料设计中,输运理论起着非常关键的基础作用,它刻画了由输运特性决定的输运现象。输运特性是相变过程的关键要素,一些典型的特性包括二元扩散系数、电导率、扩散系数、热导率、热扩散系数、黏度、磁导率、孔隙率、偶极矩、分子极化率、转动弛豫时间以及 Lenaerd–Jones 势阱深度等。

1966 年,Gan 在帝国理工学院物理系的博士论文中提出了"输运理论"这一术语。在他的博士论文"磁声学中的输运理论"[1]中,首次将输运理论引入凝聚态物理研究领域。自此之后,正如 Vijay Shenoy[2] 所指出的,在输运理论方面人们陆续取得了大量的研究进展,其中最为重要的一个进展体现在电子输运理论和量子输运理论方面,后者还包括了分数量子霍尔效应、安德森局域化、Onsager 关系等。当前,输运理论已经成为材料设计理论的关键基础,同时也是凝聚态物理领域中的最重要理论,其地位可与粒子物理中的 Yang Mills 理论[3] 相提并论。

顺便提及的是,"凝聚态物理"这一术语是 Philip Warren Anderson 和 Volker Heine 于 1967 年提出的,在剑桥 Cavendish 实验室中他们将固体理论研究组改名为凝聚态理论研究组,从而把固体物理和液态物理合并到一起,这样更有利于体现相变的重要性。目前,在美国物理学会中凝聚态物理已经成为最大的一个研究组,这也表明了这一领域的重要性。

在 Gan 的博士论文[1]中,他还首次将统计力学方法引入半导体中的超声波传播研究中(针对的是强磁场和低温情形),而不再采用常用的多体理论中的电子–声子相互作用和声子–声子相互作用分析方法。不仅如此,该论文中还对磁导率张量和超声衰减系数等输运特性进行了计算分析。因此,可以说这篇博士论文为凝聚态物理领域的研究奠定了基础。

14.2 超材料是人工相变现象——相变临界点处超材料输运特性的奇异行为

从输运特性出发,可以在电磁超材料和声学超材料基础上进一步探索和发现其他形式的超材料,然而没有必要通过类比将电磁超材料拓展到声学超材料,因为它们都是建立在输运特性这一基本的第一性原理基础上的。

在相变临界点处,人们已经注意到输运特性会出现奇异性或者说发散的行为特征。事实上,根据输运特性与频率之间的关系曲线可以发现,其中存在着双曲形式的变化行为,也就是说,相关特性值会上升到非常大的数值,然后又迅速下降到非常小的负值,最后还会在负值区域内逐渐上升,可参见图 14.1 至图 14.4。显然,根据这些现象,通过对比不难看出,超材料确实是具有相变特征的。

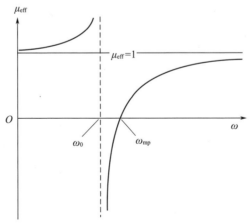

图 14.1 相变临界点处磁导率的奇异行为[4]

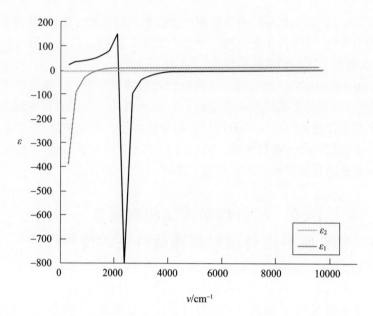

图 14.2 相变临界点处高温超导性中的介电常数的奇异行为[5]（见彩图）

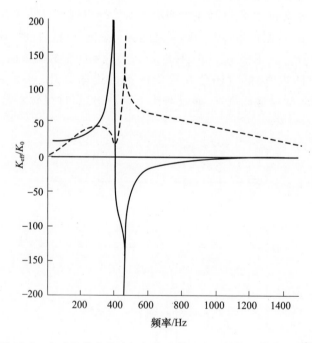

图 14.3 相变临界点或共振频率处等效体积模量的奇异行为[6]

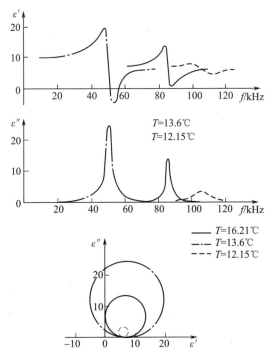

图 14.4 在相变温度 $T_c = 13.43$℃ 上方和下方观测到的低频声学共振模式中的典型压电共振曲线与对应的 Cole–Cole 图[7]

14.3 利用输运特性探索新的超材料形式

电磁超材料和声学超材料的双负性以及高温超导性的介电响应函数的奇异性,是基于输运特性来发现超材料新形式的很好实例,下面对此做一简要介绍。

14.3.1 人工弹性

通过利用共振频率处或者说相变临界点处等效体积模量的奇异行为,可以制备出声学超材料[6]。事实上,在共振频率处等效体积模量会迅速增大到极大的正值,然后迅速降低到非常小的负值,此后则在负值区域逐渐回升。借助这一奇异行为,采用开口环共振子(SRR)几何结构就可以设计出声学超材料(单胞由弹性材料制备而成),从而有利于调控材料的弹性特性,这也就实现了所谓的人工弹性。

14.3.2 人工磁性

Pendry 等[4]关于导体磁性和增强非线性现象的研究是人工磁性的一个实例,这里的磁导率(输运特性)在相变临界点处会表现出奇异行为,即在共振频率处出现显著增大(到正无限大),然后突然降低到负无限大,此后在负值区域逐渐回升。显然,只需采用 SRR 结构作为单胞(由磁性材料制成),借助负值磁导率就可以制备出负的电磁超材料,从而实现磁性的人工调控,即所谓的人工磁性。

14.3.3 人工高温超导性

Smolyaninov 和 Smolyaninova[5]提出,可以借助超材料来实现高温超导性,这是因为我们能够利用(控制电子-电子相互作用的)介电响应函数来提高高温超导性的临界温度(根据 Kirzhnits 等的工作[8])。事实上,研究人员已经发现,作为输运特性的介电响应函数,在共振频率或相变临界点处也存在着奇异行为(双曲型)。从介电响应函数的频率图可以看出,它也是先突增到较大正值再突降到较小负值,最后在负值区域逐渐回升。利用这一行为特性,就能够借助 SRR 单胞结构设计制备出高温超导体,从而有利于调控高温超导性。此类人工材料一般称为高温超导超材料。

14.3.4 人工压电性

压电性是声学中的一个重要现象,它为声学领域中几乎所有的实际应用提供了物理基础,这主要是因为借助压电性人们能够非常有效地对声学振动进行电学方面的激发和检测。Legrand[7]已经发现,介电常数在共振频率或相变临界点处会出现奇异行为,即先突增到非常大的正值,然后迅速降低到非常小的负值,随后则在负值区域逐渐回升。利用这一奇异行为特性,通过引入由压电材料制成的 SRR 结构作为单胞,就可以制备出人工压电结构,从而更好地调控压电性,这也就实现了所谓的人工压电性。

14.3.5 人工铁磁性

在铁磁性方面,根据 Mayer[9]的工作可以认识到,在凝聚点处会出现某些数学上的奇异性。铁磁性的输运特性是磁化或偶极矩,人们对于相变临界点或凝聚点处的偶极矩所表现出的奇异行为是很感兴趣的。偶极矩除了与频率相关外,还与温度有关系,一般可以针对一系列温度值将其频率依赖关系绘制成图。研究表明,在其他温度值处,偶极矩的频率图是不存在奇异行为的,然而在二阶相变的临界温度处却会呈现出双曲型行为,类似于前面提及的人工弹性、人工磁性及人工压电性中所出现的现象。显然,这一奇异行为特性也可用于实现人工铁磁性。

14.4 超材料的人工相变本质是人工材料研究领域的突破性认识

双负电磁超材料和声学超材料是人工磁性和人工弹性的明确体现,它们也是我们探索各种全新人工材料(基于超材料和相变)的起点,如由此可以直接拓展到人工压电性和人工铁磁性。

显然,在认识到超材料的人工相变这一本质后,人工材料研究领域也就呈现出了一个全新的面貌,它将建立在各种输运特性基础上,而不限于磁导率、介电常数、等效体积模量和等效质量密度等特性。

14.5 本章小结

自1966年提出以来,输运理论在凝聚态物理领域中已经得到了人们的持续关注,并取得了无数的研究进展。目前这一理论已经成为材料设计理论的关键基础,正因如此,也可以说它是凝聚态物理领域中最为重要的一个理论。

参 考 文 献

[1] Gan, W. S.: Transport Theory in Magnetoacoustics. Ph. D. thesis, Imperial College London, 1969 (published as a Google Book)

[2] Shenoy, V. B.: Transport Theory. Lecture Notes. SERC School on Condensed Matter Physics (2006)

[3] Yang, C. N., Mills, R.: Conservation of isotopic spin and isotopic gauge invariance. Phys. Rev. 96(1), 191 – 195 (1954)

[4] Pendry, J. B., Holden, A. J., Robbins, D. J., Stewart, W. J.: Magnetism from conductors & enhanced nonlinear phenomena. IEEE Trans. Microw. Theory Tech. 47(11), 2075 – 2084 (1999)

[5] Smolyaninov, I. I., Smolyaninova, V. N.: Is there a metamaterial route to high temperature superconductivity. arxiv. org/pdf/1311. 3277 (2014)

[6] Sharma, B., Sun, C. T.: Acoustic metamaterial with negative modulus and double negative structure. arxiv. org/pdf/1501. 02833. 5

[7] Legrand, J. F.: Ferroelastic and ferroelectric phase transition in a molecular crystal: tanance. 2. Phenomenological model and piezoelectric resonance study of the soft acoustic mode. J. Phys. 43, 1099 – 1116 (1982)

[8] Kirzhnits, D. A., Maksimov, E. G., Khomskii, D. I.: The dependence of superconductivity in terms of dielectric response function. J. Low Temp. Phys. 10, 79 (1973)

[9] Mayer, J. E., Mayer, M. G.: Statistical Mechanics. Wiley (1940)

译者简介

舒海生,男,汉族,1976年出生,工学博士,博士后,中共党员,现任池州职业技术学院机电与汽车系教授,主要从事振动分析与噪声控制、声子晶体与超材料、机械装备系统设计等方面的教学与科研工作,近年来发表科研论文30余篇,主持国家自然科学基金、黑龙江省自然科学基金等多个项目,并参研多项国家级和省部级项目,出版译著6部。

孔凡凯,男,汉族,工学博士,博士后,现任哈尔滨工程大学机电工程学院教授,博士生导师,主要从事机构学、海洋可再生能源开发以及船舶推进性能与节能等方面的教学与科研工作,近年来发表科研论文20余篇,主持国家自然科学基金和国家科技支撑计划重点项目等多个课题。

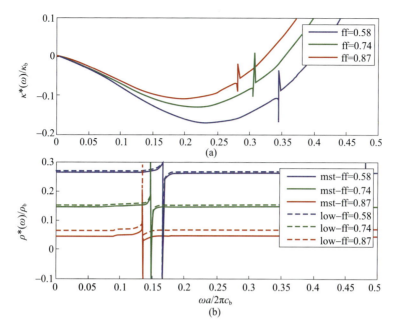

图 3.1 空气圆柱以六边形晶格形式阵列于水介质中的情形
（引自于 Daniel 和 Jose Sanchez – Dehesa 的结果）

（a）复合介质（空气柱以六边形晶格分布于水中，3 种填充比（ff）情形）的等效体积模量（在匀质化频率区间内等效体积模量为负值，仅在非常狭窄的范围内（对应于无限大的波长）才为正值）；（b）对应的等效质量密度（虚线代表的是稀疏情形近似（low – ff），而实线代表的是计算中考虑了多散射项（mst – ff））。

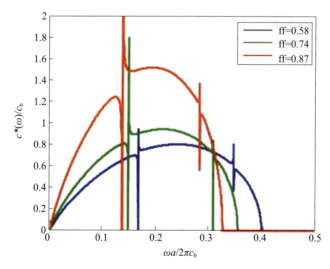

图 3.2 复合介质的等效声速的虚部（该介质是由空气柱以六边形晶格形式阵列于水基体中构成的，晶格常数为 a）

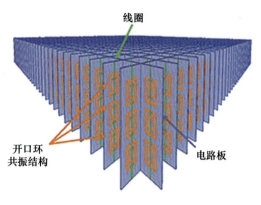

图 5.1 安装在玻璃纤维电路板联锁片上的铜制开口环共振结构和导线(开口环共振结构是由一个侧边带开口的内方框入到另一侧边带开口的外方框中所构成的,它们放置于方格网的前面和右面,而单根垂直导线位于后面和左面[10])

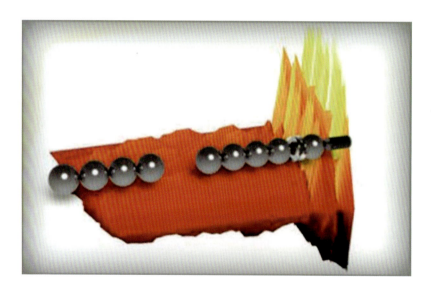

图 6.1 声学二极管(通过以特定方式调节弹性珠(如从链的一端到另一端逐渐改变其尺寸和形状)就能够对链中传播的声波进行操控,如使其频率下降或者使声波只能在一个方向上传播)

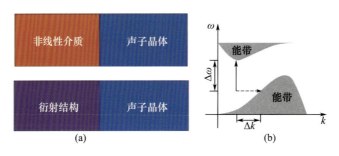

图 6.2 声学二极管模型及其两模式间的跃变(源自于 Li 等[9])

(a)两个二极管模型(上面是将非线性介质与声子晶体耦合而成的,下面是利用了衍射结构);
(b)两种模式之间的跃变示意图(实线指出了带有频率变化的跃变,虚线指出了不同空间模式之间的跃变)。

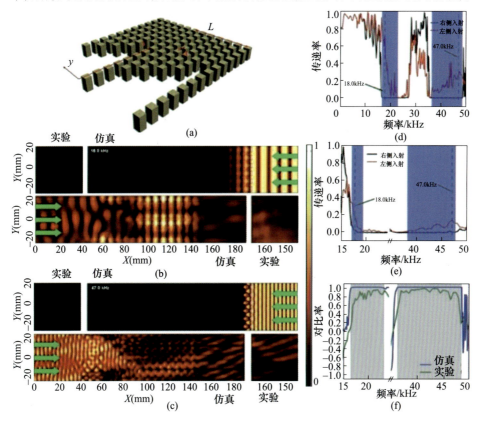

图 6.3 Li 等设计的晶体声学二极管原理及其特性

(a)基于声子晶体的声学二极管的原理(在 y 方向上是周期性的);(b、c)分别给出了入射波频率为
18.0kHz 和 47.0kHz 处得到的场分布(仿真结果和实验结果)(绿色箭头示出了传播方向);(d、e)分别
给出了左侧入射和右侧入射两种情况下得到的透射谱(数值结果和实验结果)
(绿色箭头标出了前述场分布对应的频率点);(f)声学二极管的对比透射率。

3

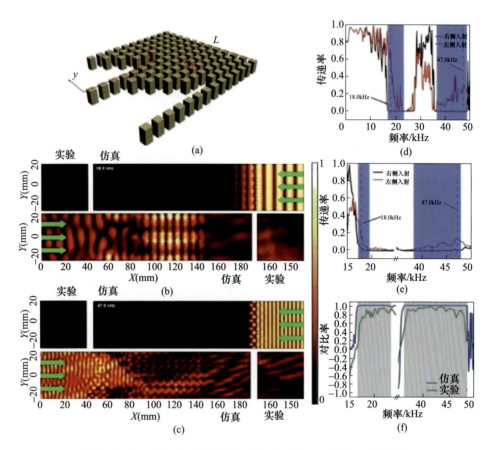

图 6.4 转动方杆之后 Li 等设计的晶体声学二极管原理及其特性

(a)基于声子晶体的声学二极管的原理(转动了方杆之后);(b、c)分别给出了入射波频率为 17.25kHz 和 47.0kHz 处得到的场分布(仿真结果和实验结果)(绿色箭头示出了传播方向); (d、e)分别给出了左侧入射和右侧入射两种情况下得到的透射谱(数值结果和实验结果) (绿色箭头标出了前述场分布对应的频率点);(f)声学二极管的对比透射率。

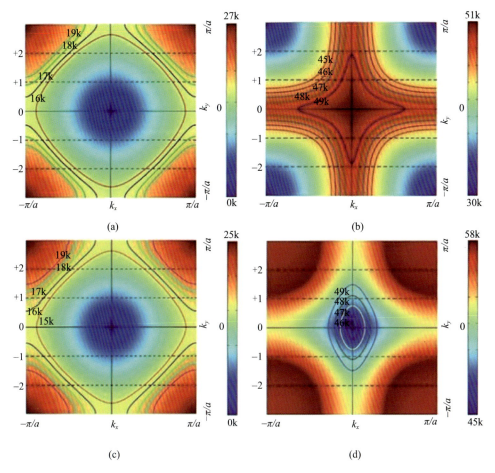

图 6.5 Li 等针对不同频率点得出的声子晶体的等频线(源自于 Li 等[9])

(a、b)给出的是该声子晶体在第一布里渊区中的等频线(分别对应于 16~19kHz 和 45~49kHz,刻度值 (2,1,0,-1,-2)代表的是衍射阶);(c、d)针对方杆转动后的声子晶体给出了两个频率范围内的等频线。

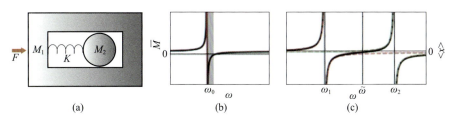

图 8.7 声学中异常本构参数的起源[31]

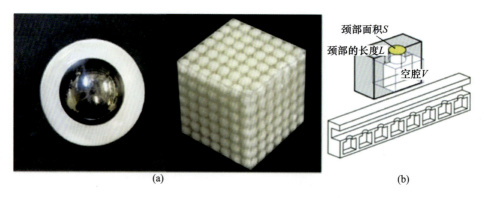

图 8.8 局域共振声学超材料的最初实现[31]

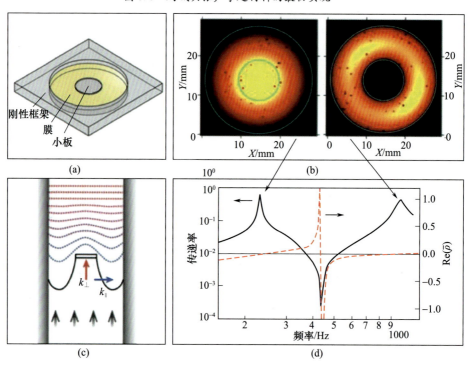

图 8.9 具有负的等效质量密度的膜单元结构[31]

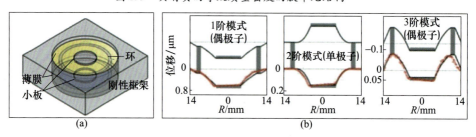

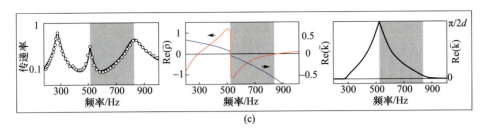

(c)

图 8.10　耦合薄膜结构同时产生的质量和模量的色散行为[31]

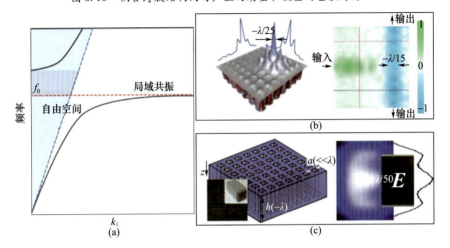

图 8.11　利用局域共振获得超分辨率[31]

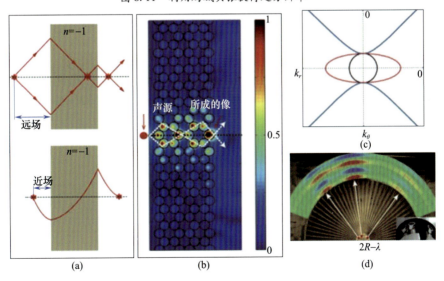

图 8.12　超透镜和特超透镜的声学实现[31]

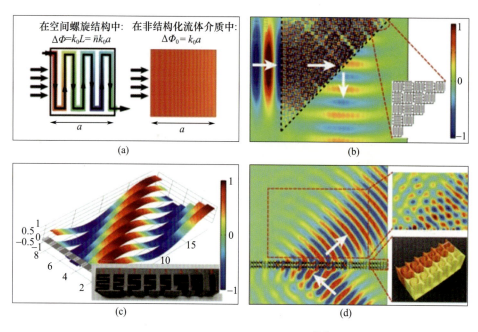

图 8.16 空间螺旋形声学超表面[31]

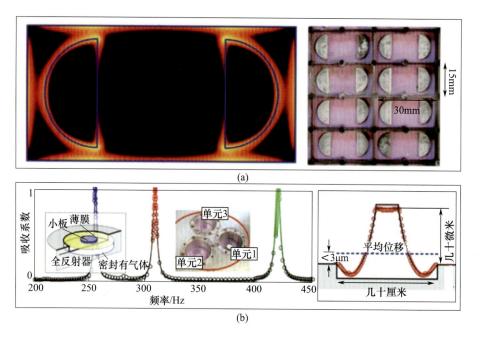

图 8.17 DMR 产生的声吸收行为[31]

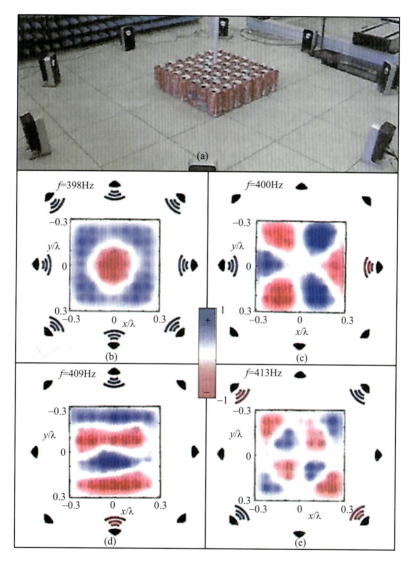

图 9.2 由扬声器包围起来的汽水罐阵列及其各对应模式(源自于 Lemoult 等[20])
(a)由 8 个扬声器包围起来的汽水罐阵列(扬声器与汽水罐之间的距离大于一个波长,从而可以忽略不计凋落波);(b)398Hz 处测得的亚波长模式(扬声器产生单色辐射波,所得到的模式是亚波长的(空间周期为 $\lambda/4$));(c)400Hz 处与水平偶极子对应的模式;(d)由扬声器所产生的垂向偶极波场得到了空间周期为 $\lambda/3$ 的模式(409Hz);(e)四极远场模式激发出 413Hz 处的深度亚波长模式。

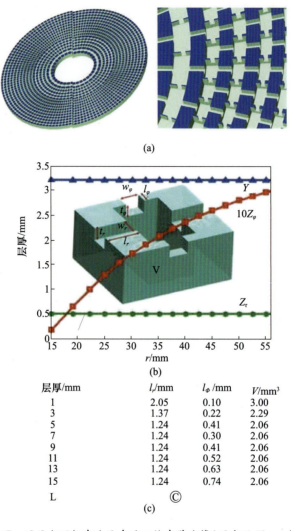

层厚/mm	l_r/mm	l_ϕ/mm	V/mm³
1	2.05	0.10	3.00
3	1.37	0.22	2.29
5	1.24	0.41	2.06
7	1.24	0.30	2.06
9	1.24	0.41	2.06
11	1.24	0.52	2.06
13	1.24	0.63	2.06
15	1.24	0.74	2.06

(c)

图 10.7 用于水下超声波隐身的二维声学斗篷(源自于 Zhang 等[6])
(a)由声学传输线(即串联电感和分流电容)综合而成的圆柱声斗篷构型并给出了局部放大(大体积空腔起到分流电容的作用,由狭窄通道连接起来的空腔起到串联电感的作用);(b)声学电路的构成单元(每个单元都是由中部的大空腔和连接 4 个相邻单元的通道构成的,设计中采用了简化参数,串联阻抗 Z、分流导纳 Y 为常值,当半径从 $R_1 = 13.5$ mm 向 $R_2 = 54.1$ mm 变化时,Z_ϕ 随之增大);(c)奇数层中构成单元的几何参数(径向和角向通道的深度与宽度(t_r,w_r,t_ϕ,w_ϕ)均为 0.5 mm)。

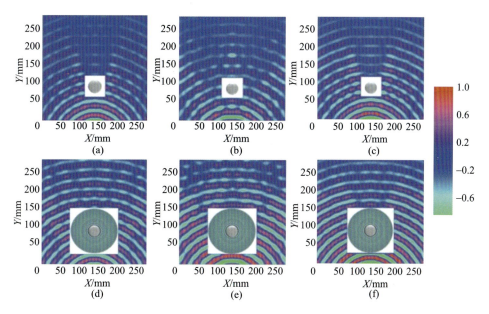

图 10.8 在超声点源入射下测得的声压场(分为纯钢柱和带斗篷的钢柱两种情况,斗篷位于水池中部并包围了钢柱)(源自于 Zhang 等[6])

(a~c)分别给出了纯钢柱情况下 60kHz、52kHz 和 64kHz 处的散射场;(d~f)分别给出了带斗篷的钢柱情况下 60kHz、52kHz 和 64kHz 处的散射场。

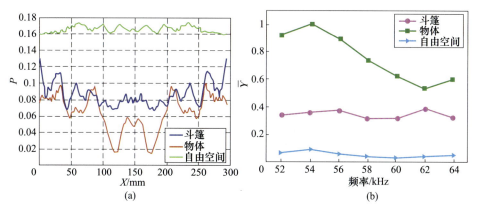

图 10.9 有、无声斗篷情况下钢柱的平均可见性与频率之间的关系
(源自于 Zhang 等[6])

(a)在 60kHz 处沿着波阵面(位于 $y=100$mm 和 $y=170$mm 之间)测得的声压场峰值(绿色线为参考情形(自由空间),即水池中没有任何物体);(b)平均可见性的频率图(圆点和方块分别标出了存在斗篷与不存在斗篷时所得到的实验结果,三角标出的是参考情形的结果)。

图 11.1 地震斗篷的测试
（源自于 Stephane Brule 的工作）

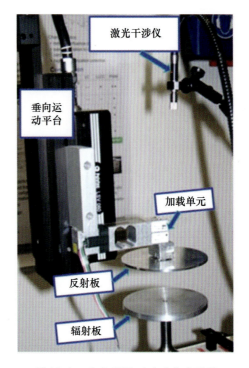

图 12.1 用于 ARF 测试的实验设置
（源自于 Zhao 和 Wallaschek[41]）

图 12.2 CD 盘在辐射板上方半波长($\lambda/2$)位置处稳定悬浮（中间杆（螺纹连接）
仅用于将板保持在径向中心位置）（源自于 Zhao 和 Wallaschek[41]）

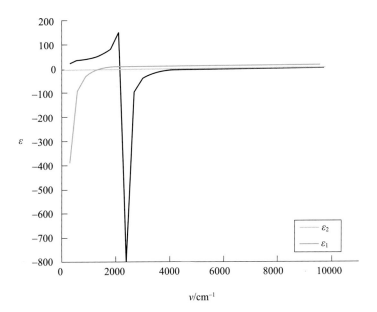

图 14.2 相变临界点处高温超导性中的介电常数的奇异行为[5]